U0840653

高等院校公共基础课特色教材系列

新编大学生心理健康教育

（第二版）

张成山 江 远 主编
姜雪凤 刘 煜 张志刚 李 贞 张利国 副主编

清华大学出版社
北京

内容简介

本书以国内外心理健康研究的新成果、新信息为基础，融入了长期从事大学生心理健康教育教师的经验，具有较强的时代性和针对性，是紧密结合大学生的心理特点，密切关注大学生的心理发展状况，适应大学生心理素质现状的心理健康教育教材。

本教材还体现如下特色：在国内高校率先进行了大学生心理健康教育语码转换式双语教学的尝试，通过双语教学强化心理健康教育相关概念；内容通俗易懂，去专业化；从我国实际出发，所写章节注重反映我国大学生的实际情况。

图书在版编目(CIP)数据

新编大学生心理健康教育(第二版)/张成山，江远主编. --2版. --北京：清华大学出版社，2010.8 (2014.2重印)
(高等院校公共基础课特色教材系列)
ISBN 978-7-302-23709-9

Ⅰ.①新…　Ⅱ.①张…②江…　Ⅲ.①大学生-心理卫生-健康教育　Ⅳ.①B844.2

中国版本图书馆CIP数据核字(2010)第165599号

责任编辑：王巧珍
责任校对：宋玉莲
责任印制：沈　露

出版发行：清华大学出版社
网　址：http://www.tup.com.cn，http://www.wqbook.com
地　址：北京清华大学学研大厦A座　邮　编：100084
社总机：010-62770175　邮　购：010-62786544
投稿与读者服务：010-62776969，c-service@tup.tsinghua.edu.cn
质量反馈：010-62772015，zhiliang@tup.tsinghua.edu.cn
印刷者：北京密云胶印厂
装订者：北京市密云县京文制本装订厂
经　销：全国新华书店
开　本：148mm×210mm　印　张：10.125　字　数：269千字
版　次：2010年8月第2版　印　次：2014年2月第5次印刷
印　数：15001～20500
定　价：22.00元

产品编号：036865-01

序　言

进入21世纪以来，我国高校心理健康教育课程建设已取得了可喜的成绩，有不少高校的大学生心理健康教育课已建设成为优秀课、精品课，这意味着大学生对心理健康的教育的迫切要求得到了更多、更广泛的认同，意味着全国各高校对大学生心理健康的教育水平明显提高，意味着高校大学生心理健康教育已走上健康发展的轨道。惟其如此，更加激发我们作为心理健康教育工作者的责任感与使命感，激励着我们不懈追求，不断学习。

本书编写组经过十余年的艰苦工作，将教学与研究的学术积累和思考反映在教材中。本教材具有下列特色：

1. 语码转换式双语教学是教育部重点教改项目，大学生心理健康教育的双语教学效果得到了有关专家好评，也深受学生的欢迎。因此，我们在国内高校率先进行了大学生心理健康教育语码转换式双语教学的尝试后，组织一线教学教师将其成果编入了本教材。

2. 本教材内容全面，注重实效。教材系统体现了大学生心理健康教育的理念，注重大学生自我发展。教材内容通俗易懂，去专业化，依据当代大学生心理健康教育实际编写，方便实用。

3. 本教材从我国大学生心理健康教育的实际出发，所选章节注重反映我国大学生的实际情况，通过语码转换式双语教学内容和教学方式达到强化大学生心理健康教育相关概念的目的。编者们还希望通过努力，使读者在获得学习心理健康知识的同时，循序渐进地掌握专业英语词汇和专业英语的表达方法。

在编写过程中，我们引用了同行专家的有关资料，在此特表感谢！

本书可用作高校心理健康教育教材，也可作为高校心理辅导人员的参考资料。

由于编写水平有限，书中疏漏在所难免，恭请专家、同仁不吝赐教。

编　写　组

2010 年 5 月

目　录

第一章 绪 论

随着时代的发展和社会的进步，当代大学生在面对学业、发展、生活、劳动、恋爱、交往、就业等一系列现实问题时，需要有良好健康的个性心理以正确认识和适应复杂的生活现实，这是营造健康和谐的生活，发挥心理潜能，提升创造力的重要条件。本章将告诉你什么是健康，什么是心理健康，心理健康的标准是什么，大学生心理和生理发展的特点，以及大学生心理健康教育的目标、原则、内容、途径、方法等方面的内容。

第一节 大学生心理健康概述

随着我国改革开放和现代化建设事业的深入发展，以及社会主义市场经济体制的建立和逐步完善，社会各方面的竞争也日趋复杂和激烈，导致人们的观念意识和情感态度起伏多变，各种利益关系上的矛盾和冲突表现出越来越多势态，人与人之间的关系因此也日趋复杂。在这种激烈复杂的社会变革之下，如果人们不会正确认识自我和社会现实，不能很好协调生活中遇到的各种矛盾和问题，势必会在心理上引起很大的不适。并且，如果这种心理上的不适得不到及时的调节和排除，长期压抑下去，还会演变成严重的心理问题，并有可能导致极端行为的发生。

大学生是社会中的一个特殊群体，他们既要面对校外复杂的社会及其关系，又要面对校内学习、生活、劳动、活动、品德、婚恋、人际交往等方面的具体问题；既要考虑自己未来的生活、人生、事业，特别是自己最紧迫、最现实的就业问题，又要考虑自己随年龄增长需要对家庭和父母承担的责任。他们面临或遇到各种矛盾、困难及不顺心的事情是常有的。怎样避免、消除由各种矛盾引发而来的心理压力及由此造成的心理危机或心理障碍,增进心身健康,减少和预防精神疾患及心身疾病的发生,成为各高校共同面临和迫切需要解决的问题。大学生的心理健康教育,是解决这一问题的有效措施。

一、心理健康的含义与标准

什么是健康?这是直接涉及人类自身有机体安全和发展的问题。传统的健康定义认为,“健康就是没有疾病的状态”。这种观点受当时社会生产力发展水平的制约,符合人们生活中习惯性的经验和认识,因而得到人们长期普遍性的认同。但随着时代的发展和人们对自身发展认识的逐步深入,大家越来越比较清醒地意识到,若把人的健康再仅仅视为是有机体的安康,而不考虑或顾及人的心理感受及其发展,显然是片面和不完整的。人的发展应该是身体和心理两方面和谐发展的有机的统一,人的健康应该包括身体健康和心理健康两个不可分割的方面。

心理健康主要是指人心理上的一种持续、积极、有效率的状态。对于什么是心理健康,很多国内外学者曾从不同角度探讨过它的定义及其内涵,提出过各种各样的观点和看法。一般来说,心理健康的含义有广义和狭义之分。广义的心理健康,主要以促进人们心理调节、开发心理潜能为目标,使人在环境中健康地生活,不断提高心理健康水平,更好地适应社会生活并积极有效地服务于社会。狭义的心理健康则以预防心理障碍或问题行为为主要目的。1946 年,第三届国际心理卫生大会将心理健康定义为:“所谓心理健康是指在身体、智能以及情感上与他人的心理健康不相矛盾的范围内,将个人心境发展成最佳的状态。”显然,心理健康包括两层含义:一是心理健康状态。个体处于这种状态时,不仅自我情况良好,而且社会契合和谐;二是维持心理健康、减少行为问题和精神疾病的原则和措施。

心理健康与否如何判断?它的标准和依据是什么?

目前,理论界存在不同看法,还没有一个绝对统一的标准或者认识。这主要是因为人的心理健康与否不像生理健康那样，标准非常具体、精确，它本身并没有一个绝对的界限，人们通常只是用“常态”或者“病态”、“正常”或者“异常”来表示。此外，随着时代发展和科技进步，以及人们知识经验的不断丰富，大家对什么是心理健康的理解和认识也在不断深入和提高。由于不同个体经历的事物或活动不尽相同，即便他们经历类似或同样的事物和活动，也可能在积极反应上仍存在个体间的差异。这些因素决定了心理健康的标准很难做到绝对和统一。即便如此，许多专家、学者还是根据自己的观点，提出了对心理健康标准的认识。1946 年，第三届国际心理卫生大会具体指明心理健康的标准是：“①身体、智力、情绪十分调和；②适应环境，在人际关系中彼此能谦让；③有幸福感；④在工作和职业中，能充分发挥自己的能力，过有效率的生活。”

美国学者坎布斯(A. W. Combs)认为，心理健康、人格健全的人应有四种特质：①积极的自我观念；②恰当地认同他人；③面对和接受现实；④主观经验丰富，可供取用。

美国著名心理学家马斯洛(Maslow)和密特尔曼(Mittelman)提出心理健康的十条标准：①有充分的安全感；②充分了解自己，能恰当地估价自己的能力；③生活的理想和目标切合实际；④不脱离周围现实环境；⑤保持自身人格的完整与和谐；⑥具备从经验中学习的能力；⑦保持适当和良好的人际关系；⑧适度地表达和控制自己的情绪；⑨在集体允许的前提下，有限度地发挥自己的个性；⑩在社会规范的范围内，适度地满足个人的基本要求。

我国有学者将心理健康的标准概括为七条：①能保持对学习有较浓厚的兴趣和求知欲望；②能保持正确的自我意识、接纳自我；③能协调和控制自己的情绪，保持良好的心境；④能保持和谐的人际关系，乐于交往；⑤能保持完整统一的人格品质；⑥能保持良好的环境适应能力；⑦心理行为符合年龄特征。

需要指出的是，对于心理健康标准，我们只能把它视为一个人们努力追求的理想目标。这是因为，要判断心理是否健康，判断一种行为是不是健康心理的表现,不能离开具体的人所处的时代、文化背景以及年龄、情境等多方面的因素,并且,心理健康与略低于一般水平乃至轻微的心理病态之间没有鲜明的分界。这也启示我们,如果不注意保护自己的心理健康,我们心理健康的水平将会下降,并有可能会出现心理病态,产生病态心理或变成心理障碍者。尽管自己目前的心理状态是正常的,但并不一定是心理健康的最佳水平,我们可以通过更多努力来调节、调整自己,使心理健康提高到较高水平。

二、大学生心理健康状况与常见问题

(一)大学生心理健康状况

大学生作为我国社会中文化层次较高的群体,一向被认为是最活跃、最健康的群体之一。如果仅仅从躯体疾患的角度来看,大学生正处于青春发育期,又是经过中学及高考的多次体检合格而进入高校的,罹患各种严重躯体疾病的确实不多。但这种现象往往掩盖了部分学生心理健康状态不良的事实。若仔细观察和深入调查,从心理健康角度分析这一群体,实际情况就会大不一样。

1987 年,原国家教委在昆明召开的全国高校卫生保健研讨会指出,大学生发病的主要原因是心理障碍,精神疾病已成为大学生的主要疾病。国内一些高校和研究机构同时期的一系列相关的调研统计结果,也得出了同样结论。

1989 年,原国家教委的一份报告说,通过对全国 12.6 万大学生的抽样调查,有约 20.36%的大学生存在不同程度的心理障碍。北京市 2001 年抽样选取 23 所全日制高校6 000名在校大学生,就大学生心理素质与心理健康进行专项调查,统计结果显示,他们当中约有 16.51%的人存在中度以上心理卫生问题。其中,女生的比例为 17.34 %,高于男生的 16.07%;不同年级的学生中二年级最高,为 17.56%,依次是三年级的 17%,四年级的 16.04%和一年级的 15.57%;来自非城市的大学生,存在中度以上心理卫生问题的比例高于来自城市的学生,其中边远农村学生的比例为最高 19%。2004 年,福州博智市场研究有限公司对福州大学、福建师范大学、福建医科大等 6 所院校的1 200名大学生进行的心理健康调查显示,有 17%的大学生存在心理问题。其中,交际困难,学习就业压力大,恋爱情绪波动,人格缺陷是困扰大学生的四个主要心理问题。其中,约有 23%的大学生在人际关系上存在一定问题;约有 30%的大学生感觉学习就业压力很大;有近 35%的大学生存在情感困惑;有 14%的大学生出现抑郁症状;有 17%的人出现焦虑症状;有 12%的人存在敌对情绪。

这些调研统计结果表明,总体而言,我国大多数大学生的心理卫生状况是好的或是比较好的。尽管如此,他们出现心理疾患的比例仍然相当高,有些甚至还比较严重,并且已明显影响他们正常的生活和学习。例如:北京大学近 10 年来因心理障碍休学退学的人数,占该校休学退学总人数的 1/3 左右。中国人民大学校医院统计,1978—1988年,本科生共34 358人,因病休学退学的学生人数为 128 人,其中因心理障碍而休学退学者为 31 人,占 24.12%。北京医科大学精神卫生研究所李淑然等人,通过对北京 16 所大学本科生进行调查发现,1978—1987 年的 10 年间,大学生因心理障碍休学退学的人数及其在休学退学总人数中的比例,均有逐渐上升的趋势。这也说明,加强大学生心理健康教育,是培养全面发展高素质合格人才不可缺少而又迫切需要解决的现实问题。

(二)大学生常见的心理健康问题

大学生心理健康常见的问题比较多地集中在以下几个主要方面:

1. 环境适应不良

环境适应不良主要是指大学生对新的校园环境及生活不能从心理上很好地适应。这类问题多出现在大学一年级的新生时期。一方面,因为绝大多数学生都是第一次远离家门,离开自己的父母、亲朋和早已习惯了的环境,来到一个陌生的校园和面对一个生疏的群体。生活中的方方面面需要自己独立思考,并且需要自己动手去处理。人地生疏,他们心理上会出现一定的不适。另一方面,高校的学习内容、特点和方法与中学有较大差别,有不少学生仍习惯于中学时的做法而跟不上这种变化,因而成绩并不理想。他们无所适从,被动应付,苦恼、怀疑、否定自我,产生很大的学习压力和心理困难。尤其这些学生入学前多为中学里的学习尖子,平时老师家长宠爱备至,同学羡慕不已,优越感、自信心十足,但在聚集了各地优等学生的新的群体里,优势和优越感丧失,若再有学习成绩上的较大波动,极易导致自信心降低,并形成各种消极的自卑心理。再者,新环境里,大家来自于不同地区,家庭经济条件不同,地域文化及形成的生活习惯不同,也会对一些学生心理带来压力和自卑。

2. 与学习有关的心理问题

这类问题主要表现在一些大学生对所学专业不满意,感觉课程负担重,学习压力大,对各种考试感到恐惧和焦虑,缺乏学习动力、兴趣,自我否定学习及效果等。有些大学生总认为自己所学专业不理想,将来出路不大,因而缺乏学习信心、兴趣,并总在为自己当初不当的选择和对于现实的无奈而懊悔和苦恼不已;有的感到学习竞争压力大,出现心理紧张、焦虑、头痛、失眠、注意力不集中、记忆力下降,学习效率低的现象;有的学习成绩不佳,害怕自己不能顺利毕业,整日忧心忡忡;有的对学习不感兴趣,没有目标和动力,厌学心理严重,得过且过地混日子;有的学习勤奋努力,但就是苦恼于不能取得理想的成绩。这些与学习有关的心理问题,始终困扰他们的学习,影响智力发展。有的大学生因长期摆脱不掉这种心理的困扰,被迫休学退学,提早中断自己的学业。

3. 人际交往问题

良好的人际交往关系是个体适应社会和实现自我身心和谐发展的重要条件之一。在大学阶段,大学生独立地进入准社会群体的交际圈,他们尝试人际交往,发展这方面的能力并对此做出评估,为将来进入成人社会做准备。由于人们之间的个性、兴趣、需要、动机、态度、价值观、经验及行为方式等不完全相同,因此,双方只有相互悦纳,讲究交往的技巧、艺术,相互间良好的人际交往关系才会形成。不少大学生因缺少人际交往技能、技巧，或性格内向、孤僻，或有自卑、自闭心理，或个性、语言、行为怪异，以及有过交往失败经历，常常会出现沟通不良、人际冲突等交往障碍和孤独自闭、害怕交往的恐惧心理。

4. 恋爱和性有关的心理问题

大学生处于青春期，一方面，性生理发育成熟，另一方面，没有了中学时升学的压力，他们比较关注和敏感于两性问题。伴随他们性心理发展成熟的过程，也引发出不少这方面的心理问题。如有的女生刚入学就受到高年级男生或同班同学的约会邀请，因不知如何应付而陷入苦恼；有的为了填补单调学习生活上的空虚而通过与异性交往寻求精神慰藉；有的深陷恋爱不能自拔，迷失方向；有的因失恋而沮丧，萎靡不振；有的看到同伴交友而自惭形秽；有的陷入单相思或多角恋爱不能自制等。除此之外，部分学生还由于各种原因而导致性心理问题，如因手淫背上沉重的精神负担，沉溺于性幻想，出现个别性变态行为等。与恋爱和性有关的心理问题，是大学生心理健康问题中的一个重要的领域。

5. 择业有关的心理问题

由于高校扩招之后，大学生就业压力大，竞争激烈，甚至出现一定困难，引发了种种社会问题，加之大学生的就业观念也有待改变，心理问题更加突出和明显。比如：很多大学生理想的工作单位和岗位与实际情况差距较大而导致的挫折心理；有的人明显缺乏勇气和自信，不敢或不会主动地向用人单位进行自我推荐；有的因对择业中的消极社会现象愤激而有意逃避现实，丧失理性应对和择业时机；有的面对五花八门的人才招聘，因不知自己今后的人生之路该如何选择而无所适从。大学生与择业有关的心理问题在毕业生中更为突出。

6. 与自我发展和人格发展有关的心理问题

大学生接近成熟，已明确意识到“自我”的存在及价值，充实自我、发展自我的要求强烈。他们对未来充满美好的想象和期望，并努力认识和寻求自己的人生目标和价值，高度关注人格发展，期望形成自己完美的人格。这是促进他们自我发展和走向心理成熟的内在动力。

然而,受各种因素的影响,个别学生中出现了顾此失彼或放大“自我”的现象,在理想、人生、价值目标的追求中往往与现实发生冲突,因而在人格塑造过程中,会产生过分追求完美、期望值太高、非理性认识、自我评价能力不高、各种人格缺陷等。这些自我和人格发展中的问题若得不到有效解决,势必会引发一系列心理冲突和问题。

三、影响大学生心理健康的因素分析

大学生作为一个特殊的群体,他们的心理素质和所处的外部环境都有着明显的特异性。大学生的心理健康是生理、心理和社会诸因素共同作用的结果。影响大学生心理健康的因素多种多样,主要概括为客观因素和主观因素两大类。

(一)客观因素

美国精神分析专家哈内认为,许多心理变态是由于对环境的不良适应所引起的。改革开放以来,我国社会发生了巨大变化,建立了社会主义市场经济体制,引入了市场竞争机制,人们的生活方式、价值观念有了重大变化,心理活动也日趋复杂、活跃,这些新的大量社会刺激给人心理健康带来的威胁越来越大。这些因素包括:

1. 社会文化因素

当代大学生处在东、西方文化交叉、多种价值观冲突的时代。随着改革开放,西方文化大量涌入,东、西方文化发生着从未有过的碰撞与冲突。面对不同于以往的文化背景和多种价值选择,他们常感到矛盾、紧张、彷徨、空虚、疑虑、无所适从和压抑。这种长时间的心理失调,必然给心理素质发展带来不良影响。

2. 大众传媒因素

科学技术的发展,使得大众传媒手段日益先进和多样化,广播、电视、报刊、网络的广泛存在,信息容量和传播速度的急速提高,使得大众传播媒介对人们心理的影响越来越大,其中很多不良因素会对大学生的思想和行为带来消极影响。

3. 市场经济因素

市场经济引入竞争机制，一方面为人们充分发挥聪明才智、展开平等竞争提供了可能和契机，另一方面又给人们的现实生活带来巨大压力。随着改革的深化发展，这种竞争还会变得更加激烈。严峻现实冲击着大学生平静的心理，他们有的可能会舍弃自身价值和理想的实现去单纯追求经济目标，有的可能会缺乏自信，意志薄弱，不敢面对现实，因此产生各种错误或消极心理。

4. 教育指导思想偏差的因素

在很长一段时期中，有相当多的人因片面理解健康的含义，而没有认识到心理健康的地位及重要性。学校教育受此影响也过多强调政治素质、思想素质、道德素质而忽视心理素质，重视生理平衡而忽略心理稳定和社会成熟。这种思想认识上的偏差，导致对大学生心理素质教育的淡化。思想政治教育的放松和形式化，教育内容的空洞和方法上的不当，也给大学生心理素质的养成带来不良后果。

5. 心理教育实践环节薄弱的因素

在我国教育实践中，尤其是在中学阶段，学校没有注意优化学生主体心理过程要素，缺乏完善学生健康人格形成和发展的机制，没有使学生形成良好的自我组织调控机制。学生因得不到有益的指导、培养、训练及环境塑造，而使优良人格素质的形成和发展受到影响。

6. 家庭环境因素

家庭环境包括家庭人际关系、父母教育方式、父母人格特征等。家庭环境对人的一生会产生重要影响，特别是早年形成的人格结构会在以后的心理发展中打下深深的烙印。大学生步入社会前，在很大程度上要受家庭环境、父母言谈举止及其社会行为方式的影响。不同家庭教育和环境影响产生的结果不同。家庭教育方法的不当和不良环境的影响，极易养成子女不良的性格、心理及行为。

7. 校园内部影响因素

大学生进入大学之后，环境、角色有了很大变化。以往什么事都由父母包办，现在生活上需要自己独立，过去的依赖性与现实独立性之间出现反差和矛盾,心理上会产生很大的不适。大学里繁杂的教学内容和多变的教学方式,与中学有较大不同,他们因不能尽快熟悉和适应这种新的学习生活,会倍感紧张和焦虑。他们第一次远离家门,没有了父母的呵护,爱的缺失、情感的失落,会使他们产生持久、强烈的思家心理。教育过程过分突出智育,往往淡化学生适应集体生活、主动参与各种有益活动的积极性,影响学生正常的社会化发展。校园内越来越多的认证考试,用人单位越来越看中就业者的文凭、证书和学历,给大学生带来极大的精神压力。大学生人际交往关系,极大地影响着他们的心理及行为方式。不健康的校园文化,会使大学生精神颓废且变得毫无朝气。

(二)主观因素

影响大学生心理健康的个体因素主要有以下几个方面:

1. 心理冲突

大学生在现实生活中往往会面临彼此不相容、相互不可兼得的选择,这时就容易出现心理冲突。大学生在日常生活中所遇到的冲突主要有趋避冲突、双趋冲突和双重趋避冲突。心理冲突往往给人以挫折感,强烈的心理冲突不仅导致大学生内心世界的各种价值观念之间发生冲突,也使他们陷入无尽的困惑和苦闷之中,极大消耗心理能量,他们会因心理功能得不到发挥而影响心理健康。

2. 自我评价不客观

大学生随着年龄的增长,自我意识、自我控制能力、自我评价能力发生飞跃,但客观上他们的心理并未发展成熟。思维中的形象成分仍在起作用,思维过程中容易出现表面化和片面化。自我认识不全面,自控能力还比较弱,自我评价易受情感波动。特别是自我评价消极混乱时,既不利于提高心理素质,又影响自己融入群体和与他人交往。

3. 心理承受能力低

现在的大学生是青年一代中的佼佼者,他们有的曾在中学成绩名列前茅,学校和老师都予以特别的关心和爱护;有的在家里是父母的掌上明珠，占有特殊地位。因此，许多学生的情感比较脆弱，娇气十足、爱虚荣、喜赞扬，缺乏在困难和逆境中的锻炼，经不起挫折。遇到考试失败、矛盾困难、犯错误受批评、同学关系紧张等，心理上往往难以承受，随之而来的可能是灰心丧气、悲观失望、自暴自弃，甚至走上绝路。心理素质差，心理承受能力低，是当代大学生中普遍存在的问题。

4. 自我控制能力薄弱

某些大学生缺乏必要的自我约束力和调控能力，当其心理受到刺激或情感受到激发时，往往不会冷静和及时地用理智正确调节自己。相反，受情绪的作用，还会随意放任感情、行为冲动，常常因此导致和发生一些意想不到的悲剧。

5. 性成熟

大学生性生理基本成熟，性心理也有很大变化。他们渴望接近异性，但由于经验不足，理智性差，增加了对性爱意识、欲望表露的盲目性和欠严肃性，容易进入低级情感滥泄的误区无法自拔，导致情绪不稳、心理冲突，甚至行为异常。此外，当热恋双方的情感一时难以自控时，会发生冲动和越轨行为，但事后又出现悔恨、焦虑、恐怖的心理情感；当爱情与毕业分配形成两难选择时，男女双方会出现强烈的心理失调，严重时会因失恋出现极度情绪低落。

第二节 大学生心理与生理发展特点

一、大学生生理发展的一般特点

大学生的生理发育正处于身体快速发育和趋于成熟阶段。他们在经历人生的第二次生长发育高峰之后，身高、体重有很大增长，身体的力量、速度、耐柔韧性和灵敏性等机能素质明显增强。随着骨化逐渐完成，他们的身体形态趋于稳定，开始由快速增长期进入生长稳定期。

大学生除身体外形和身体机能变化外,他们的身体内部各器官、系统结构与功能基本成熟。比如:大学生的脑重已经达到成人的水平,脑的功能已很发达和完善,记忆能力、理解能力、思维能力显著提高;肺活量接近最大值,心跳、血压渐趋稳定,并保持在成人水平;内分泌腺发育成熟,腺体功能正常;性生理发育成熟等。总的说来,大学生生理发育处于基本成熟、相对稳定的阶段。

二、大学生心理发展的一般特点

大学生心理成熟并非完全取决于他们生理成熟的水平,更多的是受到社会环境尤其是学校教育的影响和制约,同时还取决于大学生的社会生活实践的广度和深度。就大学生心理发展的整体来看,他们正处在迅速走向成熟而又未真正完全成熟的阶段,这显著地表现在他们矛盾的心理特点方面。大学生心理发展的一般特点是:

(一)抽象思维迅速发展,但思维易带主观片面性

大学生随着自己的身心发展趋于成熟,学习的知识越来越多,思维训练越来越复杂,其抽象思维能力也获得迅速发展,并逐渐占据思维活动中的主导地位。他们喜欢进行比较系统的理论论证,对事物因果规律有浓厚的探讨兴趣,思维的独立性、批判性日益增强,思维的深度、广度、灵活性与创造性有长足发展。不过,他们的抽象思维水平还没有达到完全成熟的程度,思维品质的发展也不见得平衡,对于复杂社会问题的认识,易出现简单、主观、片面、想当然、脱离实际或固执偏激的不良倾向。

(二)情感丰富但情绪波动较大

大学生富有青春气息,对生活充满激情和活力。随着他们对大学生活的逐步熟悉和适应,以及参与社会交往和联系的增多,他们的社会性需要逐渐增强,他们的情感也日益丰富、强烈和完善。它体现在具体的学习、生活、活动、劳动和人际交往的过程中,带有明显的时代性、社会性和政治性。这种情感在大学生的世界观、人生观、价值观的

逐步确立及支配下，会迅速向广度和深度发展，逐渐成为其情感世界的本质和主流。大学生在其情感日渐丰富的同时，他们对情绪控制的能力也在不断由弱变强。不过，无论从生理、心理和社会的角度，还是从青春期情绪丰富而不稳定特点的角度，大学生在受到内在需要和外界环境的强烈刺激之下，还是容易出现情绪波动的。他们可能由短时间内从高度的振奋变得十分消沉，也可能从冷漠突然转变为狂热，两极性比较突出和明显。

（三）自我意识增强但发展不成熟

自我意识是人对自己及自己与周围环境关系的认识，包括对自己存在的认识，以及对个体的身体、心理、社会特征等方面的认识。这种认识主要是通过自我观察、自我检验、自我评价、自我调节、自我完善来实现的。大学生十分关注对自我的认识，他们大多数对自己的评价和别人对他们的评价比较一致。大学生借助于他人和社会的评价来认识自己，但又不完全依赖于别人的评价，具有明显的独立性、自主性和自信心。大学生根据自身、周围环境及社会现实，会正确认识自己，恰当地为自己定位，给自己的学习和未来发展做精心设计和准备，并进行心理和行为上的努力。大学生的自我意识、自我评价能力、自我调节的能力明显增强。但他们自身在社会知识经验和能力上的不足，会使其在自我意识形成与发展中面临各种矛盾和问题，如主观自我和社会自我之间、现实自我和理想自我之间、成就期望与现实失落之间、强烈的独立意识与难以摆脱的依附心理之间、自尊与他尊之间、自尊心与自卑感之间等的矛盾。他们在自我认识方面过度自我接受或过度自我拒绝，在自我体验方面的过强自尊心或过强自卑感，在自我意向方面的“自我中心主义”、过分独立、过分依赖、不当从众等，也都反映出大学生正迅速走向成熟但尚未真正完全成熟的心理特点。

（四）意志水平明显提高但不平衡、不稳定

大学生随着社会知识经验的增多，他们对社会、人生的意义有了更深刻的认识。他们的世界观、人生观、价值观逐步确立,开始自觉设计人生道路,确立奋斗目标并根据目标制订具体的实施计划。在实现目标的过程中,他们出于对目标价值的认同和受到目标强烈的吸引激励作用,会为实现奋斗目标而克服前进道路中的各种困难和障碍,表现出坚强的意志力,表明大学生的意志发展已达较高水平。但大学生意志发展水平不平衡、不稳定。一般说来,他们意志的自觉性和坚持性品质发展水平较高,但果断性和自制性品质发展相对缓慢一些,这主要表现在他们处理关键问题或采取重大行动时,有时优柔寡断、动摇不定,有时又草率武断、盲目从众。大学生的意志水平在不同活动中的表现不一样,即便是同一种活动,心境的好与坏也会使意志水平表现出较大差异。

(五)人格发展基本成熟但不完善

人格由气质、性格等诸因素构成,是相对稳定且具有独特倾向性的心理特征的总和。人格影响人的身心健康、活动效率、潜能开发及社会适应状况。它是在长期实践中形成发展起来的,反映了一个人总的心理面貌。大学生处于身心急剧发展和自我意识由分化、矛盾逐渐走向统一的特殊时期,这是他们人格发展的重要时期。当代大学生的人格发展中有成熟积极的一面,如能正确认识自我;智能结构健全合理;对社会环境的适应能力较强;富有事业心,具有一定创造性和竞争意识;情感饱满适度等。但也有相当一部分人不同程度地存在着人格发展上的缺陷或不完善,如常见的自卑、懒惰、拖拉、粗心、鲁莽、急躁、悲观、孤僻、多疑、抑郁、狭隘、冷漠、被动、骄傲、虚荣、焦虑、自我中心、敌对、冲动、脆弱、适应性差等。大学生良好的人格是在正确认识自我的基础上,通过不断学习、实践、优化、完善来实现的。

此外,大学生处在不同的年级或阶段,他们所面临的发展课题不同,其心理发展也呈现出阶段性的特点。

(1)入学适应阶段。大学生带着高考成功的喜悦满怀信心地走进高校,首先面对的就是从中学到大学的一系列急剧的转折。生活环境、生活条件、人际关系、学习方式方法发生变化，原有的心理结构被打乱，心理定势被破坏，这使得他们在心理上一时感到陌生而且难以适应。这是大学生入学后最先遇到的心理困难期。不过，大多数学生经过一个学期后便能逐步适应，但也有少数学生出现适应困难，影响了正常的学习生活和身心健康。

(2)稳定发展阶段。这是大学生全面成长和深化发展的关键阶段。此时的大学生已逐渐适应大学生活，对一些问题的认识和处理有了自己的主见和理智，不再单纯和盲目。他们开始认真思考人生之路，并为之确立自己的奋斗目标。绝大部分学生求知欲望强烈，专心于自己的专业和学业，注重对各方面有用技能的学习，重视对社会实践的参与，渴望自己全面发展和取得优异成绩。他们会根据自身特点，选择适合的学习方式及进行高效率的学习，但学习中既有成功的喜悦也有失败的烦恼，繁重的学业、过度的压力、激烈的竞争，常给他们心理上带来矛盾、苦恼、彷徨、困惑、犹豫和烦躁不安。这一阶段，又是大学生思想、学习、生活发展开始走向分化的阶段。

(3)准备就业阶段。这是大学生从学生生活向职业生活过渡的阶段。他们面临着又一次的环境变迁和角色变化，心理再起波澜。一方面，将要完成学业走向社会，他们对大学生活产生很深的情感依恋；另一方面，他们向往美好生活，对未来充满自信。但竞争激烈的严峻就业现实，又使他们背负沉重的精神压力并产生心理焦虑。他们不知道自己能否找到如意的工作，以及能否适应今后的工作。他们有的要考虑和准备考研问题，有的还要处理与恋人的关系问题。这一时期，是大学生心理最为复杂、负担最重、冲突最为激烈的时期。

第三节　大学生心理健康教育导向

一、大学生心理健康教育的目标

我国大学生心理健康教育的目标主要体现在三个不同的层次。

(一)帮助大学生正确了解和认识心理健康及其教育

这是大学生心理健康教育最基本的目标。包括让全体大学生懂得什么是心理健康、什么是心理欠佳、什么是大学生成长发展中的心理困惑与问题、什么是程度不同的各种心理障碍,乃至懂得掌握维护自己心理健康、心理保健和自我调节的一般方法和技巧。目的是使大学生通过学习,改变过去对心理健康教育的忽视或不正确认识,转而充分认识心理健康教育对身心发展的重要意义,增长心理健康方面的知识。

(二)全面提高大学生心理素质

这是大学生心理健康教育和素质教育重要的任务和目标之一。现代社会强调的是人各方面素质的全面发展,一个人素质发展越全面,他的潜能越能得以充分发挥,就越容易适应日益纷繁复杂的社会发展的需要。心理素质是人全面发展中的一个极重要的不可缺少的方面,经验反复证明,一个人发展得好坏,并不完全取决于他的智力,还要看非智力因素的发展,即他是否还具有一个良好、健康、积极的个性心理。心理健康知识是一门科学,是一种生活的哲学和艺术,人们掌握它,既可以促进其他素质的提高,又可以使自己的人生更加和谐、充实和富有意义。

(三)开发心理潜能,提高自我意识和社会适应水平

大学生心理健康教育的目的并不仅限于维护心理健康及对现代社会生活和复杂人际关系等周围环境的一般性适应,其最终目标在于开发个体多方面的心理潜能,促进个体认识机能、情感机能和人格的发展与完善,进而充分发挥出个体的创造性,有效改造周围的环境并创造性地适应现代社会生活。良好个性的形成过程,是一个不断学习、总结、发展和完善的过程。大学生心理健康教育的最高目标,就是要引导大学生有意识地重视自己的内心世界和内心活动,通过自我塑造,形成更为独立、健全和完美的人格,最终走向更加成熟和成功。

二、大学生心理健康教育的意义

(一)心理健康教育是全面推进素质教育、培养高素质人才的需要

我国高等学校担负着培养高素质人才的光荣使命。高素质人才不仅应当具有良好的思想道德素质、科学文化素质、身体素质,还要具有良好的心理素质。大学生除具有较强的学习能力、逻辑推理能力、分析综合能力、创造能力外,还要具备健全的人格、稳定的情绪、较强的适应能力、耐受挫折能力、自控自制能力、社会交往能力,具备坚韧不拔的毅力和宽宏大量、团结容人的品质。只有这样,他们在激烈复杂的社会竞争和变革面前,在种种人际关系的冲突、困难和挫折面前,才不至于心理严重失衡,丧失掉起码的生存适应能力。大学生心理健康教育有利于促进大学生素质的全面发展,有利于大学生心理素质的提高。

(二)心理健康教育是从大学生的实际出发来满足大学生成长发展的需要

当代中国大学生多为独生子女,是一个承载社会、家庭高期望值的特殊群体。他们成才欲望强,自我定位较高,但社会阅历浅、心理发展不够成熟,较易出现情绪上的波动。尤其经济社会快速发展,涉及大学生切身利益的改革措施不断出现,大学生面临的各种环境日益复杂,学习、就业、竞争、情感、经济、责任等的压力越来越大,心理问题很容易产生。高等学校应从关心、爱护大学生成长发展的实际需要出发,高度重视和积极帮助大学生疏导、调节、解决心理健康问题。教育的根本目的是开发人的潜能,大学生心理健康教育还可以激发大学生的自信心,帮助他们在更高层次上认识自我,实现心理转换和对环境的适应,促进他们潜能的充分发展。

(三)心理健康教育是大学生思想品德教育的需要

大学期间是大学生世界观、人生观、价值观形成和发展的关键阶段。

大学生所处的生活环境、接触到的各种信息,尤其是他们对这些环境及信息的态度和认识,对其观念的形成有决定意义。大学生在其成长过程中,现实生活会有许多地方与其认识、价值观念、情感态度、行为方式、利益要求相冲突,他们因此会产生一定的心理问题,而这些心理问题反过来又会影响他的判断和认识。因此,大学生的心理状况与其世界观、人生观、价值观的形成有密切联系。心理健康教育有利于消除大学生不健康的心理,有助于大学生的正确思想品德和价值观念的形成。

三、大学生心理健康教育的原则

大学生心理健康教育的原则主要有:

(一)主体性原则

大学生是高等学校心理健康教育的对象,是心理健康教育自我教育和发展的主体。各高校日益重视大学生的身心和谐发展和全面素质的提高,通过各种途径和方式对大学生广泛开展心理健康教育,对大学生心理健康发展具有重要的推动意义。不过,这些对于大学生心理健康发展来说,只是外因。要提高大学生的心理素质,主要还要依靠他们自己,主动进行自我认识,积极接受辅导教育,自觉改造自我和完善自我。大学生心理健康教育需要尊重大学生自我发展的主体性。

(二)协调原则

大学生心理健康教育是所有高校都要开展的一项工作,它不单单是某一高校、校内某一部门、某个人或社会某专门机构的事。各高校、各有关部门协同开展大学生心理健康教育,有利于提高心理健康教育的整体质量和水平。大学生在成长过程中出现的心理矛盾和问题,缘于他们对现实社会生活和具体事物的态度和认识,离不开周围的社会环境和现实,对大学生进行心理健康教育,也需要高校、家庭、社会及各具体的机构、职能部门和个人协同努力,共同参与。

(三)点面结合原则

大学生的个体心理健康状况和发展水平不同,对他们进行心理健康教育的侧重点也要有所不同。有的大学生可能存在严重的心理疾病或障碍，需要进行深入耐心的辅导和教育；有的可能是一时轻微的心理消极反应，只需进行简单及时的辅导就可以解决问题；而对于大多数大学生来说，他们需要最多的是心理保健方面的知识。大学生心理健康教育需要做到点面结合，既重视面向全体进行心理健康知识、保健技能的普及，又重点做好针对个别人的辅导和教育。

（四）尊重与理解相结合原则

高校积极开展大学生心理健康辅导和教育，对大学生心身健康发展来说，无疑是正确、及时和必要的。但要坚持尊重与理解相结合的原则。因为只有在尊重和理解大学生的基础上，才会取得大学生的信任，才能与他们进行交流和沟通，顺利开展好心理健康辅导和教育。开展心理健康教育时，也不能存在错误认识，把学生心理健康问题与思想品德混为一体。

（五）积极培养和及早防范相结合原则

对大学生进行心理健康教育应区别对待，坚持积极培养和及早防范相结合原则。对于大多数大学生，他们眼下没有严重的心理疾病或心理问题，教育的重点是帮助他们学会如何进行心理保健和心理健康维护，提高心理健康水平，预防心理疾病问题发生，在此基础上进一步开发心理潜能，使他们向更高层次、更加和谐的方向发展。对于已经存在心理障碍和问题的学生，教育的重点是帮助他们克服掉不健康心理，使其向良好积极的方向转化，适应现实生活，防止和避免不健康心理向更加消极化方向发展。

语码转换式双语教学词汇、语段

Chapter 1 Brief Introduction

1. 成就需要 need for achievement

The result indicates that females tend to be driven by need for achievement; whereas, males tend to be driven by a perceived competence in the task.

结果表明,女性往往倾向于受成就需要的推动,而男性倾向于受任务完成能力的推动。

2. 需要层次 hierarchy of needs

The researcher presented a theory of hierarchy of needs that attempts to explain human behavior, which is basic, safety, social, self esteem, and self-actualization.

这位研究人员提出需要层次理论用来解释人类行为,它们分别是基本需要、安全需要、社会交往需要、自尊需要和自我价值实现的需要。

第二章　大学生学业成就与心理健康

在大学阶段，虽然升学的压力减轻，学习的自由度提高，但学生面临的学习压力却并没有降低。一方面，由于大学阶段的学习任务在难度、深度和数量上有所增加；另一方面，由于大学阶段除了要进行专业学习外，还要提高综合素质和能力的培养，再加之考试、考研、就业等竞争压力，使得大学生的学习压力无论在数量上，还是程度上都有增无减。面对这些特殊的压力，大学生如果处理不当，难免会出现这样或那样的心理问题，如注意力不集中、学习动机不明确、学习无能感体验、考试焦虑等，甚至有的大学生因此出现厌学、退学现象。因此，帮助大学生了解大学阶段的学习特点以及学习中常出现的心理问题，掌握心理调节有效和科学的学习方法是大学生心理健康教育的重要内容，它对于提高大学生的学习质量和学习效率具有重要的意义。

第一节　大学生学习与学习心理概述

大学阶段的学习是一种特殊形式的学习，有其自身的特点和要求。这种特点和要求又对当代大学生的学习心理产生了广泛而深刻的影响，使其表现出不同于中小学阶段的独特性。

一、学习概述

（一）学习的界定

“学习”一词在我国古代就已经出现，早在两千多年前，孔子就说过“学而时习之，不亦乐乎？”(《论语・学而》)那么，心理学中是如何界定学习这一概念的呢?

心理学界认为,学习可以理解为广义的和狭义的两种概念。广义的学习是指个体在活动中通过经验引起的行为或者心理的相对持久的变化。广义的学习既包括人类的学习,也包括其他动物的学习。人与动物在千变万化的环境中为了适应环境并有效地保护自己,就必须学习,学习是一种生存的必要手段。

狭义的学习仅指人在社会实践过程中,在与他人交往中,运用语言这一中介,自觉、主动地掌握社会和个体经验的过程。人类的学习在内容、形式、过程、性质以及功能等方面与动物都是不同的。动物的学习局限于消极被动的适应环境,而人类的学习不仅自觉而且主动,还能够对环境施加影响。

大学的学习既不同于儿童的学习,也不同于成人的学习,是人类学习的一种特殊形式和特殊阶段,是在学校教师有目的、有计划、有组织、有系统地指导下,以掌握间接经验为主的智力实践活动的过程。

(二)影响学习过程的心理因素

1. 智力因素是学习的必要条件

智力是指人在不同种类中表现出来的一般能力,由注意力、观察力、记忆力、想象力、思维力构成,其中思维力是核心。

学习活动就是一种智慧活动,所以智力如何,直接关系到一个人的学习如何。学习就是通过智力活动感知客观世界、积累经验、掌握知识、解决各种问题,从而认识客观世界发展变化的本质和规律。心理学家对智力的组成因素及其在学习中的作用做了形象的比喻:注意力和观察力好比是智力的门窗,没有它们,知识的阳光就无法进入智慧的房间。外界信息只有经过注意力和观察力的输入,才能在大脑中整理、储存,并在一定条件下输出;想象力是智力的翅膀,它将接收到的信息进行加工、改造,创造性的创建出新的形象,它使智力纵横驰骋,使学习更富于创造力;记忆力是智力的一座仓库,只有储存得越多,智力工厂才能很好地生产和加工出好的产品;思维力是核心,犹如一部高速运转的机器，其他因素提供给它加工的信息原材料和活动的动力资源，没有思维力，整个智力工厂将处于瘫痪状态。因此，智力的各个因素均是保障学习活动顺利进行的必要条件。

2. 非智力因素是学习的充分条件

除了智力因素对学习的影响外，非智力因素对学习同样有着巨大的影响。非智力因素虽然不直接参与认识过程中对外部信息的接收、加工、处理等任务，但它对认识过程起着动力和调节作用，是智慧活动的推动者和调节者。如果说智力因素反映的是人们能不能干，而非智力因素就是反映人们肯不肯干的问题，干得好坏与否就是由它们共同决定了。对一般人来说，主要是由非智力因素决定的，一个对学习缺乏兴趣的人，同时又没有吃苦勤奋的精神，即使智力水平再高，也不会有好的成绩。

美国心理学家特尔曼（Terman）曾对1 528名智力超常的学生进行长达50年的追踪研究，结果说明智力水平高的人不一定能成为杰出的人才，而成功者大都具备非智力因素，如坚韧、恒心、毅力等，具有强烈的求知欲，不怕失败，凡事有主见，雄心勃勃，在希望渺茫的情况下，敢于坚持到底等特征。因此，一个人成才的过程离不开智力因素和非智力因素的相互影响，其中，非智力因素对人起着决定性的作用。

二、大学的学习特点

（一）学习的自主性

所谓学习的自主性是指学生把自己作为学习活动的主体，并对自己在学习中的地位、作用、责任和行为进行能动的调节。自主性是大学生独立性、自觉性和创造性的体现，也是顺利度过大学生活的首要保障。

大学的教学有其自身的特点，既传授基础知识，又传授专业知识，知识的深度和广度比中学的要大为扩展。课堂教学往往是提纲挈领式的，教师在课堂上只讲难点、疑点、重点，其余部分就要由学生自己去研读、理解、掌握。而且在大学的课堂上，教师传授知识只是一个方面,更重要的一个方面是向学生传授学习的方法,引导学生独立自主地学习。因此,大学的学习不能像中学那样完全依赖教师的计划和安排,学生不能只单纯地接受课堂上的教学内容,必须充分发挥主观能动性,发挥自己在学习中的潜力。

随着高等教育改革的深化,大学的课程安排更加科学合理,既有公共必修课、专业基础课,还有辅修课程及大量选修课。这为大学生根据自己的专长、爱好、兴趣自主地安排学习提供了更大的空间和可能性。因此,自主性的学习方式,将贯穿于大学学习的全过程,并反映在大学生活的各个方面。首先,自学不仅是学生消化和吸收知识的重要渠道,而且是培养学生的创造性和探索性的主要途径,每个大学生都要养成自学的习惯。其次,大学生应根据学科内容与职业的契合性、学科的实用性以及自己的兴趣对学习内容进行自主的选择。最后,在学习方法的选择上,大学生更应发挥自主性。根据自己的情况,选择适合于自己的最有效的学习方法。

(二)学习的专业性

由于人的精力和时间是有限的,高等教育不可能要求学生去学习所有学科的知识,而是根据各个专业的不同要求设置不同的课程。因此,大学教育是一种职业教育,具有明显的专业性特点,它的一切教育和教学活动,都是直接和间接为培养一定的专门人才服务的。高校的专业设置不同,他们具体的培养目标也不相同,每个专业的培养目标都必须体现本专业的特点和未来从事职业活动的需要。

从报考大学的那一刻起,专业方向的选择就被提到了考生面前,被录取上大学,专业方向就已经基本确定了。大学四年的学习内容都是围绕着这一大方向来安排的,一般大一、大二侧重于基础课程,大三、大四侧重于专业课程。因此,要求大学生围绕专业方向打好基础,并紧跟专业前沿,建构合理的知识和能力结构。

(三)学习的综合性

现代大学教育不仅注重学生对专业知识的掌握,更注重对学生综合知识以及综合素质和能力的培养。作为当代的大学生，在大学期间除了要学好专业知识外，还应根据自己的能力、兴趣和爱好，选修或自学其他课程，扩大自己的知识面，为毕业后更好地适应工作打下良好的基础。

大学生要想成为合格的人才，就要注重自己的素质和能力的提高。大学生应具备的基本素质有：①思想政治素质包括科学的世界观，正确的政治方向、政治立场、政治态度、政治敏感性和鉴别力，坚定的共产主义理想和信念等；②道德素质包括诚挚的爱国主义情感，热爱劳动、艰苦奋斗的精神，合作精神，创业精神，奉献精神；③科学素质包括合理的知识结构，精深、广博的专业知识，强烈的科学意识和科学观念，科学的思维方式和工作方法，求实的科学精神和科学态度；④身心素质，即大学生必须身体健康、心理健康，能力是顺利实现某种活动的心理条件，不是与生俱来的，必须通过刻苦地学习才能获得。大学生应具备的能力包括熟练运用专业知识的能力；辨别是非的能力；组织管理的能力；敏锐的信息收集、综合、分析的能力；建立良好人际关系的能力；勇往直前的开拓创新能力；语言表达和写作的能力。

（四）学习的广泛性

同中小学相对，大学的学习在渠道上，有着广泛性和多样性的特点。课堂教学是大学生获得知识的主要途径，但已不是唯一的途径。大学开放式的教学为学生提供了多种多样的获得知识的途径。通过自学、讨论、听讲座、听学术报告等途径，大学生可以拓展知识面，积累丰富的知识；通过学科兴趣小组、专业实验小组、课外实习、课程设计、科研训练计划、学年论文等途径，大学生可以提高自身的素质和科研能力。在信息时代，教师不再是知识的中心，学习获取知识的多元化带动了学习方式的变迁，网络又为大学生的学习开辟了一条学习的新途径。

除了在校内获取知识，大学生还可以从社会这个大课堂中获得更多的知识和能力。大学生未来的工作首先是一种实践活动，它需要大学生把所学的知识与实践结合起来,这种结合需要大学生在校期间就逐步地培养实践能力。因此,大学生要走向社会,在接触和了解社会中学习知识,增长才干。社会实践是培养专门人才必不可少的重要途径。

(五)学习的探索性

社会主义现代化建设需要掌握现代科学文化知识、具有创造力的人才。这种创造性需要大学生在大学期间就培养和造就。这就决定了大学学习具有探索性的特点。

大学的学习是为以后的创造性工作打基础的。这就要求学生不仅要掌握所学的知识,还要具备把所学的知识应用于实际的能力,需要学生能够探索性地去学习,做到举一反三、触类旁通。只有这样才能为以后的工作奠定一个良好的基础。

大学学习的探索性还体现在教与学的方式上。大学的教学活动一方面是向学生传授知识,更重要的另一方面是向学生传授学习方法和培养学生运用所学的知识解决实际问题和探索未知领域的能力。低年级学生侧重于探索学习方法,而高年级学生则侧重于应用能力的培养。随着教师讲授的内容从既定结论转向广泛介绍各派理论争议和最新学术动态,大学生的学习方法和思维方式也逐渐从记忆现成结论向确立独立见解的方向转变。有的学生在一、二年级就开始从事一些小课题研究,把所学的书本知识应用于社会实践,进入高年级时,便开始独立进行社会调查,完成毕业实践、毕业设计或毕业论文,直至做出某些发明创造。这种探索性的特点,在近年教学改革的过程中显得更加突出。

三、当代大学生学习心理的特点

大学生的学习心理与中小学生相比有其不同的年龄发展阶段的特点和差异性。我国高校大学生的学习心理现状问卷调查结果表明,我国高校大学生的学习心理呈现以下几个方面的特点:

（一）大学生学习动机的特点

学习动机是学生学习活动的主观意图，是推动学生进行学习的内在动力。大学生的学习动机是影响大学生学习活动的重要心理因素。在大学生的学习动机中，首先，发展成才的需要始终占据着首要地位。它是一种内部动机，将对学习起到持续、有力的推动作用。其次，对个人利益的追求占据着重要地位，这是一种外部动机。究其原因，教育受社会经济发展的制约并最终由经济决定，在市场经济的冲击下，他们必然受到商品经济文化的影响，反映出其在思想上更趋现实的特点。高报酬已成为大学生重要的追求目标。从性别差异来看，男生比女生更重视对个人和社会利益的追求，更注重成功，较少害怕失败；女生的成就动机明显低于男生。也有部分学生考入大学后，学习目标就算实现了，不再给自己设立新的学习目标，学习上只求及格，缺乏学习动机和学习兴趣。

（二）大学生学习兴趣的特点

兴趣是指人对事物特殊的认识倾向。它是影响大学生学习的又一个重要心理因素。学习兴趣广泛是当代大学生的一个显著特点。课程学习文理互选，课外阅读范围极广，名目繁多的学术社团，丰富多彩的知识讲座，这些都反映出当代大学生学习兴趣的广泛性。当代大学生学习兴趣广泛，使他们知识丰富、思维活跃，能更好地适应科学技术既精细分化又高度综合的当今时代。在学习兴趣泛化的同时，当代大学生的专业兴趣出现了淡化的趋势。据一项调查表明，对自己专业“感兴趣”的大学生占 55.6％；“无所谓”者占 21.3％；“不感兴趣”者占 23.1％。与 20 世纪 80 年代的调查数据相比，当代大学生专业兴趣的淡化程度非常显著。

（三）大学生学习行为的特点

整体来说，大学生能在思想上明确学习和掌握知识技能的重要性，却较少能在行动上“一贯努力”、“充分地、有计划地利用时间”，结果又会因自己没有充分利用时间而后悔、自责。在大学里，大部分学生能自觉学习，积极参加各种专业训练活动，努力提升自身素质。也有部分学生无心向学，经常旷课，即使到了课堂上也是看小说或聊天。他们把课外时间都用来娱乐、发展个人兴趣爱好、外出打工，结果因考试成绩不合格，不得不重修或留级。

(四)大学生学习方法的特点

大学的学习不仅是学知识、学专业，更重要的是学方法、学策略，发展和提升学习能力。从总体上看，大学生能较好地掌握科学的学习方法，如认真记课堂笔记、读背结合的记忆方法、运用巧妙的联想记忆术、抽象与具体知识相结合的理解记忆、区分知识重点、归纳知识要点等。但在课前预习、课后及时整理和复习等方面存在问题。

对学习活动进行自我监控和调节是自主性学习的根本体现，也是学习方法的最高层次。调查表明，只有不到40%的学生(39.5%)常常反问自己是否掌握了已学过的知识，对学习进度进行有效地监控；有近50%(48.4%)的学生平时对自己掌握已学过教材的情况心中无数，而且不了解自己的学习方法；不知道自己的学习方法好不好的学生有46.3%。

第二节　大学生学习的心理问题及其调适

学习是一个智力因素和非智力因素积极参与的过程。在这个过程中，任何因素的失调都会导致大学生学习心理问题的产生，使学习效率降低。因此，了解大学生常见的学习心理问题和有效的调节方法，是大学生顺利完成大学阶段学习任务的保障。

一、学习动机不当与调适

学习动机是激发个体进行学习活动，并且维持已引起的学习活动，使行为朝向一定的学习目标的一种内在的心理状态。学习动机具有三个方面的功能：第一，指引方向，在一定动机的激励下，指引主体向一定的目标奋进，获得预期的效果；第二，集中注意力，在动机的推动下，排除来自各方面的干扰，克服困难，集中精力于所学的内容；第三，增添内驱力量，推动积极、主动的学习行为，达到向往的目标。

学习动机在大学生学习过程中具有重要的作用，它一方面唤起了大学生对学习的准备状态，促进一些非智力因素，如集中注意、坚持不懈以及挫折的忍受性等意志和情感方面的品质的形成和提高，间接地促进了学习；另一方面，学习动机又可以作为一种学习结果，强化学习行为本身，促进“学习—动机—学习”的良性循环。需要注意的是，学习动机和学习结果的关系并不是一个正比的关系，心理学界有名的耶基斯—多德森定律告诉我们：动机强度与学习结果之间的关系可以用一条倒 U 型曲线来描述，即中等程度的动机激起水平最有利于学习效果的提高。同时，该定律还指出，最佳的动机激起水平与任务难度密切相关，在较容易的任务中，工作效率随动机的提高而上升；随着任务难度的增加，动机的最佳激起水平呈逐渐下降的趋势。因此，动机缺乏和动机过强，都会影响学习效果，带来一系列的心理问题。

（一）学习动机缺乏

1. 学习动机缺乏的表现

（1）缺乏明确的学习目标。有些学生在进大学校门后，从心理上摆脱了高中时的沉重压力，思想上逐渐松懈，对自己在大学期间以及每学年、每学期的学习上究竟要达到什么要求，心中无数，在学习上既无近期目标，也无长远目标，学习上缺乏动力。

（2）缺乏学习计划。这类学生对每天的时间怎么安排，学习什么，读些什么书，学习多少内容，如何在多门课程中合理分配时间和精力等不做打算，得过且过。

（3）缺乏学习成就感。这类学生在学习上缺乏自尊心、自信心，没有求知的需要和激情。总认为自己就是学不好，对学习提不起兴趣，因而学习成绩搞不好也不觉得丢面子。

(4)厌倦学习。这类学生没有学习的热情,缺乏必要的学习压力和心理唤醒水平,懒于学习,甚至一提到学习,心中便产生挫折感、压抑感或无聊感等不良心理反应,把主要精力放在娱乐等与学习无关的活动上。

2. 学习动机缺乏的调适

(1)明确学习的目的和意义。很多情况下,大学生缺乏学习的积极性和主动性,是因为他们不知道为什么学,对于学习在人生发展中的作用和意义缺乏深刻的认识。因此,应使这些大学生充分认识到掌握知识对于适应知识经济时代的重要性,如果不珍惜学习机会,不掌握扎实而过硬的本领,将来在工作上就会感到力不从心,也无法真正实现个人的理想和价值。应从根本上调动他们学习的积极性、主动性和自觉性。

(2)适当设置的学习目标。大学生在学习过程中一定要确定明确的目标。既要有长期目标,如整个大学期间的目标,又要有中期目标,如学年、学期目标,还要有短期目标和具体目标,如某门课程学习的目标等。大学生学习目标的设置一定要适当,要符合自身实际,既不能过高,也不能过低,过高达不到,容易丧失信心,过低不费力就能实现,起不到自我激励的作用。此外,还要善于根据情况的变化来适当调整目标。这样做可以避免因目标过大不能实现而产生的挫败情绪,有利于学习动机的激发。

(3)激发求知欲。孔子在两千多年前就说过:“知之者不如好知者。”(《论语·雍也》)爱因斯坦也说过:“热爱是最好的老师。”如果大学生喜欢自己的专业,就会产生一种内在的学习驱动力,因此培养对本专业稳定的学习兴趣,对学习动机的激发和心理健康都将十分有利。大学生对专业兴趣的培养,可以通过听讲座、看相关专业书籍、参加本专业的讨论等形式去了解自己的专业在科技发展中的重要作用,及其在当今世界上的发展水平,以及我国目前还需要做哪些努力才能达到世界水平等。另外,大学生还可以通过参观专业对口的工厂、企业、研究所、学校等,真切体会专业学习的重要性,有助于大学生提高学习兴趣，热爱专业，产生学习动力，认真学习。

(4)增强学习的成就感。在大学生学习动机形成的过程中，重要的是对自己能力的信念，认为自己有能力获得成功，这种能力的信念将直接影响他们的学习行为。因此，培养大学生的学习成功感，对于学习动机的激发有重要意义。大学生可以在学习过程中创设成功的机会，在自身的进步中体验成功的喜悦，并从自身的变化中认识自己的能力。另外，还可以通过观察与自己能力相近者获得成功的行为，来激发自信心，增强成功感。

(二)学习动机过强

1. 学习动机过强的表现

学习动机过强与学习动机过弱一样，会降低学习效率，同时更容易造成心理的困惑和生理的不适应。犹如一个在强大力量推动下不停奔跑的人，最终会体力不支，甚至倒地不起。绷得过紧的弦有断裂的危险，动机过强有导致心理崩溃的可能。学习动机过强表现为：

(1)过于勤奋。任何事情都应该维持一个度。动机过强的大学生将所有精力都用于学习上，并坚信自己只要努力、勤奋学习就有回报。在学习中，往往认为学习是至高无上的，把时间花在别的地方是一种浪费，因而在他们的生活中不知道娱乐、信息和运动为何物。

(2)争强好胜。动机过强的大学生无论在学习上还是在日常生活中都反映出争强好胜的心理。他们非常看重自己的分数、名次，经常想考到学校班级的第一名，也经常想得到他人的表扬和肯定，害怕失败，如果失败了，就会对自己产生怀疑。

(3)情绪紧张。动机过强的大学生往往伴随着学习焦虑和考试焦虑，经常体验到紧张不安，由于长期处于巨大的压力和超负荷的学习之中，情绪上、精神上难以松弛，久而久之易导致精力不集中、记忆力减退、思维迟钝等，学习效率随之降低。许多身心问题诸如头痛、失眠、烦躁、心悸、胃肠功能失调等接踵而至。所以，对于学习动机过强者来说，学习同样是一件苦差事，而不是一种乐趣。

(4)容易自责。为了追求自己的完美,动机过强的大学生经常给自己订立过高的目标,为了完善自己的目标,就会责备自己,并为自己施加更大的压力。他们总是不满足自己的现状,总认为自己应该做得更好,即使成功也不能给自己带来多少喜悦之情。

2. 学习动机过强的调适

(1)加强自我认识。学习动机过强,往往来自于对自己的过高估计,并由此造成在学习行动中对自己过分苛求,带来身心的伤害。因此,要解决动机过强的问题,首先对自己的能力和水平要有一个客观的评价,正确认识自我,制订理想、抱负时要在自己能力所及的范围内,既不要好高骛远,又不要盲目攀比、操之过急。

(2)科学地制订目标。制订目标要与自己所具备的条件及实际环境结合起来,目标要分阶段、分步骤、循序渐进,不能只有远景的大目标,而没有近景的阶段目标。做任何事情都应脚踏实地,一步一个脚印,学习也不例外。还需注意的是,目标的制订一定要在自己能力所及范围之内,目标要清晰、具体,具有可操作性,是在经过努力后能够实现的,切勿把目标定得过高、过于模糊,难以操作,否则易造成学习动机过强,影响学习效果和身心健康。

(3)将关注点聚集在学习活动之中。学习动机过强的学生往往过分注重长辈、老师及周围的同学对自己的看法,使得自己在学习中压力过大,患得患失。因此,对于这样的学生要注意教育他们把关注点聚集在如何学会学习、学会了多少知识,而决不能以成绩来评定胜负,要淡化名利得失,不要总设想成败的后果,增强他们的抗挫折能力。

二、学习效能感不强与调适

学习效能感是学生对自己学习能力和学习成绩的预期和主观判断。学生的学习效能感与学生的学习成绩具有重要相关性。班杜拉等人的研究表明,学习效能感水平可以预测学生的学业成就水平。

(一)学习效能感水平低的几种表现

学习效能感低的大学生对自己的学习结果缺乏控制感,因而表现出各种消极行为，注意于自己的不足之处，显得过分焦虑，找不到适合自己的学习方法，觉得自己无力改变现状，产生行为结果不可控的期望，从而导致“无力感”，表现出认知、动机和情绪上的障碍。

1. 认知上自我否定

学习效能感水平低的大学生往往给自己贴上这样的标签：“我缺少学习的天赋”、“在学习上，我是不行的”。这种自我否定的想法有极强的心理暗示作用，以致这些学生在实际的学习过程中破罐子破摔、自暴自弃。

2. 学习动机缺乏

学习效能感水平低的学生由于对自己的学习失去信心，认为自己无论如何努力，也达不到理想的学习效果，因此，在学习过程中往往不再做积极的尝试和努力。在困难面前更是畏首畏尾，不敢给自己提出富有挑战性的学习目标。

3. 情绪上消极被动

这类学生在学习的过程中往往有许多不良的情绪反应，主要表现为绝望、沮丧、害怕、退缩、被动、抑郁、神经过敏，并充满恐惧和焦虑，甚至出现生理紧张反应，对其身心造成极大的伤害。

（二）学习效能感水平低的调适

1. 进行正确归因

归因是对学习结果做出解释或推测的过程。归因方式是影响学习效能感的重要因素。一般认为，成功经验会提高效能期望，失败经验会降低效能期望。但是，不同的归因方式所得到的结果是不同的。心理学家们认为，如果学生把学习失败归咎于脑子笨、能力低这一类稳定而不可控的内因，他们往往会因此而产生耻辱感，从而丧失自信，破罐子破摔；如果他们把其失败归于不稳定的可控因素，如努力，那么他们在遭受挫折后则不一定会降低学习的积极性，相反，在一般情况下，他们还能坚持努力行为。因此，对于学习效能感较低的大学生应树立正确的成败归因模式，这将有利于他们学习效能感、学习动机和学习成绩的提高。

2. 与自己比,不与别人比

许多大学生在学习上缺乏效能感,是因为总是与别人进行比较,认为别人比自己学习成绩好,比自己学习效率高,或者在某些科目上比自己突出。但是,天外有天、山外有山,从宏观角度看,“别人”是个无穷大的概念,我们永远无法比过“别人”。因此,若以超越别人为目标,则会使我们陷入无穷的烦恼和沮丧中,对自己的学习失去信心。健康的做法是:以他人为参照的榜样,以自己为超越的目标。在学习上,大学生不应该封闭自己,应该向学习成绩比自己强的同学学习,但只把自己作为不断超越的目标,只要今天的自己比昨天的自己有所进步,就有理由为自己骄傲和自豪,为自己喝彩、打气,增强学习效能感。

三、考试焦虑与调适

(一)考试焦虑及表现

焦虑是人们对未来活动的预期而引起的紧张不安、忧虑甚至恐惧等情绪状况。考试焦虑是由应试情景引起的一些情绪表现,按程度不同,可将其分为轻度焦虑、中度焦虑和重度焦虑。考试是一种高度紧张的智能化活动,它对考生的心理素质有很高的要求。但考试焦虑已成为大学生当中最普遍的学习心理障碍之一,对大学生的学习和生活产生了严重影响。首先,在考试前,表现为难以自抑的担忧、焦躁和紧张不安,无法沉静下来认真复习,而总是想着考试失败给自尊带来的伤害;吃不香,睡不好;注意力难以集中,记忆、思维和想象等心理能力自感明显衰退;情绪体验深刻,忧心忡忡、难以自控;复习吃力,效果不佳,复习计划不能正常完成;身心疲惫、多感不适,产生头痛、头晕等症状。其次,在考试中,突出表现为怯场现象。怯场是心理素质不良的反应,多表现为紧张不安、优柔寡断、不知所措等。怯场的原因主要有两点:一是先前复习中的焦虑恐慌心理的自然延续所致;二是被疑难问题一时“吓”住的惊恐心理所致。较严重的怯场心理反应具体表现为:①记忆消退。即先前所记得的东西被严重抑制,无法回忆或再认。

②思维呆滞。即考生的思维过程被严重抑制无法进行正常的联想、判断、推理，大脑僵化。③焦虑性应答。即不经过冷静思考的急促应答，容易出现考题差错或遗漏。

（二）考试焦虑的调适

1. 树立正确的考试观

大学生应认识到考试的目的只是检查教与学的成效，是提高教育教学工作质量的重要手段。考试虽然很重要，但它不是学习的目的，它只是作为检查自己学习知识程度的一种手段。大学生要充分认识到考试工作的意义，以实事求是的态度对待考试，把考试当作检验自己近段时期的学习态度、学习能力和知识水平，以及进一步认识和完善自我的一个“契机”。

2. 对考试的期望要符合个人实际

考试前应对自己掌握的知识和已具备的能力有个正确的评价，在正确评价的基础上制订出考试成绩的目标，这样的目标才会符合个人实际，避免考试焦虑的出现。否则，如果目标太高，超过了自己的真正水平和能力，在考试之前会因实现目标没有把握而失去信心，影响复习的质量和效果，最后导致考试过度焦虑。

3. 化解考试前以及考试中出现的消极情绪

考试是一种高度紧张的智能化活动，引起大学生一定的焦虑反应也属于自然现象，关键的问题是在出现这些情绪后如何进行有效地化解。

(1)自我激励法。考生在复习中若有自卑、消极等情绪时，可从自己已获取的成绩或已具有的优势着眼，激发应考意识。

(2)转移法。当复习中一旦产生过度的焦虑、疲劳等不良心理症状时，学生应发挥意志力，果断地割断这些心理“寒潮”对自我情绪的惊扰，随后可把注意力暂时移向与复习无关的富有趣味性的其他活动中去，待焦虑与疲劳感解除后再进行复习。

(3)暗示法。在整个考试过程中，特别是在怯场发生的时候，可进行积极地自我暗示:“不要慌,一切都会好的。”“镇静,这些题我已经做过。”等。

(4)放松法。在答题过程中,如果感到非常紧张,可以做几次短暂的休息,闭上眼睛,放松身体和思想,伸展四肢并变换身体的位置,做几次缓慢的深呼吸,并在深呼吸时提醒自己“放松”,紧张的情绪会慢慢得到缓解。

四、注意力不集中与调适

“天才,首先就是注意力。”注意是心理活动对一定对象的选择和集中,在人的信息加工过程中,注意具有选择、维持、整合和调节功能。人只有在注意状态下,才能顺利地执行各种任务。

(一)注意力不集中的表现

1. 容易走神

学习时注意力不集中的大学生,常在学习时不能有效控制自己的心理活动,想一些与学习毫无关系的事情,思维远离当前的学习活动,且不易收回。

2. 易受干扰

注意力不集中的大学生,在学习时很容易被外界的无关刺激所吸引,有时甚至是很微弱的刺激,也能引起他们注意力的分散,偏离当前的学习活动。

3. 无关动作增多

注意力不集中的大学生,在学习时往往伴随着一些与学习无关的动作,如说话、东张西望、玩弄手指、摆弄笔杆、摸东翻西等,始终不能把注意维持在学习上。

4. 效率低下

注意力不集中的大学生学习效率是很低的,他们通常给人的印象是花在学习上的时间很多,却见不到成效。如有的学生一个晚上都在看书,可是可能一页书都没有看完。

(二)注意力不集中的调适

1. 明确学习目标、规定任务

大学生在学习前应根据自己的条件,为自己确立一个适当的目标,并依据目标制订详细的学习计划。每次学习时都应有具体的学习任务,要带着任务和问题进行学习。这样学习才有动力,才不易分心。

2. 激发学习兴趣

大学新生入学后,学校应对各专业前景、发展方向做一些介绍,培养大学生对本专业的兴趣,促进他们将注意力集中在学习上。

3. 寻找科学的学习方法

大学新生在入学之初,可能对大学的教育教学方法不适应,教师应及时地对他们进行教育,使他们明白大学教学与中学教学的区别,帮助他们尽快总结出一套适应大学教学并与个人自身条件相适应的科学学习方法,把课后的时间充分利用起来。

4. 选择环境,排除干扰

由于每个人的心理特征不同,个人所喜好的学习环境也不同。如有的人必须在绝对安静的环境下,才能集中注意力;而有的人在轻柔的乐曲声中更能集中注意力。因此,大学生可以根据个人不同情况,选择适合于自己的学习环境。大学生大多过着集体生活,有时在无法选择环境、干扰无法排除时,就需要有与干扰作斗争的自制力。

5. 劳逸结合,张弛有度

要科学地安排作息时间,适当地休息或进行体育活动,防止过度疲劳。同时,要消除焦虑、紧张情绪,保持平和愉快的心境。

6. 学会运用思维阻断法

注意力不集中的学生在学习时常会胡思乱想,及时阻止这种纷乱的思绪对于提高学习效率大有益处。当纷乱思想出现时,一种方法是听一些柔和的音乐,使大脑放松下来;另一种方法是把眼睛闭上,反复握拳、松开,使肌肉收缩,并同时对自己说"停",如此反复数次,有助于集中注意力。

第三节　大学生学习能力的培养

研究表明,在现代社会里,一个人的知识只有10%是靠正规学校教育给予的,90%是在以后的工作实践和学习中获得的。可见,作为当代的大学生在大学阶段,除了掌握必要的知识,还要具备一定的学习能力,以适应未来工作中知识积累的需要。而且,大学阶段的学习任务是非常繁重的,提高学习能力,对于大学生减轻学习负担,形成积极健康的学习心理也具有重要意义。

一、树立科学的学习观

大学生的学习观是大学生对学习的基本观点和看法,是关于学习的基本概念体系,同时也是大学生进行学习活动的指导思想。学习观源于学习实践,又影响学习实践,不同的学习观将导致大学生学习目标选择方向与层次的不同,也会导致学习内容、学习方法与学习品格的不同和学习自主性、创新性的不同,最终影响学习效率的高低以及学习的成败。大学生应树立科学的学习观包括以下几点:

(一)终身学习观

学习既是人类生存和社会发展的基本手段,也是与人生相伴随的、持续不断的终身过程。

21世纪的社会是一个终身教育、终身学习的学习型社会,知识经济这种全新的经济形态正改变着我们的物质世界和精神世界,向我们的教育和学习提出了新的标准和更高要求。如今,信息化社会已打破了学习上一劳永逸的状态。知识更新的速度越来越快,知识倍增的周期越来越短。20世纪60年代,知识倍增周期为8年,到了80年代缩短为3年,进入90年代之后,知识总量1年就可增长一倍。有学者预计,到2020年人类将要拥有的知识的90%目前还没有被创造出来。这意味着我们再也无法通过一段时间的集中学习,获得可供一辈子享用的知识技能，人生被分成学习阶段和工作阶段的时代已经结束。学习性社会需要我们终身不停地吸收新信息，获取新知识，增长新本领，以适应新挑战。如果没有终身学习的思想，只想凭大学阶段所学到的知识包打天下，是行不通的。大学阶段的学习不仅在于获得优良的学习成绩，更在于培养优良的学习素质，为终身学习打基础、做准备。

（二）创新学习观

创新是人类文明的源泉，是知识经济发展的动力。一部人类历史，就是一部创新活动的历史，就是人类在不断地改造客观世界的同时改造自身，从而不断获得进步和自由的历史。对于大学生来说，没有创新性学习，就没有学习后的创新。创新性学习是指把学习看成是一种创新性活动，在接受知识时思考，在解决问题的各种实践活动中力争提出创新的解决方法和见解。创新学习是培养创新精神、创新意识、创新思维、创新方法和创新能力的学习方式，它着力于培养学生主动性学习和探究性学习的能力，最大限度地激发学生的学习积极性和创造性，使学生主体性得到真正体现。

创新学习观是对“传授知识——接受知识”的传统学习模式的挑战。大学生的学习不应仅满足于重复和再现前人或他人的思维和行为的过程和结果，而应在学习过程中获取和发现前人和他人所未能发现和获取的新知识、新技能，对现有的知识应该有新的理解、新的认识、新的思路、新的应用。

（三）学会学习观

在信息时代，知识陈旧周期加快，职业调动频繁，因此只讲求学习，而不讲求如何学习是无法适应学习型社会的。刻苦学习是必要的，但仅靠勤奋是不够的，只提倡“书山有路勤为径，学海无涯苦作舟”、“愚公移山”、“蚂蚁啃骨头”的精神是不够的。正如托夫勒在《未来的冲击》中指出的那样：“鉴于可以预见的速度，我们能推测出知识会越来越快地陈旧过时，今天人们认为‘正确’的东西，明天将成为‘错误’的东西……大学生们必须学会摆脱过时的概念，并且知道什么时候如何去代替这些过时的概念,总之,他们必须学会学习。”“未来的文盲不再是不识字的人,而是没有学会学习的人。”大学生只有学会如何学习,才能保证其毕业后能顺利进入其他教育系统或利用其他教育手段和形式继续学习,随时补充、更新自己的知识,以迎接知识经济的挑战。

二、掌握科学的学习方法

进入大学阶段的学习,学习的任务要求更高、学习内容更加丰富、学习难度加深、教师的教学个性化等因素在客观上要求大学生必须不断探索和总结出一套良好有效的学习策略和学习方法,以提高学习效率。

(一)制订科学的学习计划

1. 学习计划根据自己的学习情况、生活习惯来制订

学习计划的内容包括具体措施、时间安排、进展速度、内容要求。每个人的学习情况与生活习惯都是不一样的,因此计划对于每个人来说都不是固定统一的,别人告诉你的方法是很难完全被套用的,最多只能充当一个指路标的作用。

2. 学习计划的制订要切合实际,还要有一定的灵活性

人的时间、精力是有限的,但有的大学生在制订计划时不考虑这一点,为了完成某个既定的目标,制订出超出其时间和精力的学习计划和安排,结果在实际的学习过程中,这些计划根本无法得到真正执行。俗话说“计划没有变化快”。现有的学习计划在执行过程中,难免会出现这样或那样的问题,因此,在制订学习计划时还要体现一定的灵活性。

3. 学习计划要定时定量

定时学习是完成学习计划的前提。所谓定时是指在学习计划中要体现每天所要保证的学习时间和每项学习任务开始的时间。当然,学习时间的制订注意不要安排得太满,要留出一部分的时间参加体育

锻炼、交往等活动。定量学习是完成学习计划的保证。在计划的指导下，当知识的量达到一定程度时，便达到了既定目标。

(二)掌握科学的读书方法

1. 阅读策略介绍

(1)SQ3R法。

一是浏览(survey)——阅读的第一步就是对阅读内容进行浏览，从整体上把握文章脉络，为仔细阅读做准备。

二是提问(question)——把文章的标题及主要内容转化为问题的形式，在问题的提示下深入阅读。

三是阅读(read)——根据问题提示阅读内容并寻找问题答案。主要依赖于学习者的理解。

四是背诵(recite)——经过上面的阅读过程，学习者已经理解了课文中的大部分内容，现在学习者把课本合上，看看有多少课本内容已经能够记住，还有哪些没有能够透彻理解并记下来，需要进一步加工。

五是复习(review)——阅读过的内容要在脑中长期保持，就必须复习。通过复习加深对阅读的巩固、理解，并建立有关内容之间的联系。

(2)PQ4R法。

一是预习(preview)——快速浏览材料，对文章的主题和主要标题有一个大致的了解。

二是提问(question)——针对阅读内容提出一些问题，如谁(who)? 什么(what)? 何时(when)? 为什么(why)? 怎么样(how)?

三是阅读(read)——针对内容进行阅读，全面了解内容。

四是沉思(reflect)——理解所学内容的意义，包括把现在所学的内容与学习者已有的知识相互联系起来，把课文中的细节和主要观念联系起来，对所学内容做些评论等。

五是背诵(recite)。

六是复习(review)。

(3)OK5R。

一是纵览(overview)——相当于以上所述浏览。

二是提出关键点(key idea)——即列出文章中主要的、关键的内容,为下一环节的阅读做准备。

三是阅读(read)。

四是摘录(record)——在阅读的基础上把文章中主要的内容摘抄下来或在脑中重点加以阅读理解。

五是背诵(recite)。

六是复习(review)。

七是反思(reflect)——对整个阅读过程进行反思,包括有无理解和记住内容、阅读速度是否合适、有哪些方面需要加以改进等。这一环节在阅读过程中显得尤为重要,它体现了阅读策略的核心。因此,在阅读时,必须充分重视这一环节。

2. 大学生的读书方法

(1)明确读书的目的和要求。读书同做事一样,要有一个明确的目标指引方向,这样才知道为什么要读、读什么、读到什么程度等。大学生只有在明确了具体目标,了解了这些问题后,才能更有效地阅读。

(2)将粗读和精读结合起来。略与精是相对的,略是精的前提,精则是略的目的与要求,二者相辅相成。因此,大学生在读书的过程中,应将粗读和精读结合起来。所谓略读,就是粗读、泛读,也叫"观大略"的读书法。信息时代不学会略读的技巧,就不能涉猎广泛的知识。事实上,任何书籍中有主要的,也有次要的;有实用的,也有无用的;有精彩的,也有乏味的。因此,在读书之始,应通过略读分清主次、难易,以提高学习的效率。所谓精读,就是要仔细地阅读,有些要反复地阅读、理解和记忆。一般说来,精读的目的是要掌握书中的重点,攻克难点和深究疑点,从深层次上掌握知识。

(3)监控阅读过程。大学生在阅读过程中,应经常对自己的阅读进行反思，看看自己的阅读是否达到了既定的目的、阅读的速度如何、理解了多少等，并在此基础上有效地改进自己的阅读方法、阅读策略，圆满地完成后期的阅读任务。这样做不仅有助于阅读任务的完成，而且还能避免在时间和精力上造成不必要的浪费。

(三)掌握科学的记忆方法

记忆不是天生的有好有坏，因而，注意记忆规律和技巧的掌握，有助于提高记忆力。

1. 充分运用意义识记

意义识记是增加对材料的理解进行识记。意义识记的效果明显优于机械识记。当识记内容没有什么意义联系时，我们可以将这些无意义的材料意义化，从而使机械识记转化为意义识记。如英语单词 car 表示汽车，scar 是疤痕，记忆时可以想象到"死汽车害我留下疤痕"。

2. 克服记忆内容间的相互干扰

记忆内容的相互干扰是指前摄抑制与后摄抑制对记忆的影响。为消除这两种影响，我们可以合理安排自己的学习时间，一方面，可以将中间的内容多复习几遍，不要和头尾平均。运用分散记忆、轮换记忆，造出更多的头尾来；另一方面，可以充分利用清晨和睡觉前的时间来记忆，因为这时干扰较少。

3. 进行尝试回忆

即通常说的"过电影"。心理学家认为，复习时最好 20%用于阅读，80%用于背诵。在老师讲过课程后，试着将内容回忆一遍，实在想不起来再看书，如此循环。这种方法比单纯地看书效果要好得多。

4. 感官之间的相互协调

人的各种感官如眼、耳、口、鼻、手等，在记忆时如果能够相互协调配合，就能提高大脑皮层的兴奋度，促进暂时神经联系的形成，使对知识的掌握更容易。而一种感官连续进行活动，大脑皮层容易产生抑制，记忆效果也就会降低。如记英语单词时，充分运用听、说、读、写的结合,其效果比单纯的看要好。

(四)学会科学用脑

1. 保持大脑的营养

大脑大体上由三大类物质组成:水、无机物和有机物。要维护脑的正常功能,就得靠这些物质的平衡。如果缺乏某种物质,造成平衡失调,大脑就不能正常工作。因此,要保护大脑,就需要保证一定的营养。科学已经证明,早餐和午餐一定要吃好、吃饱,同时要注意饮食,不要偏食。

2. 保证充足的睡眠

睡眠可以补偿脑力和体力的消耗,可以使机体得到休息和补充营养的机会。睡眠对于恢复大脑疲劳,对于产生用于积累、整顿、储存来自外界信息的蛋白质极为重要。但是,并不是睡得越多越好。睡眠过多也会使人记忆力减弱,对外界反应降低等。因此,大学生应根据自己的情况适当掌握睡眠时间。同时,要养成良好的生活习惯,安排好学习、劳动、课外活动、进食和休息睡眠的时间顺序。这样,不仅能减少脑细胞的能量消耗,而且能调节大脑各个区域的活动。

3. 合理安排用脑时间

心理学研究表明,人在一天中各段时间的工作和学习效率是不同的。在新陈代谢的高峰期,人的精力充沛,整个神经系统兴奋水平提高,应激能力强,在这种情况下进行学习,其效率比一般情况下高得多。但是,每个人的高峰期是不同的,有的在早晨,有的在晚间,有的在白天。因此,每个大学生应该搞清楚自己什么时候大脑活动处于高效状态,然后在这段时间里集中精力学习重要的内容。在脑神经细胞处于低效状态时,安排一般性的学习和工作,或者休息。

4. 加强体育锻炼

生命在于运动。体育锻炼可以改善大脑机能。因为运动中使肌肉收缩的信号通过脊髓上行走向脑干网络结构,使脑发生兴奋,脑机能更加活泼。运动还能促进血液循环,呼吸量大,使大脑更好地新陈代谢。另外，适当的运动可以调节睡眠的节律，恢复大脑机能。因此，大学生应注意加强体育锻炼，使大脑休息好，从而提高学习效率，保护大脑机能，提高智力水平。

语码转换式双语教学词汇、语段

Chapter 2 Academic Achievement

1. 学习 leaning

Students on campus, especially some freshmen, are likely to face with difficulty in learning.

大学生，尤其是大一新生，更容易遇到学习困难。

2. 学习迁移 transfer of learning

Transfer of learning mainly deals with transferring one's knowledge and skills from one problem-solving situation to another.

学习迁移主要处理人们如何将解决一个问题所获得的知识、技能转移到其他问题上来。

3. 记忆 memory

Even memory is not necessary for love.

爱甚至不需要记忆。

He has a bad memory for facts and figures.

他对事实与数字的记忆力很差。

4. 注意 attention

He didn't pay enough attention to his spelling in the English examination.

在英语考试中，他没有足够注意到拼写。

5. 智力 intelligence

In terms of psychology, intelligence refers to the capacity to acquire and apply knowledge.

在心理学领域,智力是指习得和应用知识的能力。

6. 智商 intelligence quotient

Although IQ tests are good predictors of how well students will achieve in school, they should be used along with other assessments to get a full and accurate picture of how a student learns.

尽管智商测验能够较好地预见学生将来的学业成就,它也应该和其他测验结果一起使用,对学生的学习有一个全面的、准确的评价。

7. 适应 adaptation

She quickly got promotion because of her strong ability of adaptation to the new environment.

由于较强的适应新环境的能力,她很快得到晋升。

8. 联想 association

Brand association is of great value to enterprises. The enterprises can carry out brand extension on the basis of a strong and positive association and achieve sustainable competitive advantage. But the strong and positive brand association is not built in one day. the enterprise should establish it gradually and patiently.

品牌联想对企业来说有着非常重要的价值,企业拥有了强大的品牌联想,利用品牌联想进行适当的品牌延伸,品牌也就有了持续的竞争力。但是品牌联想的形成和加强不是一蹴而就的,需要企业耐心的逐步建立。

9. 紧张 stress

The heavy stress and strains of modern society cause many people feel unsafe and unsatisfied with their existing well-being life.

现代社会的高度紧张和压力使得人们对现有的富足生活感到没有安全感和满足感。

第三章　大学生的人际交往心理

人是社会性动物，“人的本质并不是单个人所固有的抽象物，在其现实性上，它是一切社会关系的总和”。(《马克思恩格斯选集》第2版，第1卷，60页)进入大学之后，大学生们面临着新的环境、新的群体，重新整合各种关系、处理好与交往对象的关系便成为他们新的生活内容。良好的人际关系不仅是大学生心理健康水平、社会适应能力的重要指标，也是其今后事业发展与人生幸福的基石。

第一节　人际交往概述

一、什么是人际交往

(一)人际交往的定义及其心理因素

人际交往也称人际关系，是人与人之间心理上的关系。人际交往表现为人与人之间的心理距离，反映着人们寻求满足需要的心理状态。从动态讲，人际交往是指人与人之间一切直接或间接的相互作用，但都超不出信息沟通与物质交换的范围；从静态讲，它是指人与人之间通过动态的相互作用所形成的情感联系。据估计，大学生每天除了睡眠外，其余时间中有70%左右用于人际交往。有的人对成功人士进行分析，得出的结论为85%的成功人士与良好的人际关系有关。因此，人际交往对大学生起着重要作用。

人际交往的心理因素包括认知、动机、情感、态度与行为等。认知是个体对人际关系的知觉状态，是人际关系的前提。人与人的交往首先是从感知、识别、理解开始的，彼此之间不相识、不相知，就不可能建立人际关系。认知包括个体对自己与他人、他人与自己关系的了解与把握,它使个体能够在交往中更好地、有针对性地调节与他人的关系。动机在人际关系中有着引发、指向和强化功能。人与人的交往总是缘于某种需要、愿望与诱因。情感是人际关系的重要调节因素,人们在交往过程中,总是伴随着一定的情感体验,如满意与不满意、喜爱与厌恶等,人们正是根据自身的情感体验不断调整人际关系。情感直接关涉着交往双方在情感需要方面的满足程度,即心理距离。可以说,情感是人际关系中最重要的部分,它往往被当做判断人际关系状态的决定性指标。态度是人际交往的重要变量,每时每刻都在表现某种态度,态度直接影响着人际关系的建立、形成与发展,例如:态度与偏见、歧视的相关直接影响着人们的人际交往。

(二)人际关系的重要意义

人的成长、发展、成功、幸福都与人际关系密切相关。没有人与人之间的关系,就没有生活基础。对任何人而言,正常的人际交往和良好的人际关系都是其心理正常发展、个性保持健康和生活具有幸福感的必要前提。

1. 交往与个性发展

心理学的研究结果表明,儿童与其照看者之间通过积极地交往所形成的稳定的亲密关系,是其心理乃至身体正常发展不可缺少的条件。与此同时,如果儿童缺乏与成人的正常交往及由此建立起来的亲密关系,不仅性格发展会出现问题,连智力也会出现明显障碍。

交往是个性发展与人格健全的必经之路。个体只有通过与其他个体发生联系,才有可能学习社会知识、技能与文化,才能取得社会生活的资格。离开社会的交往环境,离开与他人的合作,个体是无法成为一个合格的社会人的。狼孩由于失去了与他人交往的最佳时期,失去了其作为“人”的成长的环境,因而即使后来被发现后,也已经很难成为一个正常的“人”了。“物以类聚,人以群分”,人有交往的需要,有合群的倾向。人生在世,就必须要与他人、社会交流信息、沟通情感。当在困难时,他人一句温暖的话语、一个真诚的关怀,都会令你倍感亲切、慰藉;当在成功时,与他人分享你的快乐与喜悦亦会令你开心、畅快。

2. 交往与心理健康

新精神分析学家霍妮认为,神经症是人际关系紊乱的表现。人类的心理病态,主要是由于人际关系失调而导致的。也就是说,人际关系紧张的人,不但事业会受阻,而且心情不好,常会陷入极大的痛苦之中。

研究表明,如果一个人长期缺乏与别人的积极交往,缺乏稳定的良好人际关系,那么这个人往往有明显的性格缺陷。在心理健康教育实践中,我们也注意到,绝大多数大学生的心理危机是与缺乏正常人际交往和良好人际关系相联系的。在同宿舍里,同伴之间的心理交往状况,往往决定了一个大学生是否对大学生活感到满意。那些生活在没有形成友好、合作、融洽的人际关系的宿舍中的大学生,常常显示出压抑、敏感、自我防卫、难于合作的特点,其情绪的满意程度低。在融洽的宿舍里生活的大学生,则以欢乐、注重学习与成就、乐于与人交往和帮助别人为主流。可见,人的心态与性格状况,直接受到与别人交往和关系状况的影响。

心理学家曾从不同角度做过大量研究,其结果表明,健康的个性总是与健康的人际交往相伴随的。心理健康水平越高,与别人的交往就越积极,越符合社会的期望,与别人的关系也越深刻。心理学家奥尔波特发现,个性成熟的人都同别人有良好的交往与融洽的关系,他们可以很好地理解别人,容忍别人的不足和缺陷,能够对别人表示同情,具有给人以温暖、关怀、亲密和爱的能力。人本主义心理学家亚伯拉罕·马斯洛发现,高水平的"自我实现者"对别人有更强烈、更深刻的友谊与更崇高的爱。

还有的研究结果表明,那些高心理健康水平的优秀者,往往来自于人际关系良好的家庭,这也从一个侧面提供了人际交往状况影响个体心理健康的佐证。

3. 交往与成才

大学时期是走向成人的关键时期,大学期间也是面临各种各样复杂人际关系的时期,大学生在这一段时期的交往经验将会对其今后的成长产生重要影响。

21 世纪是人才竞争的时代,但对于一个事业成功的佼佼者来说,他若想在人才竞争中脱颖而出,靠的不仅仅是出众的才华,而且更在于有良好的适应社会生活的能力、良好的人际协调能力。在科技日新月异的年代,知识的更新换代极为频繁,每个人都需要不断地进行知识的补充与更新。但是,单个人的能力是有限的,仅靠书本上的知识很难适应社会发展的实际需要,而积极的人际沟通与交往,是个体获取新知识的有效途径。“独学而无友,孤陋而寡闻。”对于青年大学生而言,他们思想活跃、成就动机强,但是,由于社会经验的不足、知识的局限,他们在看问题时难免会出现偏差。因此,大学生彼此间的畅所欲言、互通有无,将会使他们在思想碰撞中产生新的火花,增长他们对事业、人生、成功的积极看法。纵观科学发展史不难发现,科学家之间的彼此合作很有可能出现科学的奇迹。控制论之父维纳在建立控制论早期曾组织过一个科学方法讨论班,参加的人有数学家、物理学家、工程师、医生等。他们分别从不同角度对新理论进行发难、质疑、补充、完善,结果使原来的许多问题得以澄清。在现代社会,各门学科间的相互语码转换越来越强,单靠一门学科的知识很难有大的成就。对于大学生来说,应该学会与不同学科人才进行交流的能力,从而在心灵上相互沟通,在行为上相互协调,共同促进、共同提高。

二、大学生的人际交往

(一)大学生人际关系的分类

按照交往的范围,大学生人际关系可分为三类,即个体与个体之间的关系,如同学关系、朋友关系、师生关系和亲子关系;个体与群体之间的关系,如个体与家庭、学生与班级之间的关系;群体与群体之间的关系,如班级与班级之间的关系。

如果按照社会学的分类,人际关系则分为血缘关系、地缘关系与业缘关系。

1. 血缘关系

血缘关系指父母与子女的关系、兄弟姐妹之间的关系及由此衍生出的亲戚关系。目前,家庭教养方式与大学生的相关研究得到充分重视,家庭中的人际关系显得相当重要。

2. 地缘关系

地缘关系指居住在共同的地区而产生的人际关系,如同乡关系、邻里关系等,这种关系因共同的乡土观念、相似的生活方式、相同的语言文化带来更多的心理相容性,特别是大学新生初次离家求学,老乡在一定程度上起着心理稳定剂的作用,非正式群体中的老乡始终活跃于校园。

3. 业缘关系

业缘关系是指因共同的事业、爱好而结成的关系如师生关系、师徒关系等。大学里的师生关系有别于中学,其师生关系是以平等的身份、以学术为纽带而建立的,看似疏淡实则志同道合。

(二)大学生人际关系的主要类型

1. 师生关系

教师与学生是大学校园里两大基本群体。教师是学生人际交往的重要对象,师生关系是学生人际关系的重要内容。师生关系如何,直接影响到学生在学校里能否健康地学习成长,并在很大程度上决定了学校能不能对学生的身心施加符合社会要求的影响。

教师是大学生人际交往的重要对象。教师是知识的传授者,是大学生人格模仿的对象。与教师的交往也是大学生获取知识重要途径,教师与学生的平等交往也是师生共同成长的前提;与此同时,师生关系又是一种业缘关系,师生之间心理距离小、心理相容度高,教师对学生充满爱护与关爱,学生对教师尊敬与敬仰,师生关系是一种纯洁而无私的人际关系。然而,由于大学授课的流动性与课堂的扩展,师生之间缺乏直接的沟通与必要的情感交流,师生信息的交流与沟通明显不足,因而师生关系虽然是大学生的主要人际关系,却依旧需要进一步加强。

2. 同学关系

同学是大学生人际交往的基本关系，也是大学生人际交往的主要对象。大学校园里的同学关系总的来说是和谐、友好的，同学之间的关系有亲情化、家庭化的趋势，即在日常生活、学习中创造出一种如同亲属一般和谐稳固的同学关系。

大学生与同学间的交往最普遍，也最微妙与复杂。一方面，大学生年龄相仿、经历相同，兴趣爱好相近，又共同生活在一个集体，学习相同的专业，沟通与交往容易；另一方面，大学生来自不同地域、不同家庭背景，生活习惯、个性气质的差异，再加上大学生空间距离小，交往密度高而自我空间相对狭小，并且对人际交往的期望较高，一旦得不到满足，容易采取消极退避的态度。

大学生同学间比较频繁的关系有四个方面：即班级内的同学关系、宿舍关系与老乡、社团等关系。班级同学交往以学习与班级活动为主；宿舍同学关系以情感交往与生活交往为主；老乡关系以情感交往为主；而社团关系则以兴趣与工作交往为主。

人际交往是大学生生活的基本内容之一。同学之间、师生之间、老乡之间、室友之间、个人与班级以及和学校之间等错综复杂的社会交往，构成了大学生人际交往的网络系统。大学生处于一种渴求交往、渴求理解的心理发展时期，良好的人际关系是他们心理正常发展、个性保持健康和具有安全感、归属感、幸福感的必然要求。

（三）大学生人际交往的特点

从交往心理看，大学生交往呈现多元交往与开放交往的特点。大学生渴望友谊，渴望结交更多的朋友、交流更多的信息、接纳更多的新思想。在这种心理的作用下，大学生的人际交往呈现出前所未有的开放式交往趋势，其表现在以下几个方面。

一是交往的范围扩大。交往对象由以前的亲缘、朋辈交往转向更广泛的社会交往群体。同学交往不局限于同班同学,发展到同级、同系甚至是同校的可认识的所有同学;不仅包括同性交往,异性交往也是同学交往的重要方式。

二是交往的频率提高。交往由偶尔的相聚、互访发展到较为经常的聊天、社团活动、举行聚会、体育活动、娱乐、结伴出游,以及其他一些集体活动。

三是交往的手段多元化。电子网络的发展为大学生的交往提供了更加广阔的交往空间,交往手段的发展使大学生的人际交往变得更方便、更快捷,交往距离更远,交往范围更广。从交往方式看,以寝室为中心,社会工作和网络社交占主导。大学生虽然主动追求开放式的人际交往,但由于时间、精力、生活环境、经济条件等方面的限制,交往的主要场所仍然在校园内,中心是学生的寝室。尽管 BBS 和 QQ 等新兴社交方式正逐渐被大学生接纳并渗入到他们的生活中,但新兴社交方式所发挥的作用并不被学生们看好。

从交往目的看,情感型交往与功利型交往并重。随着社会的发展变化,大学生在社交目的上也趋于"理性化",选择什么样的人交朋友,并不纯粹是出于情感和志同道合,交往的动机已变得很复杂。可以说,大学生的人际交往在注重情感交流的同时,越来越注重与自身社会利益相关的务实性,呈现出情感型交往与功利型交往并重的趋势。

三、交往需要的有限性

由于大学生活动范围的局限所致,表现出大学生交往需要的有限性。研究结果表明,当人们感到孤独,缺乏感情依赖和理解,没有足够的人际关系支持时,会为人际关系的缺乏而烦恼;当人们交往过多,难以把精力集中在学习上时,人们又会为过多的交往与复杂的人际关系感到不安。这是因为,一方面,人需要获得明确的自我价值感和安全感,需要进行社会比较,需要社会支持;另一方面,人也需要内省的经验,有无拘无束、自由表现自己的机会,因此又需要暂时远离和逃避别人。因为任何与我们交往的人都会对自己构成一种评价压力。与此同时，个体必须对社交生活的行为进行检点，这也意味着某种限制。因此，维持交往需要与独处需要的平衡，是建立良好人际关系的必要前提。

大学生的人际关系也呈现出这个规律，新生之间团队较强，都是一个宿舍集体行动，到二年级以后，通过人际关系的调整与整合，出现了亲疏，逐渐成为三三两两，进而形成较为稳定的交往群体。大学生在交往中存在不容忽视的一个问题是，大家渴望友谊与交往，有着人际交往的迫切需要，常有"心里话儿对谁说"的苦恼。有的个体又存在心灵闭锁的不良倾向，有什么不适不愿意向周围的同学讲起，而是深深埋在心底，长期的积郁再加上学业负担的压力，使自己的人际调适力下降。

第二节 人际交往的产生与发展

人际交往的过程实质上是人与人之间的情感、信息和物资交换的过程，在这一过程中，人际吸引是人与人之间建立交往关系的基础。

一、人际吸引的条件

人际吸引(international attraction)是指人与人之间的相互接纳和喜欢。人为什么喜欢别人或为别人喜欢呢？心理学家阿伦森通过调查得出以下几点：一是信仰和利益与自己相同；二是有技术，有能力，有成就；三是具有令人愉快或崇敬的品质；四是自我悦纳。心理学家通过广泛研究后认为，人际吸引的条件主要是熟悉、吸引人的个人特征、相似与互补、喜欢与爱情等。

(一)熟悉

在日常生活中，人们更多地将喜欢的情感投向周围与自己有直接交往的对象，并在其中选择交往或合作的伙伴，自然而然地能够相互接触,彼此之间存在交往的可能性,这就成了人际吸引的前提条件。人际关系的由浅入深,也正是由相互接触与初步交往形成的。心理学研究结果表明,熟悉引起喜欢。熟悉本身就可以增加一个人对某种对象的喜欢。

大学生进入大学后,最初的人际关系都是从宿舍与老乡开始的,相比之下,由于安排在一个屋檐下,彼此的熟悉程度显然高于非本宿舍成员,大学生最好的朋友往往都在同一宿舍;而老乡由于地缘关系,在陌生环境会产生心理上的亲近感。

另外一点是熟悉对象的性质与喜欢。熟悉不是引起喜欢的唯一变量,但熟悉可以增加人们对积极和中性对象的喜欢程度。熟悉使人们更容易辨认事物,学习过程本身改变了人们辨认事物和对其进行分类的能力,这种改变使人变得更为积极。

(二)个人特征

1. 才能

人对有能力的人的态度往往出人意料。表面上似乎在其他条件相等的情况下,一个人能力越高,越完善,就越能受到欢迎。研究结果表明,实际上,在一个群体中最有能力,最能出好主意的人往往不是最受喜爱的人(E. Aronson)。在工作实践中,我们常常遇到这样的学生,因为他的出类拔萃反而失去了同学的喜欢与信任。这是因为,每个人都希望自己周围的人有才能,有一个令人愉快的人际关系圈,但如果别人的才能使人们可望而不可即,则会产生心理压力。这也就是中国人所讲的"木秀于林,风必摧之"。显然,才能与被人喜欢的程度在一定范围内成正比,超出这个范围,可能会产生逃避或拒绝,任何一个人都不愿意选择一个总是贬显自己无能和低劣的对象去喜欢。因此,一个才能出众但偶尔有点小错误的人在一定程度上比没有错误的人更受欢迎。

2. 外貌的辐射作用

大量的研究表明,外貌魅力会引发明显的"辐射效应"(radiating

effect)，使人们对高魅力者的判断具有明显的倾向性。大学生组织的集体活动中，那些最先受到关注的学生总是在同等条件下具有外貌吸引力的人。但值得重视的是，人们对美貌的人的其他方面会给予积极评价，但如果人们感到有魅力的人在滥用自己的美貌时，反过来倾向于对其实施严厉制裁。对于外貌美的标准，人们通常有大体一致的看法。但也存在文化差异、时代差异、个体差异与关系差异。

研究表明，外貌美的人，有很强的刻板印象。即“美就是好”，戴恩(K. Dion)及其同事在实验室向大学生被试出示 3 张外表吸引力不同的照片，并请他们对照片上的 3 个人在 27 项特质上打分，并预测未来的幸福程度。结果表明，大多数被试对外貌好的给予较高的评价与预测，人们一般觉得外貌好的人聪明、有趣、独立、会交际、能干等。

3. 个性品质

美国心理学家安德森于 1968 年做过一项调查，他将 555 个描绘个性品质的形容词列成表格，让大学生按照喜欢程度从高到低排列，其中，排在序列最前面，受喜爱程度最高的 6 个个性品质中，包括真诚、诚实、理解、忠诚、可信，这 5 个都或多或少、间接或直接与真诚有关。而排在序列最后的受喜欢程度低的几个品质，如说谎、装假、不诚实、不真实等都与不真诚有关，真诚受人欢迎，虚伪令人讨厌。一个人要想赢得别人，与别人保持良好的交往，真诚是必须有的品质。因此，建立良好的人际关系，真诚是必不可少的。

(三)相似与互补

相似有着重要的意义，在日常生活中，共同的态度、信仰、价值观与兴趣，共同的语言、种族、国籍、出生地，共同的文化、宗教背景，共同的教育水平、年龄、职业、社会阶层，乃至共同的遭遇、共同的疾病等都能在一定条件下，不同程度地增加人们的相互吸引。与相似相联系的是互补。当交往双方的需要和满足途径正好成为互补关系时，双方之间的喜欢程度也会增加。大学生中，外向型性格的人喜欢与内倾性性格的人友好相处、相互欣赏;家庭经济条件优越的学生会欣赏那些克服困难求学的学生;依赖性强的人更愿意与独立性强的人交朋友等等。还有一种情况是补偿作用(compensation),如一个看重成绩而自己成绩又不很理想的学生,更看重成绩优秀的学生。

从表面上看,相似与互补是矛盾的,但实际上,二者是协同的。建立在态度与价值观一致性上的相似与互补有着重要意义;在互补涉及人际吸引中关键因素和社会角色相互对应时,互补比相似更重要。

为什么相似导致吸引呢?至少有三个方面的原因。

第一,人们愿意与自己相似的人交往,即“物以类聚,人以群分”。相似使人们更加相互理解,有共同语言。大学新生中的老乡之间的亲近感,相同家庭背景的学生则多一些共同语言。

第二,相似的人可以为我们的信仰和态度提供支持。使我们感到自己不是孤立的而是有社会支持的。相似者为我们提供了社会证实的作用。在大学里,共同的兴趣爱好往往成为学生交往的重要因素,而志同道合者更容易成为知己;相反,对于那些在重要问题上与我们意见不合的人,我们可能会对其人格做出负面推断。

第三,人们以为与自己相似的人会喜欢自己。因为人们倾向于喜欢与自己相似的人,因此,想当然地认为人同此心、心同此理,觉得他们也会喜欢自己,这样就形成了良性循环。

二、人际交往理论

在人际交往中,相互吸引只是关系发展的一部分。吸引可以增加人们相互交往的动机,但是它并不能保证关系的顺利发展。关系的进展还要取决于人们的交往行为与交往动机。交往行为包括工具性的交换和情感的交流,前者如互通有无、相互帮助等,后者如自我表露(self-disclosure)与内心交流、情感支持及相互陪伴等。交往动机则是指人们在交往中到底想得到什么。

(一)社会交换理论

在社会交换理论(social exchange theory)看来,人际交往是一个社会交换的过程，人们之间的所有活动都是交换，是一种准经济交易。当你与他人交往时，你希望获取一定的利益作为回报，也准备给予他人某种东西，他人也是如此。这种理论假定交换中的个体都是自利的(self-interested)，即人们试图使自己的收益最大化，并使自己的成本最小化，从而确保交换结果是一个正的净收益。在这里，交换的东西是非常广泛的，可以是物质的，也可以是“社会”性的，包括信息、金钱、地位、情感和物品等。

交换关系中的每个个体都会评估自己和他人在贡献和收益两方面的相对大小。如果他们觉得自己的投入获得了大致相等的回报，他们就会认为这种社会关系是公平的。有学者指出，公平性的关系是比较稳定和愉快的关系，当关系中存在不公平时，双方都有可能产生不舒服，产生恢复公平的动机。一些学者还讨论了权力对于交换结果的公平性的影响。他们认为，在其他条件相同的条件下，权力较大的人在社会交换中收益更多。需要注意的是，在实际生活中，人际交往是在特定的社会交换结构中展开的，关系的发展必然受到这种结构的制约。

(二)自我表露理论

广义地来说，社会交换过程也包含情感的交流，而情感交流是与自我表露分不开的。所谓自我表露就是我们常说的“敞开心扉”，即把有关自我的信息、自己内心的思想和情感暴露给对方。良好的人际关系是在交往双方的自我表露逐渐增加的过程中发展起来的。

自我表露可以增加他人对你的喜欢。自我表露本身具有很强的象征性，它给对方一个强有力的信号：你对他(她)相当信任，愿意有进一步的交往。而且，对他人的自我表露可以引发他人作自我表露，由此可以增进相互理解、相互信任。Briggs 认为，自我表露对他人的益处包括：

一是他们知道彼此相似与不同点在何处，还能了解相似与不同的程度；二是准确地向他人表露自我，是健康人格的体现；三是自我表露增强了自我觉察的能力;四是分享体验,帮助个体发现这不仅仅是他们存在的问题;五是自我表露可以从他人获得反馈减少不必要的行为。当然,自我表露也必须注意分寸,过分的表露会让人不舒服。一般来说,表露的范围和深度是随着关系的发展而逐步增加的,对于不同的关系对象,在不同的发展阶段,自我表露的广度和深度明显不同。在非常亲密的朋友中,自我表露往往十分深入,达到所谓无话不说的地步。但是,需要注意的是,无论关系多么亲密,人们都可能存在不愿意暴露的领域,这就是所谓的隐私问题。自我表露也存在风险,主要包括:最实质的风险包括来自不同目标的人的攻击、嘲笑、拒绝与不关心等;个人表露可能会受到听者的伤害;不适当的自我表露,可能会引起他人的退缩或拒绝,对不适宜的人或在不适当的时间过分表露的人,被认为是社会化不良的标准。

在人际交往中,个人往往将部分隐私袒露给自己信任的亲友。除了隐私需要,人还有沟通的需求,需要向"知己"说一些知心话。亲密关系本身也要求人们坦诚相待。但是,这并不意味着关系亲密的人之间就不应该有任何隐私。只有隐私需求和沟通需求之间保持适度的平衡,亲密关系才能正常发展。

(三)交往分析(PAC)理论

交往分析理论又叫 PAC 理论,最初是由心理学家伯恩(Berne, T. A)提出的。他认为,每个人的个性中都包括三种成分,就好像一个人身上的三个小我:父母、成人与孩童。

父母(parent,简称 P)身份以权威和优越感为标准。通常表现为统治人、训斥人等权威式的作风。这种状态学自父母与其他权威人物。当一个人的人格结构中 P 成分占优势时,他的行为表现为:凭主观印象办事,独断专行,滥用权威。这种人讲起话来总是"你应该……"、"你不能……"、"你必须……"。

成人(adult,简称 A)身份表现了客观与理智。其行为表现为待人接物冷静、慎思明断、对自己负责、对他人尊重。其语言特征是"我个人认为……”、“我的想法是……”。

孩童(child,简称C)身份像婴儿的冲动,表现为服从和任人摆布,喜怒无常,感情用事,一会儿天真可爱,一会儿乱发脾气,让人讨厌。他的表现都是即兴的、不负责任、追求享乐、玩世不恭、遇事无主见、逃避退缩、自我中心、不管他人。这种人讲起话来总是“我是……”、“我想……”、“我不知道……”、“我不管……”等等。

在P、A、C三种成分中,P、C具有盲目性、被动性与两面性。而A具有自觉性、客观性与探索性,致力于弄清事物真相、事物间的关系与变化规律,能够站在别人的角度审视自己,具有反省能力。根据PAC理论,不同的心态可以构成不同的交往组合。当交往双方的相互作用构成一种平行关系时,交往就是可持续的,对话可无限制地继续下去。这种交往有六种具体形式:P—P、A—A、C—C、C—P、A—P、C—A。在这六种交往形式中,P—P双方都自以为是,这不顺眼,那也不好,双方谈得很投机,但都在指责别人。这样的两个人,一直在一起交往,久而久之,会互相助长偏激苛求的性格。C—C交往则有些同流合污的味道,两人一拍即合,但都不负责任。C—P、A—P、C—A均属于互补型的交往,我期望对方的,刚好是对方回应的。这种交往因为互补,所以能够持续,但却潜藏着不平等与依赖,长此以往,也不利于交往双方的发展。只有A—A交往是最健康的,大家都本着负责与尊重的原则,力图合情合理地解决问题,因此,A—A交往是最成功的。

三、人际关系的发展

勒温格(G. Levinger)等人认为,关系的发展有三个阶段:第一是单向注意阶段,对方没有互动。第二是表面接触阶段,双方有初步的、浅层的互动,但是还没有相互卷入,也就是说没有走进彼此的“私我”领域。一般的泛泛之交就停留在这一阶段。第三是相互卷入(mutuality)阶段,双方向对方开放自我,分享信息和感情,这是友谊发展的阶段。

阿特曼(I. Altman)等人提出了社会语码转换理论(social penetration

theory)来解释关系发展的过程。他们认为,人际交往主要有两个维度:一是交往的广度,即交往或交换的范围;二是交往的深度,即交往的亲密水平。关系发展的过程是由较窄范围内的表层交往向较广范围的密切交往发展的。人们根据对交换成本和回报的计算来决定是否增加对关系的投入。阿特曼等人认为,良好的人际关系的发展,一般经过四个阶段:定向阶段、情感探索阶段、情感交流阶段、稳定交往阶段。

(一)定向阶段

在人际交往中,人们对交往的对象具有很高的选择性。进入一个交往场合时,人们往往会选择性地注意某些人,而对另外一些人视而不见或者礼貌性地打个招呼。对于注意到的对象,人们会进行初步的沟通,谈谈无关紧要的话题,这些活动就是定向阶段的任务。在这个阶段,人们只有很表层的自我表露,例如:谈谈自己的职业、工作、对最近发生的新闻事件的看法等等。

(二)情感探索阶段

如果在定向阶段双方有好感,产生了继续交往的兴趣,那么就可能有进一步的自我表露,例如:工作中的体验、感受等,并开始探索在哪些方面双方可以进行更深地交往。这时,双方有一定程度的情感卷入,但是还不会涉及私密性的领域。双方的交往还会受到角色规范、社会礼仪等方面的制约,比较正式。

(三)情感交流阶段

如果在情感探索阶段双方能够谈得来,建立了基本的信任感,就可能发展到情感交流的阶段,彼此有比较深的情感卷入,谈论一些相对私人性的问题,例如:相互诉说工作、生活中的烦恼,讨论家庭中的情况等。这时,双方的关系已经超越了正式规范的限制,比较放松,比较自由自在,如果有不同意见也能够坦率相告,没有多少拘束。

(四)稳定交往阶段

情感交流如果能够在一段时间内顺利进行,人们就有可能进入更加密切的阶段，双方成为亲密朋友，可以分享各自的生活空间、情感、财物等，自我表露更深更广，相互关心也更多。一般来说，能够达到这种境界的关系相当少，这也就是人们常说的“人生得一知己，千古知音最难觅”。

还有一些研究讨论了关系退化的原因。综合起来看，导致关系的亲密程度减弱的原因主要有：①空间上的分离，交往的一方迁徙到别的地方，虽然分离的双方可以通过书信、电话、电子邮件等形式保持联系，但是最现代的通讯工具也取代不了面对面交往。②新朋友代替了老朋友。③逐渐不喜欢对方行为上或人格上的某些特点。一方面，个人的喜好标准可能发生变化；另一方面，交往中可能发现对方的一些新的特点，而这些特点恰恰是自己不喜欢的。④交换回报水平的变化，即一方没有按照另一方所期望的水平给予回报。⑤妒忌或批评。⑥对与第三方的关系不能容忍，在亲密关系中，这一点比较突出，因为亲密关系，尤其是异性之间的亲密关系往往有一定程度的排他性。⑦泄密，即将两人之间的秘密透露给其他的人。⑧在对方需要时不主动帮忙。⑨没表现出信任、积极肯定、情感支持等行为。⑩一方的“喜好标准”发生了改变。

第三节　保持良好人际关系的途径

成长过程中每个人都希望自己生活在良好的人际关系氛围中，如何提高个人的人际魅力，保持良好的人际关系状态，这也是每个大学生值得思考的问题。调查结果也表明，那些对大学生活感到成就度低的学生，其列在第一位的是人际关系的不适。每一个在校大学生，应从人品性格、能力、学识、体态、交际手段与社会经验等方面锻炼自己，使自己能够适应大学生活及今后的社会发展。

一、人际关系的原则

（一）交互原则

从心理学上讲，每个人都是天生的自我中心者，个体都希望别人能承认自己的价值,支持自己,接纳自己,喜欢自己。由于这种寻求自我价值被确认和情绪安全感的倾向,在社会交往中,更重视自我表现,注意吸引别人的注意,希望别人能接纳自己、喜欢自己。阿伦森的研究表明,人际关系的基础是人与人之间的相互重视、相互支持,对于真心接纳我们、喜欢我们的人,我们也更愿意接纳对方,愿意同他们交往并建立和维持关系。

任何人都有着保护自己心理平衡的稳定倾向,都要求自身同他人的关系保持某种适当性、合理性,并依此对自己与他人的行为得以解释。这样,当别人对我们表示出友好、接纳和支持时,我们也感到应该对别人报以相应的友好,这种"应该"的意识会使我们产生一种心理压力从而去接纳别人,否则我们的行为就显得不合理。与此同时,如果我们的友好行动被别人接纳后,我们也希望别人做出相应的回答;如果别人的行动偏离了我们的期望,我们会认为别人不通情理,从而产生一种不愉快的情绪体验,对对方产生心理排斥。同样,对于排斥、拒绝我们的人,其排斥与拒绝对我们是一种否定,因此我们必须报之以排斥与否定才是合理的、适当的,否则难以达到心理平衡。可见,我国古人所讲的"己所不欲,勿施于人"是有着其心理学基础的。

(二)功利原则

人与人之间的交往本质上是一个社会交换过程,人们希望交换对自己来说是值得的,希望在交换过程中得至少等于失,不值得的交换是没有理由去实施的,不值得交换的关系也没有理由维持,所以人们的一切交往行动及一切人际关系的建立与维持都是根据一定的价值观进行选择的结果。对于那些对自己来说值得的或得大于失的人际关系,人们倾向于建立和保持;对自己来说不值得的或失大于得的人际关系,人们就倾向于逃避、疏远或终止。随着人们的价值观倾向的不同,人际交往中存在着不同的社会交换机制。对重内在情感价值的人而言,他们在人际交往中的个人情感卷入得更多,因而有明显的重情谊、轻物质的倾向,与别人的交换倾向于增值交换过程。他们在人际交往中感到欠别人的情分，因此，在回报时，往往也超出别人的期望，这种过程的循环往复，就导致了卷入交往的双方都感到得大于失。与此同时，对重外在物质利益的人而言，他们在人际交往中重物质利益意识多于个人情感的卷入，因此倾向于用物质来衡量自己的得失，在人际交往中处于减值交换。

（三）自我价值保护

自我价值保护（self-value）指个人对自身价值的意识与评判。每一个人为了保持自我价值的确立，在心理活动的各个方面都会有一种防止自我价值遭到否定的自我支持倾向。

人在任何时期的自我价值感都是既有的一切自我支持信息的总和。自我价值支持的变化无非来自两个方面，一方面，是符合人们意愿，自我支持力量的增加；另一方面，与人们的期望相反，使人们面临自我价值威胁，因而必须进行自我价值保护的消极变化，即自我价值支持力量的失去或自我面临新的攻击。特别是当我们面临肯定的人转向否定时，我们面临两种选择：一是承认别人转变的合理性，否定我们自己，贬低自我价值；二是进行自我价值保护，尽可能维护自我价值的不变，降低所失去的自我价值对自己的重要性。许多研究表明，自我价值的否定是非常痛苦的，因此，当面临自我价值威胁时的优先反应不是否定自身，而是尽可能保护自己。

（四）情境控制原则

情境控制是指人都需要达到对所处环境的自我控制。因此，我们要想别人从心灵深处接纳自己，就必须保证别人在同我们共处的时候能够真正实现对情境的自我控制，保持表现自己的自由。如果我们增加了人们对达到情境自我控制的困难，或者与人们对情境控制的不对等，使别人的自我表现受到限制，而不得不保持一定水平的自我控制。当人们处于平等、自由的人际情境中，才能够达到真正的自我控制，获得充分的安全感。比如：我们新入学时，由于对周围环境和人都缺乏了解，因而一段时间处于高度紧张的自我防卫状态，直到我们真正对环境熟悉了,才能够真正放松、真正适应。再如:"SARS"期间,由于人们对"SARS"的认识还不明确,因而会感到恐慌、不安,主要原因是对周围环境控制能力的减弱。

二、建立良好人际关系的途径

建立良好的人际关系,是一个人事业成功的基础,左右逢源、游刃有余,需要一颗宽容的心,需要真诚,需要积极交往的主动性,塑造很好的个人形象,善用各种交际手段,克服社会知觉中的偏见。

(一)克服社会知觉中的偏差

1. 首因效应与近因效应

我们通常所说的印象实际上是指第一印象或最初印象,在社会心理学中,由于第一印象的形成是最初获得的信息比后来获得的信息影响更大的现象,因而也被称为首因效应(primary effect)。与首因效应相比,在总的印象形成上,新近获得的信息比原来获得的信息影响更大的现象,被称为近因效应(recent effect)或称为最近效应。

第一印象一经建立,它对于后来获得信息的理解和组织有着强烈的定向作用。由于人的认知平衡和心理平衡的作用,人们必须使后来获得信息的意义与已经建立起来的观念保持一致。如一位大学生刚入大学时出色的自我介绍在同学的头脑中留下强有力的第一印象,即使以后他的表现不如以前,同学会认为这不是能力问题,而是不够尽力;相反,有的学生在寻求职业时留下很不称职的第一印象,那么,要想转变印象就需要很长时间。最初获得的信息及由此信息形成的第一印象在总的印象形成过程中作用更大,因为我们在最初接触陌生人的时候,对注意的投入完全而充分,此时印象最为鲜明、强烈,而后继信息的输入,我们的注意会游离,从而使其对我们的影响下降。人们已习惯于用先入为主的最初印象轨道解释一些心理问题。

近因效应不如首因效应突出,它的产生往往是由于在形成印象过程中不断有足够引人注意的新信息提供,或者是原来的印象已经随时间推移而淡忘。近因效应还与个性有关，一个心理上开放、灵活的人倾向于产生近因效应，而一个高度一致、稳定倾向的人，他的自我一致和自我肯定会产生首因效应。建立良好第一印象的方法是善于表现自己，给别人留下良好、深刻的印象。社会心理学家艾根（Egan）于1977年根据研究得出，同陌生人相遇时，按照SOLER模式表现自己，可以明显地增加别人对我们的接纳性。SOLER模式包括：①S（面对面地，squarely）；②O（开放，open）：身体姿态开放自然；③L（倾斜，lean）：身体稍向前倾；④E（眼睛，eye）：与当事人目光接触；⑤R（放松，relax）：态度放松。

艾根的模式描述表现出来的含义是：我很尊重你，对你很有兴趣，我内心是接纳你的，请随便。心理学家卡耐基在《如何赢得朋友》一书中也总结了给人留下良好第一印象的六条途径，即真诚地对别人感兴趣；微笑；多提别人的名字；做一个耐心的听者，鼓励别人谈自己；谈符合别人兴趣的话题；以真诚的方式让别人感到自己很重要。

2. 晕轮效应

人们将从已知的特征推知其他特征的普遍倾向概化为晕轮效应（halo effect）。其正面效应是通过某一方面建立有关别人的印象，最迅速、最经济，帮助人们尽快适应多变的外部世界；其消极的一面在于以偏概全，使人们对别人的印象与本来面目相去甚远。人们习惯于按照自己对一个人的一种品质的存在推断出他还具有一些品质是一种普遍的倾向，如知道某人是正直的，则容易把这人想象成刚直不阿、真诚可信、办事认真、可信赖等等，甚至爱屋及乌。外表的吸引力有着明显的晕轮效应，当一个人的外表充满魅力时，其与外表无关的特征，也会得到更好的评价。

晕轮效应虽是快速认识他人的一种策略、方式，但有时却可能会产生有害的结果。

3. 刻板效应

有些人习惯于机械地将交往对象归于某一类人，不管他是否表现出该类人的特征，都认为他是该类人的代表，而总是将对该类人的评价强加于他，从而影响正确认知，特别是当这类评价带有偏见时，会损害人际关系。如有的大学生认为南方人小气、自私；家庭社会地位高的学生傲气、不好相处等，这种刻板印象容易形成先入为主的定势效应，妨碍大学生正常人际关系的形成。

刻板印象的形成途径主要有两类：亲身经验和社会学习。当人们第一次与一个群体接触时，他们与其成员的互动就成了刻板印象形成的基础。一个群体中特殊的成员对刻板印象的形成有着重要作用。一个群体的行为对我们的知觉起着很大作用，群体的社会角色往往限制了我们所看到的行为，即一个群体所承担的社会角色，所要完成的工作往往决定了他们如何做。刻板印象还从父母、老师、同学、书本及大众媒体习得而来，如西方影视作品中仆人都是黑人所形成的刻板印象便是明显的例证。

刻板印象的好处是能快速地了解一个陌生或不太熟悉的人或群体的特征，但刻板印象也有其弊端：一是它夸大了群体内成员间的相似性，从而对个体的知觉产生先入为主、以偏概全的偏差；二是夸大了群体间的差异性，容易产生偏见与歧视。

4. 定势效应

定势效应是指人们头脑中存在的某种固定化的意识，影响着人们对人和事物的认知和评价。当我们与他人接触时，常常会不自觉地产生一种有准备的心理状态，作一种固定了的观念或倾向进行评判。如成语“邻人偷斧”就是定势效应的例子。再如：大学里对学生的评价：好学生与差学生，这些评价往往是单纯地对学生学业成绩的评价而非对学生全面的评价。同样，我们对陌生人人际交往的开始，往往要借助于定势效应，将我们准备的心理状态用于对待人与事上。

5. 投射效应

人际关系中的投射效应，即“以小人之心，度君子之腹”，指与人交往时把自己具有的某些不讨人喜欢、不为人接纳的观念、性格、态度或欲望转移到别人身上，认为别人也是如此，以掩盖自己不受人欢迎的特征。如自私的人总认为别人也很自私，而那些慷慨大方的人认为别人对自己也应不小气。由于投射作用的影响，人际交往中很容易产生误解。

（二）塑造良好的个人形象，增进个人魅力

社会交往中，个体的知识水平与涵养直接影响着交往的效果，良好的个人形象应从点滴开始，从善如流，优化个人的社交形象。

1. 提高心理素质

人与人之间的交往，是思想、能力、知识及心理的整体作用，哪一方面的欠缺都会影响人际关系的质量。有的学生在人际交往中存在着社交恐惧、胆怯、羞怯、自卑、冷漠、孤独、封闭、猜疑、自傲、嫉妒等不良心理，这些都不易建立良好的人际关系。因此，大学生应加强自我训练，提高自身的心理素质，以积极的态度进行人际交往。

2. 提高自身的人际魅力

应该说，每个个体都有其内在的人际魅力，人际魅力是一个人的综合素质在社交生活中的体现，这就要求在校的大学生丰富自己的内心世界，从仪表到谈吐，从形象到学识，多方位提高自己。心理学研究表明，初次交往中，良好的社交形象会给对方留下深刻的印象，而随着交往的深入，学识便占主导地位。特别是大学生要注意对自己的个性的培养，拓展自己的内涵。

（三）善用交际技巧

1. 换位思考

换位思考对建立良好的人际关系很重要。如我们经常会想："如果我在他的位置上，我会怎样处理？"经常站在对方的角度去理解和处理问题，一切就会变得简单多了。一般而言，善于交往的人，往往善于发现他人的价值，懂得尊重他人，愿意信任他人，对人宽容，能容忍他人有不同的观点和行为，不斤斤计较他人的过失，在可能的范围内帮助他人而不是指责他人。他懂得"你要别人怎样对待你，你就得怎样对待别人"；懂得"己所不欲，勿施于人"；懂得"得到朋友的最好办法是使自己成为别人的朋友"；懂得别人是别人而不是自己，因而不能强

求,与朋友相处时应求大同、存小异。

2. 善用赞扬和批评

心理学家认为,赞扬能释放一个人身上的能量,调动人的积极性。“赞扬能使羸弱的身体变得强壮,能给恐怖的内心以平静与依赖,能让受伤的神经得到休息和力量,能给身处逆境的人以务求成功的决心。”真心真意、适时适度地表示你对别人的赞扬,赞扬既要对人也要对事,能够增进彼此的吸引力。要善于落落大方地说谢谢。我们经常认为特别亲近的人不需要说谢,太小的事不需要说谢,我们在生活中不太愿意直接表达我们的感谢,而是愿意记在心中。事实上,真诚的发自内心的感谢闪烁着人性的光辉。与赞扬相对的是批评。一般情况下,应多赞扬,少用批评,批评是负性刺激。通常只有当用意善良、符合事实、方法得当时,才有可能产生积极的效果,才能促进对方的进步。批评时应注意场合与环境,应对事不对人,不能对一个人全盘否定,这样会挫伤对方的积极性与自尊心,应就现在的一件事而不是将以前的事重新翻出来,措辞与态度应是友好的、真诚的。

3. 主动交往

对一个风华正茂的大学生来说,都需要有丰富的人际关系世界,并在这个世界上帮助与被帮助、同情与被同情、爱与被爱、共享欢乐与承受痛苦。在社会交往中,那些主动参与交往活动、主动去接纳别人的人,在人际关系上较为自信。主动交往的稀少源于两方面的原因。一是缺乏自信,担心遭到拒绝,担心别人不会像自己期望的那样理解、应答,从而使自己处于窘迫的局面,伤害了自己的自尊。事实上,问题远没有我们想象的那么严重,因为人际关系中双方都需要适应,需要人际关系支持陌生情境。二是人们在人际关系方面有许多误解,如先同别人打招呼,在别人看来低人一等,“那些善于交往的人左右逢源,都有些世故,有些圆滑”,“我如此麻烦别人,别人会认为我无能,会讨厌我”等等。大学生的主动交往也很重要,特别是当面临人际危机时,主动解释,消除误解,重新建立良好的人际关系非常重要。

4. 移情

人际关系的本质是人与人之间情感的联系与沟通，情感的沟通越充分，双方共同拥有的心理领域就越大，人际关系就越亲密。移情不是同情，而是交往双方内心情感的共通与统一。人是经验主义者，对别人的理解高度依赖于自己的直接经验，因此，自我经验的丰富，是理解与移情的必要前提。

5. 帮助别人

心理学家们发现，以帮助与相互帮助开端的人际关系，不仅良好的第一印象容易确立，而且人与人之间的心理距离可以迅速缩短，使良好的人际关系迅速建立起来。日常生活中的患难之交正说明这一点。所谓“雪中送炭”的心理效应，锦上添花就很重要。

第四节　人际冲突及其调适

生活在现实中的人们难免要有一些人际冲突，我们总会发现曾经多么亲密的朋友、多么幸福的伴侣最终却分道扬镳、形同路人。如何才能避免人际冲突的发生及人际关系的破裂，是困扰着每一个大学生的现实问题。

一、人际冲突的发生

（一）人际冲突的含义

所谓冲突是一种对立的状态，表现为两个或两个以上的相互关联的主体之间的紧张、不和谐、敌视，甚至争斗关系。冲突发生的原因是多种多样的，可能是各方的需要、利益不同，或者对问题的认识、看法不同，或者是价值观、宗教信仰不同，或者是行为方式、做事的风格不同等等。总之，当相互关联的两个个体或者多个个体之间的态度、动机、价值观、期望或实际行动不相容时，并且这些个体同时也意识到他们之间的矛盾时，个体间的冲突就发生了。与冲突密切相关的一个概念是竞争,他们的共同点是都希望取得胜利,但在竞争中人们并不会主动去伤害别人,而在冲突中他们可能会这么做。在某种程度上,竞争是一场竞赛,而冲突是一场战争。

对于人际关系来说,冲突可以带来挑战,也可以带来机遇。冲突的负面功能主要表现在:由于心存芥蒂,使得双方沟通不良,情感有隔膜,甚至相互诋毁、相互拆台;或者由于互不相让、恶意攻击导致双方关系破裂。但是,冲突也可以有很强的正面功能,这类似于俗话说的“不打不相识”。正面功能主要有:一方面,双方把隐藏的不满、误解公开表达出来,可以通过辩论而得以澄清、化解,从而消除隔阂,增进理解,加深关系;另一方面,双方把各自的看法及其理由摆出来,通过建设性的争论,可以形成“头脑风暴”,彼此激发新思想,最后找到解决问题的更好方案。

(二)人际冲突的类型

人际冲突有不同的层次和类型。布瑞克(H. B. Braiker)和凯利区分了三个层次的冲突。第一个层次是特定行为上的冲突,即双方对于某个具体问题存在不同意见。例如:两人一起外出度假时,对搭乘什么交通工具意见不一,一个想乘飞机,一个想乘火车。第二个层次是关系原则或角色上的冲突,即双方对于如何处理两个人的关系,对在关系中各自的权利、义务有不同的理解。例如:同宿舍的同学可能在宿舍公共劳动怎样分工上存在分歧。在人际关系中,有些角色规范比较明确,也有一些角色规范比较模糊,如果两个人对于规则看法不同,就难免发生冲突。第三个层次是个人性格与态度上的冲突。这往往牵扯双方人格与价值观的差异,因此是较深层次的冲突。例如:同宿舍的同学之间可能因为性格不和而闹矛盾:在周末,一方很喜欢找一大堆朋友来宿舍玩,另一方则喜欢单独待在宿舍。在人际交往中,这三个层次的冲突是有可能交织在一起的。行为上的分歧可能引起关系规则上的矛盾,并进一步导致个性上的冲突。一般来说,冲突层次越深,涉及因素就越多,情感卷入程度就越高,矛盾就越复杂,解决起来也越难。

冲突可能产生于客观存在的分歧，也可能根源于主观想象的矛盾。根据冲突的基础不同，研究冲突的著名学者多伊奇区分了五种类型的冲突，包括平行的冲突（parallel conflict）、错位的冲突（displaced conflict）、错误归因的冲突（misattributed conflict）、潜在的冲突（latent conflict）、虚假的冲突（false conflict）。

在平行的冲突中，存在客观的分歧，而且双方都准确地知觉到了这种分歧。例如：你和你的朋友在一起看电视，你很想看一个电视连续剧，你的朋友却想看足球比赛的转播，你们俩都清楚地知道双方的愿望，但是却不愿意相让。

在错位的冲突中，一方可能有一个客观的理由，而且知觉冲突的存在，但是却不直接针对真正的问题本身。例如：你觉得老师在期中考试时给你打的分数太低，心里不满，但是又不好直接去说，于是你就在课堂上故意提一些刁难他的问题。

在错误归因的冲突中，存在客观的分歧，但是双方对这种分歧并没有准确的知觉。一位同学发现宿舍里面有异味，她很讨厌这种气味。她以为是宿舍的同学没有及时洗衣服，所以见面时就警告她不要在宿舍里存放脏衣服，事实上，异味来自于另一位同学喝剩的茶水。

在潜在的冲突中，存在客观的分歧，但是双方对这种分歧并没有什么感觉。

在虚假的冲突中，双方有分歧，但是这种分歧并没有客观的基础。例如：你的同学召集生日聚会，你没有得到邀请，为此你很不高兴，而他也正因为你没有去参加聚会而不满。事实上，他本来是打电话邀请你的，因为你不在，拜托你的同学转告你，但是你的同学却忘记了这回事。这时，双方的冲突纯粹是因为误会。

（三）人际冲突的过程

冲突不是一种静止的状态，而是一个动态的过程，在这个过程中，冲突双方的认知、情绪和关系都可能发生变化。美国学者潘迪

(Pondy)曾经提出冲突的五阶段模式:冲突潜伏阶段(latent conflict)、冲突知觉阶段(perceived conflict)、冲突感受阶段(felt conflict)、冲突外显阶段(overt conflict)、冲突结果阶段(aftermath conflict)。

在冲突潜伏阶段,可能导致双方冲突的客观条件已经基本具备,也就是说,双方相互依赖,而且在某些方面存在差异,难以兼容,但是,双方还没有明确意识到这种不兼容。当双方认识到他们之间的差异,而且认为不能相容时,就进入了冲突知觉阶段。当双方开始分析冲突性质时,思考应对策略,而且还出现一些情绪性的反应(如紧张不安、不舒服、愤怒等)时,就进入了冲突感受阶段。在这个阶段,双方都需要做出选择:是回避冲突,还是公开面对冲突?只要一方将冲突公开化,就会进入冲突外显阶段,这时,双方可能发生言语上的争执、情绪上的对立,甚至行为上的对抗。在这个阶段,很容易出现冲突升级,将矛盾扩大化、情绪化。

冲突意味着人际平衡关系被破坏,经过一段时间的互动,双方关系一般会达成一个新平衡,这时就进入冲突的结果阶段。冲突的后果可能是两败俱伤,也可能是一胜一负,如果处理得当,也可能双赢。当然,能否达到双赢的效果,要取决于冲突的性质与双方管理冲突的水平。

二、人际关系的破裂

人际冲突虽然并不会导致人际关系的破裂,但如果双方不能很好地解决彼此之间面临的问题,则有可能导致人际关系的破裂。

人际关系从融洽状态走向终结,通常要经历五个阶段。

(一)分歧

人际关系的本质是情感的相互联系、相互卷入、相互拥有。它的基础是关系的双方必须有共同的情感。共同情感的存在,彼此的关系就存在;共同情感消失,彼此的关系就破裂。而分歧正是共同情感消失的开端。分歧意味着人际关系双方的不同点扩大、心理距离增加和彼此的接纳性下降。随之而来的是双方在知觉和理解上都朝不利于双方关系的方面倾斜，彼此都感到开始难以准确地判断对方。

（二）收敛

当双方关系开始出现裂痕时，沟通量会出现下降，此时双方谈话会高度注意、高度选择，并都指向减少彼此的紧张和不一致。当然，双方关系的发展还没有足以使人们明确表示对彼此的关系不再有兴趣，情感上的拒绝水平也还较低，在表面上仍试图维持关系状态良好的印象。一般而言，如果第一阶段出现的分歧没有得到顺利解决，导致双方较长时期都以收敛的方式交往，则关系会出现进一步的恶化。

（三）冷漠

交往的双方开始放弃增进沟通的努力，人际关系的气氛变得冷漠。此时人们已不太愿意进行直接的谈话，而是多凭非词语方式来实现必要的沟通和协调，非词语沟通是缺乏热情的，目光是冰冷的，也没有热情的期待。许多人都将与别人的关系在这一阶段维持很长时间。原因有两个方面，一是期望关系仍然朝好的方向发展，因而不愿意一下子就明确终止关系；另一个原因是考虑到自身的利益，很难一下子适应突然失去某种关系的支持。这就会促使人们在一定程度上维持某种关系。

（四）逃避

随着关系进一步发展，人际交往的双方会尽可能地相互回避，特别是避免只有两个人在一起无所适从的窘境。关系恶化到这一阶段，人们往往感到很难判断双方的情感状态和预言对方的行为反应。许多人在婚姻关系或亲人关系达到这一状况时，都是经过第三者来实现间接的沟通。在知觉和理解上，这一阶段很容易发生纯粹主观的误解。因为人们都有强烈的自我保护倾向，对许多本来正常的人际行为都会有过敏的反应。

（五）终止

关系的终止可能是立即完成的，也可能拖延很久。随着彼此相互交往的隔断，或彼此利益依存关系的解脱，冷漠和逃避的关系状态会转变为关系的最后终结。经历了人际关系恶化的关系终止是相互情感卷入、连带的消失。

三、人际关系的改善

心理学家发现(D. Myers,1990),认清人际冲突或分歧的本质,并学会建设性地处理分歧或冲突,可以有效地减少人际关系恶化和破裂的发生。

首先,我们必须懂得,由于每个人有其不同于任何其他人的经历,有自己独特的情感、理解和利益背景,因此,人与人之间出现不一致或冲突是不可避免的。无论什么样的关系,也无论交往双方的关系有多么深刻、情感有多么融洽,都可能出现冲突。因此,我们在同任何人交往的过程中,都应对可能出现的冲突有所准备。

预计冲突是正确了解冲突,并建设性地处理冲突,避免在冲突中付出不必要的更大代价的最有效途径。一般情况下,如果一个人在毫无准备的情况下被直接卷入冲突,那么在整个冲突过程中仍然保持冷静的理性是十分困难的。人是情绪化的动物,在人过于激动的时候,思维会受到明显的干扰,很难保持对事情的正确判断。在情绪冲动时做出对人际关系有害乃至犯罪行为的事是经常性的。

在实际生活中,更多的人际冲突都是可以避免的。学会用移情的方式去体验别人为什么会像他所想的那样言行,可以有效地帮助我们正确理解别人,避免判断的错误,也可以防止发生不恰当的体验和行为。对于已经发生了的冲突,如果处理得当,就事论事,往往不会给人际关系带来太大危害。心理学家经过研究,提出了解决冲突的有效步骤。实践证明,这些步骤可以有效地帮助人们控制和消除冲突。这些步骤的具体内容是:

第一,相信一切冲突都可以理性而建设性地获得解决;

第二,客观地了解冲突的原因;

第三,具体地描述冲突;

第四,向别人核对自己有关冲突的观念是否客观;

第五，提出可能的解决冲突的办法；

第六，对提出的办法逐一进行评价，筛选出最佳的解决途径，最佳方法必须对双方都最有益；

第七，尝试使用选择出的最佳方法；

第八，评估实现最佳方案的实际效应，并按照给双方带来最大利益和有利于良好人际关系维持的原则给予修正。

在人际交往中，掌握好交往的尺度，采取积极措施进行人际关系的维护也是非常重要的。

第一，尽量避免争论。人与人之间的争论是很正常的事。但是争论往往都以不愉快的结果而结束。事实证明，无论谁赢谁输都会很不舒服。赢者当时可能获得一种心理满足，但很快会被人际关系恶化的阴影所笼罩，一时的满足心理会变得烟消云散。输者的心理挫折感更加强烈，往往会演化为人身攻击，对于人际关系是非常有害的，争论的结果往往是两败俱伤。

第二，不要直接批评、责怪和抱怨别人。直接批评、责怪和抱怨别人会使他人的自尊心和自我价值感受损，尤其是一时面子上感到难堪。有时候只要稍稍改变一些方法，变直接批评、责怪和抱怨为间接的暗示和提醒，效果会好得多，这就是所谓的“坏话好说”的艺术。

第三，勇于承认自己的错误。勇于承认错误是人际关系的润滑剂。当人际关系产生障碍的时候，承认自己的错误是明智之举。虽然承认自己的错误是一种自我否定，但是，承认错误会使自己产生道德感的满足；另外，承认自己的错误是责任感的表现，对他人也具有心理感召力，在此情境中的人际僵局会因此被打破。

第四，学会批评。不到不得已时，绝不要自作聪明地批评别人。但是，有时批评是不可避免的。这时学会批评的艺术是维护人际关系的重要策略。卡内基总结的批评的艺术是很值得借鉴的：批评从称赞和诚挚感谢入手；批评前先提到自己的错误；用暗示的方式提醒他人注意自己的错误；领导者应以启发而不是命令来提醒别人的错误；给别人保留面子。

语码转换式双语教学词汇、语段

Chapter 3 Human Relationships

1. 人际沟通 interpersonal communication

In modern society, the good interpersonal communication is the symbol of successful team and efficient organization.

在现代社会,良好的人际沟通能力是一个成功团队和一个高效组织的标志。

2. 首因效应 primacy effect

If you hear a long list of words, it is more likely that you will remember the words you heard first and the words at the end of the list than words that occurred in the middle. This is the primacy effect.

当你听到一组长单词时,与出现在中间的单词相比,你更可能记住先听到的和出现在单词表后面的单词。这就是首因效应。

3. 刻板印象 stereotype

Elderly Americans are the neglected sector of the fashion industry, stereotyped by blue hair.

老年美国人是流行时尚遗忘的部分,蓝胡子经常成为其典型。

4. 晕轮效应 halo effect

In the field of consumer behavior research, the studies of the Halo Effect mainly focus on how it affects the rating process about products or brands. Each attribute of the brand can become the certain consumer's trigger of the halo effect.

在消费者行为学中,晕轮效应的研究主要聚焦于它如何影响消费者对产品或品牌的评价过程。一种品牌的每一个属性都可能成为某个消费者发生晕轮效应的触发点。

5. 角色扮演 role playing

A role-playing game has no winners, the main purpose of the game is to have fun playing it. That makes role-playing games fundamentally different from board games, card games, sports and other types of games. Role-playing games are more collaborative and social than competitive.

角色扮演游戏中没有赢家,游戏的主要目的是享受游戏本身的乐趣。这使得角色扮演和棋牌、纸牌、运动及其他类型的游戏存在根本不同。和竞争力相比,角色扮演游戏更需要合作和社交能力。

6. 合作 cooperation

I work here to make cooperation with the Chinese stuff in the automobile field.

我在这里工作是为了和汽车界的同行一起合作。

7. 竞争 competition

As the job competition is getting more and more fierce, the younger generation are shouldering much heavier pressure than their parents.

随着就业市场竞争愈演愈烈,年轻一代面临的压力比他们的父母大得多。

8. 友谊 friendship

Without friendship, men may feel lonely and empty when they get in trouble or get good news.

失去友谊,人们在遇到麻烦或碰上好事儿时会感到孤独和空虚。

第四章　大学生的恋爱与性心理

第一节　爱的心理实质

关于爱是什么的问题，古今中外都留下了许多见解。心理学认为，心理现象是人脑对客观现实的反映。遗传是心理产生的生理基础，客观现实则是心理产生的源泉。爱情作为人类的一种高级感情，无疑也要受自然关系和社会关系的制约，也就是说爱情是生物性和社会性的统一。

一、爱情的生物性

"爱情的动力和内在本质是男子与女子的性欲"（蔼理士），性欲是爱情产生的自然前提和生理基础。爱情是男女两性互相倾慕而渴望结为伴侣的强烈感情，它不同于父母子女之情，不同于兄弟姐妹之情，也不同于朋友同志之情，而是由男女两性生理所引起的特殊的感情。缺乏对异性的倾慕这个生理心理基础，就永远不会有真正爱情的存在。

在远古时代，人们对一个人的性要求坦率、单纯而自然，甚至出现过生殖器崇拜，把它看成是永世长存的神赐，古代人在膜拜时并不面红耳赤。人的精神活动在一定程度上取决于他的器官的生理机能，两方面的健康是紧紧相连的。但是，性欲是一种强大的力量，如果失去控制，它就可能变成灾难；与此同时，不能把爱情的性欲基础绝对化，爱情中性的吸引力和精神的吸引力之间的关系有其内在的辩证法，爱情中的精神成分具有相对独立性。爱情虽然基于生物学基础，但人类在爱情中的精神基础占有绝对优势。

二、爱情的社会性

人类的爱情之所以被讴歌，而且成为人类永恒的情结，是因为爱

情的社会性。作为万物之灵的人类,爱情的社会性的内涵非常丰富,主要表现在以下几个方面:

(一)爱情包含着理性而有目的的交往

动物身上只有条件反射,而人具有在劳动和社会关系中合乎规律地发展起来的意识,他能够根据一定的原则和准则来权衡并且调整自己的行为,这就使复杂的性关系具有高尚的精神。人类的爱情是有意识的,没有意识就没有爱情。这一点表现为预见、认识和按一定目的调整自己的行动,而且表现为富有幻想和殷切地渴望获得个人幸福。爱情从来既是令人激动的回忆,又是明确的期待。

(二)爱情是与社会结构中人的道德意识、人的善恶观,以及对道德和不道德的认识联系在一起的

只有人才能把道德带进两性关系,他一旦爱上一个人,就承担了尊重这种亲昵的友谊,并且把它看做最大的幸福而珍惜它的义务。当一个人体会到真正的爱情时,就会表现出自我牺牲精神与巨大的道德力量。

(三)爱情是作为在男女关系上的一种特殊的审美感而发展起来的,爱情创造了美,使人对美有了新的领悟

爱情创造的美丽带着永恒性,我们所说的"情人眼里出西施"正是爱情特殊的审美趋向。在恋人眼中,对方身上所折射出的美丽是其他人无法理解也无法感受的,而这种美不仅表现在外表的吸引上,更是心灵深处的一种深沉的发自内心的一切对美的鉴赏力的持久的迷醉。

(四)爱情作为一种社会现象,爱情的力量包括生理的力量与精神的力量,使恋人走到一起

爱情引导一对男女去建立牢固的共同生活,去建立婚姻和家庭形式的关系。爱情以生理力量为基础,但其精神力量才是爱情中永恒与不竭的动力源,特别是当热恋的激情退却时,真正的爱情在平实生活中靠的是爱情双方精神的力量维系爱情,使之在平凡的生活中依旧光

彩照人。

(五)爱情的思想内容和社会—心理内容决定于社会发展的水平,男女之间的相互作用不仅是生物作用,而且是精神作用

志同道合曾经是革命年代崇高爱情的代名词,当历史进入21世纪时,爱情价值观的多元化显然与我们社会文化的多元化紧密相关。如“不在乎天长地久,只在乎曾经拥有”,它注重爱情的即时性而忽视其永恒性。

(六)爱情的社会成分自然也存在于选择性的欲求对象的过程中

选择和中意的标准不单是生物性的,而且是社会—心理的,在选择对象时,无论男女都不仅注意到由遗传决定的生物特点(眼睛、头发、体形、气质等),而且考虑其纯社会评价(社会地位、物质条件、教育程度、道德水准、志向等)。如果说爱情的最初的迷醉是从生物特点开始的话,那么持久的爱情靠的是社会评价。人类的爱情更多的依靠理性的选择,即在生物学基础之上的更多的社会标准的审视。

(七)调节两性关系的手段是动物所不具备的羞耻感

与美感相对应的是,人类爱情的社会性有其特有的羞耻感,既表现在对爱情表达方式与性行为的选择上,也表现在爱情受挫后所引起的心理反应上。特别是单相思与失恋,羞耻感经常是爱情的伴生物。

第二节　大学生恋爱的影响因素及其特点

一、大学生恋爱的影响因素

人的行为受生理因素、环境因素和心理因素的影响,大学生的恋爱也受这三个因素的影响。

(一)生理因素

现代科学的研究和观察证明,爱的感情有特殊的生理基础,它在

功能上决定于性腺的活跃程度和生命力。大学生正处于青春发育期，伴随着性生理和性心理的发展，就自然会产生对异性的思慕，这种对异性的思慕是大学生恋爱的自然前提和生理基础。

（二）环境因素

大学生恋爱也受社会文化与环境的影响，是社会环境综合影响的结果。从校园到校园如此简单的人生经验，使大学生的社会经历显得单薄甚至有些单纯，但大众传媒特别是网络，又使大学生与社会紧密地联系在一起，其影响是双向的：一方面，社会文化成为大学生恋爱产生的催化剂；另一方面，社会经验的短缺又使他们的恋爱观带有幼稚性，所以才有“初恋时我们不懂爱情”的感叹。

（三）心理因素

影响大学生恋爱的心理因素主要有以下几个方面：

1. 互相倾慕心理

大学生的恋爱群体当中，确有因为互相倾慕和志同道合而走到一起的，他们能够互相鼓励，以优异的成绩完成学业。但这种情况较少，因为意志力薄弱的大学生在谈恋爱时，不大善于处理感情与学业之间的矛盾，容易耽误学业。

2. 功利心理

有些大学生为了毕业分配能够留在大城市或找到一个事业的靠山而寻求条件优越的对象来确定恋爱关系，这种带着功利色彩而谈恋爱的大学生会因为功利心理而葬送了一生的婚姻幸福。

3. 孤独心理

步入大学校园，离开了父母的呵护，会在心理上产生断乳的痛苦，便渴望一份温暖、一份关心，而有的大学生则将男女恋情作为这种心理的最好补偿。

4. 空虚心理

考入大学后，升学的压力消失了，部分大学生的生活就像一条迷失了方向的小船，无所追求，找不到生活的核心，精神世界空虚肤浅，有的大学生便期望从两性恋情中找到慰藉。

5. 从众心理

有些大学生受周围同学的影响,看到别人谈恋爱而自己不谈会被人瞧不起,产生“低人一等”的感觉,所以,他们也说服自己随波逐流,寻找自己的恋爱对象。

6. 炫耀心理

能够跟漂亮的女孩、潇洒的男孩或学校的“明星人物”谈恋爱似乎能使自己的身价倍增,甚至成为炫耀的资本。许多大学生不是因为真爱,而是为了虚荣心理去追逐自己所向往的东西。

7. 其他心理

还有的大学生谈恋爱是出于寻求保护心理、报答心理、享乐心理等。

以上的各种恋爱心态的出现是由大学生所处年龄段的心理特点决定的,大学生在生理上虽然已经成熟,但在心理上还处于从不成熟走向成熟的过渡期,在个性、情绪、情感和自我评价等方面尚未稳定和成熟,正确的恋爱观尚未形成。

二、大学生恋爱的基本特点

(一)恋爱的纯洁性

大学生的恋爱纯净、美丽得有时甚至显得单纯。多数学生的恋爱如同琼瑶笔下的男女主人公,没有现实生活的压力,男女的第一要务就是认认真真地恋爱。他们在对恋人的选择上,更重视精神层面的相互认同,世俗生活中的物质交换、门当户对等不会对其构成重大影响,有些大学生甚至追求纯洁地爱一次。但爱情永远离不开坚实的大地,脱离现实生活的爱情必然是“见光死”。

(二)恋爱的公开性

在各大高校对于大学生恋爱的“既不提倡也不禁止”的原则之下,大学生恋人们相处公开化,不用在老师面前遮遮掩掩,出入成双成对,手挽手漫步校园，学习同桌，用餐同时，形影不离。有些甚至不分场合表达热情，做出一些旁若无人的亲昵行为。

（三）恋爱的冲突性

大学生面临自身发展的压力，如考研、就业、经济、学业、人际关系，恋爱是需要大量心理能量的，学业压力、成长压力特别是性压力，对恋爱的双方都是巨大的心理与意志考验。

（四）恋爱的随缘性

今天的大学生更多地相信缘分，“爱是缘分也是感觉”，当面对无法解释的情感纠葛时，很多人会以“有缘无分”、“感觉消逝”来解释情感的变化。

（五）恋爱的多元性

传统的爱情理念在今天的大学校园受到空前的挑战，与前 20 年大学生相比，今天的大学生更重视爱情的即刻性，将恋爱作为一项独立的人生任务而非必然与婚姻等长久的人生目标相连。爱情的多元化使大学生恋爱不再像以前那样严肃而神圣。

第三节　大学生恋爱的心理调适

一、失恋

失恋是指一方否认或终止恋爱关系后给另一方造成的一种严重的心理挫折。恋爱失败和失恋是两个不同的概念。前者指恋爱关系的否定，它表现为两种形式：一是恋爱双方都不满意，彼此同意分手；二是恋爱的一方已无情意绵绵，沉湎于对恋爱的怀念之中。失恋是指恋爱的第二种。从心理学角度看，失恋可以说是大学生最严重的挫折之一，会引起一系列心理反应，如难堪、失落、悲伤、孤独、虚无、绝望和报复等。这些不良情绪如果得不到化解和转移，容易导致失恋者易于自卑、激怒等,严重者甚至采取报复等方式来排解心中郁结。

失恋者常见的不良心理问题有以下三种:

1. 自卑心理

感到羞愧难当,陷入自卑、心灰意冷,有的人甚至走上绝路。其实,失恋是恋爱生活中的正常现象,并不是什么错误,因此并不存在什么面子问题。

2. 报复心理

有的失恋者失去理智,产生报复心理,结果可能造成毁灭性结局。特别是由于一方不道德而导致失恋,更容易导致使另一方产生报复心理。

3. 渺茫心理

有的人把恋爱看得至高无上,一旦失恋了,事业、前途也不顾了。其实渺茫、焦虑,不但于事无补,反而可能使你在恋爱问题上更草率。

失恋的种种不良心态会严重影响大学生的身心健康,甚至会导致一系列社会问题。所以,正为失恋而痛苦缠身的不幸者必须学会自我调整、自我拯救。提供方法如下:

(一)倾诉

失恋者精神遭受打击,被悔恨、遗憾、愤怒、惆怅、失望、孤独等不良情绪困扰,主动找朋友倾诉,释放心理负荷。可以用口头语言,把自己的烦恼和苦闷向知心朋友毫无保留地倾诉出来,并听听他们的劝慰和评说,这样,心里会平静一些。也可以用书面文字,如写日记或书信把自己的苦闷记录下来,或给自己看,或寄给朋友看,这样便能释放自己的苦恼,并寻得心理安慰和寄托。

(二)移情

及时、适当地把情感转移到失恋对象以外的人、事或物上。发展密切的朋友关系,交流思想,倾吐苦闷,陶冶性情;投身到大自然的博大胸怀中,从而得到抚慰。当然,加强自己与其他异性的密切交往,也不失为一个合适的途径。

（三）疏通

疏通指的是借助于理智来获得解脱，由理智的“我”来提醒、暗示和战胜感情的“我”。要想想，爱情是以互爱为前提的，不可因一相情愿而强求，应该尊重对方选择爱人的权利。也可以进行反向思维，多想对方的不足点，分析自己的优势，鼓足勇气，迎接新的生活。还可以这样设想，失恋固然是失去了一次机会，然而却让你进入了另一个充满机会的世界。正如海伦·凯勒所言：“一扇幸福之门对你关闭的同时，另一扇幸福之门却在你面前洞开了。”

（四）立志

失恋者积极的态度会使“自我”得到更新和升华，全身心地投入到工作中去，许多失恋者因此而创造出了辉煌的成就。如有位天真烂漫的姑娘玛丽亚，中学毕业后到一个乡绅人家当家庭教师，跟这家的大儿子——一位漂亮的大学生产生了爱情，然而世俗的愚昧和偏见以及那位大学生的软弱无能，使他们的爱情很快夭折了。失恋的痛苦折磨着玛丽亚，她悲观失望地写道：“我是得过且过，到实在不能过的时候，就向尘世告别。”值得庆幸的是，她终于以坚强的毅力战胜了痛苦，毅然决然地独自踏上去巴黎的求学之路。这位玛丽亚姑娘，就是后来举世闻名的居里夫人。失恋曾经给她带来了精神上的巨大危机，但是她化痛苦为动力，遇上了一生中的挚爱，并且功成名就。歌德、贝多芬、罗曼·罗兰、诺贝尔、牛顿等历史名人也都曾饱受失恋的痛苦。他们是用奋斗的办法更新“自我”、积极转移失恋痛苦的楷模。

当然，如果你在交往中发现对方不适合你时，向对方提出中止恋爱关系一定要注重策略，有的人因为担心对方受伤害而忍受内心的痛苦，误使对方以为你还在爱他；有的人不告知对方为何中止恋爱关系，或者只用含混不清的理由，比如：性格不合，当你告诉对方不爱的理由时，一定要具体而且令对方可以接受。

二、单恋

单恋是一方的倾慕情感苦于不被对方知晓和接受而造成的一厢情愿或对恋爱的渴望,俗称单相思。

“关关雎鸠,在河之洲。窈窕淑女,君子好逑。参差荇菜,左右流之。窈窕淑女,寤寐求之。求之不得,寤寐思服。悠哉悠哉,辗转反侧。”我国《诗经》之开宗明义第一篇《关雎》娓娓细述的就是一个男子的单相思,他的倾慕、爱恋与渴望,正道尽了亘古以来每一个人心中对爱情最深的企盼。爱情是一张双程车票,“哥有情来妹有意”才行得通。但是,自古以来,也留下许多“落花有意,流水无情”的无奈。

单相思有三种情况:第一种是曾经热恋的情侣一朝情变,一方感情不再,而另一方仍难舍旧情,希望对方能回心转意,于是编织着破镜重圆的美梦;第二种是得不到回报的单相思,一方向另一方表达了爱慕之情,却没有被对方接受,但却摆脱不了这种感情的枷锁,期望有朝一日“精诚所至,金石为开”;第三种是暗恋,对方毫无所觉,而这方又羞于表达,于是茶饭不思,夜不能寐。

每个人在不同的年龄段都可能出现过单恋,尤其以刚进入青春期的少男少女们为多,情窦初开时,很容易对某个异性产生爱慕之情。这个异性可能是同学、邻居,也可能是某个认识的长者,甚至素未谋面的明星偶像。

单恋较多地出现在性格内向、敏感、富于幻想、自卑感强者身上。首先是自己爱上了对方,于是也希望得到对方的爱,在这种具有弥散心理的作用下,就会把对方的亲切和蔼、热情大方当做是爱的表示并坚信不已,从而陷入单恋的深渊不能自拔。

单恋者固然能体验到一种深刻的快乐,但更多地是体验到情感的压抑,因为他们无法正常地向自己所钟爱的异性倾诉柔情,更得不到对方的积极反馈,所以常常痛苦得难以言表。生活中,由于摆脱不了单恋的影子,以致影响婚恋、断送前程的人已屡见不鲜。那么,该怎样走出单恋的心理误区呢?

（一）树立正确的爱情观

错误的爱情观往往会使人对爱情产生错误或偏颇的看法，进而产生错误的行为。与自己喜欢的人两情相悦才有可能幸福，而没有回应的感情是不可能结出甜美果实的。对于爱情而言，重要的是双方之间能否产生"心灵的撞击"。只有树立了正确的爱情观，才能指引自己的行动，去追求自己的所爱。

（二）主动了解对方的态度

钟情的一方可以主动采取行动去了解对方的一些重要情况以及对方对你的态度。比如：对方有没有意中人？如果还没有，那么她（他）的择偶条件和标准是什么？你现有的条件能否引起她（他）的爱慕？她（他）对待你仅止于一般的礼貌和热情，还是有什么异乎寻常的地方？弄清楚这些情况再根据可能性大小来做决定。

（三）勇敢地向对方示爱

如果她（他）还没有意中人，而你现有的条件又基本能符合她（他）的要求，你在她（他）心中又确实占有一定的位置，这时与其让这种相思之苦放在心中煎熬，还不如下定决心通过适当的方法向对方表白自己的心迹。在求爱之前，你必须要有清醒的认识，即求爱的结果可能是对方接受你，也可能是拒绝你，你承受得了被拒绝吗？

（四）自我解脱，急流勇退

一旦真的被拒绝，虽然痛苦，但也值得庆幸。"长痛不如短痛"，与其忍受单恋遥遥无期的长痛，不如"慧剑斩情丝"。如果对方已有意中人，或者你现有的条件根本引不起她（他）的爱慕，那你就要有自知之明，急流勇退，尽可能把她（他）忘掉。爱情是双方感情的付出，知道对方不可能爱你，还继续单恋的话，只会伤己而无任何益处。

（五）把爱埋在心底

爱别人的感觉虽然是美好的，但如果没有结果，明智的方法是把这份美好的感情封存在心底。爱对方就应该为对方着想，不要让自己打扰对方的平静,也不要让对方与你一起陷入烦恼之中,在心里永远为对方默默地祝福,这才是爱的最高境界。相反,不顾及对方的感受,想方设法地去表达你的爱,其结果只会使双方更加痛苦。

(六)及时释放郁积的能量

对有关自己所喜爱的人的各方面信息以及自己的想法、感受,你可以经常与好友交流,或许能从他们那里得到启发和点拨,不至于长时间闷在心里,产生一些不正确或畸形的念头。如果找不到可信任的人倾诉,你还可以求助于心理辅导老师,相信他们一定可以帮助你走出苦恋的困境。

(七)情感升华

既然单恋使你痛苦难受,又明知毫无结果,此时最好把精力转移到学习和工作中去,在紧张、繁忙的工作和学习中忘却痛苦,说不定还会有意外的收获。

(八)不要盲目地急于再次恋爱

为了摆脱单恋之苦,匆忙开展另外一段恋情似乎可以在短时间内使心灵得到抚慰,但是,盲目地和一个自己不爱的异性相恋所带来的结果往往是另一种痛苦的衍生,病急乱投医只会适得其反。另外,这种做法实际上也是骗己骗人,是不道德的。

三、三角(多角)恋爱

所谓多角恋爱,是一个人同时被两个或两个以上的异性所追求或自己同时追求两个或两个以上的异性并建立恋爱关系。

多角恋爱是恋爱纠纷的主要原因之一,实质上是比单恋更为复杂、更为严重的异常现象。由于恋爱有排他性、冲动性,因此任何多角恋爱都潜伏着极大的危险性,一旦理智失控,就会给对方和社会带来恶果。

大学生在心理上还未完全成熟,对异性之间的感情难以把握,当同时喜欢上A和B后，衡量再三，仍然觉得A有A的优点，B有B的长处，无论放弃哪一个都割舍不下，随着时间的推移，三角（多角）恋的感情越陷越深，以致越发难以决定谁去谁留。

其实，大学生在认知上都清楚爱情是一对男女之间相互仰慕的真挚感情，对爱情要忠贞、专一和坦诚，但知和行未必在现实生活中能达到统一。当深陷三角（多角）恋的泥潭时，作为主角，其心理的道德冲突是相当剧烈的，一方面她（他）感到自己朝秦暮楚，欺骗他人的感情是有悖于道德规范的，会遭到旁人的谴责，因而内疚、惭愧甚至有罪恶感；另一方面，要在副角之间做出选择，快刀斩乱麻，又使她（他）十分痛苦。这两难的境地极容易造成心理的不平衡，左右为难，惶惶不可终日，有的甚至产生心理问题。同时，三角（多角）关系不是正常的恋爱关系，它使深陷其中的人都品尝不出爱情原有的甜蜜，而只会感到苦涩。三角（多角）恋的主角情系两头（多头），内心愧疚，又疲于奔命，到头来很可能竹篮打水——一场空，虽然这是自讨苦吃、咎由自取，但毕竟构成了对自己的伤害。至于副角们遭到的伤害就更大了，她（他）们给予主角完整的、全心全意的爱，得到的却不是平等的回报。三角（多角）恋发展到最后只可能是一人被选中，而对于没被选中的而言，悄然流逝的岁月、付之东流的爱恋，以及被愚弄了的感情，必然会给其心灵留下难以磨灭的伤痛。由三角（多角）恋所引发的争风吃醋、相互伤害、互相报复等恶性事件时有发生，因此，正在恋爱或即将恋爱的大学生们可千万别玩这种对人对己都只有百害而无一利的感情游戏。若是陷入了三角（多角）恋的纠葛中，应该怎样挣脱它的心理羁绊呢？

（一）认知重构，并内化为良知

认知重构的内容包括正确的婚恋观和道德观。男女之间的恋爱应该是志同道合，互相帮助，忠贞专一，相互坦诚，自尊自爱。有了这方面的认同后，还要内化为一种良知，知道自己可以干什么，不可以干什么，并且对自己的行为负责；同时，知道什么是正当的，什么是可耻的，什么是众人唾弃的。如果在三角（多角）恋爱中的大学生都能经历这个认知和内化的过程,就能在理智和情感上摒弃三角(多角)恋。

(二)鱼与熊掌,不可兼得

充当三角(多角)恋中心人物的主角无法拒绝配角们的原因,是因为她(他)们各有优点,或是这一个才华过人、精明能干,而另一个豁达开朗、幽默风趣;或是这一个相貌出众、活泼可爱,而另一个善解人意、文静优雅。如果能将他(她)们的长处合而为一就好了,只可惜不可能。要舍弃其中一个确实很难,硬要做出决定更令人头痛。这种心情可以理解,但作为主角要有理智,真正的爱情只可能存在于一对男女之间,一个人同时爱上几个人,那不是一种真正的爱。鱼与熊掌只可选一,这是无法回避的也是最终的结果。选择爱人时,要求对方十全十美,绝对满足自己的需要,这是一种理想主义的爱情观。“金无足赤,人无完人”,现实生活中的每个人都有缺点,十全十美的人是不存在的。

(三)比较权衡,果断抉择

假如有两人(多人)同时或先后爱上你,而你对她(他)们也都有好感,可以作为恋爱的对象来考虑。当你选择了其中一位并与她(他)建立了恋爱关系,那么在现有恋爱关系存续期间,与其他异性的关系就不能超出友谊界限。如果你已经不幸身处三角(多角)恋关系中,那你首先要做的事就是比较、权衡,然后果断抉择。你要冷静地考虑一下谁的性格、兴趣、爱好能与你更和谐,另外,对方的相貌仪表、健康状况、经济条件等也是必须考虑的因素。当你选定了其中的一位,从此就必须将全部的爱心献给她(他),而对于另一位则必须忍痛割爱,明确中断恋爱关系,切不可藕断丝连。在必要的交往中,言谈举止要有分寸,不能显得过分亲切。选择是痛苦的,但不经历痛苦就没有幸福,越是迟疑,越难以自拔,也就越痛苦。

(四)理智自控,和平解决

一般情况下,当三角(多角)恋的副角们知道事实真相后,决不会善罢甘休和退避三舍，在情绪情感上总会发生一定的反应，甚至闹出各种矛盾，生出各种事端。但感情用事并不能够真正解决问题，还会失去自己的尊严，降低自己的人格。明智的方法是彼此之间不要发生正面冲突，与主角理论并且心平气和地和平解决才是正道。

(五)当进则进，当退则退

作为副角要自尊自爱，如果一个人既爱着你又爱别人，说明她(他)对你的爱并不专一、纯真，既然如此，何不趁早离开？天涯何处无芳草！如果她(他)爱你很深，只是个性脆弱，以至于被第三者缠住，则应该积极争取。如果你是个条件差的副角，能力、学识、人品远不及你的对手，你判定对手会给主角带来更大的幸福，这时就要有牺牲精神，尽管这种牺牲是痛苦的。要学会正确地自我评价、自我解脱，一旦发现自己处于劣势，应赶快悬崖勒马，退出漩涡，这不是无能，而是明智，这样可以从痛苦中及早挣脱出来而重新追求更现实的幸福。

(六)晓之以理，动之以情

作为副角，一旦发现自己爱的人另有所爱，不免感到十分愤慨，但是感情用事一刀两断，或者肝火上升打骂对待，抑或是“以其人之道还治其人之身”都不能使问题得到圆满的解决。应该首先好言好语、好心好意地做主角的思想工作，比如：一起回忆过去爱的经历，谈论过去美好的时光，唤起主角的悔悟之心。客观、全面地分析目前状况的根源、矛盾的焦点及其危害性，使之认识到问题的严重性。对主角要一如既往，甚至加倍地表示亲热和友好，使她(他)认识到你的可爱可敬。如果仁至义尽了仍然回天乏术，此时离去，心里就坦然得多了。

第四节　大学生的性心理

任何人在一生中都迟早要面临性的问题，都不可避免地要产生各种性心理活动，因此，了解性和性心理是我们对自身认识的一个重要方面。大学时期是人真正发现自我的时期,也是冲动频繁而又欲求不满的时期,但是在我国由于受传统伦理观念的影响,性的问题一直被蒙上神秘的面纱,许多大学生对各种性现象、性行为的认知评价体系还不完善,再加上性的社会性、道德性要求的约束,使得他们的性心理的发展处于多种矛盾的相互作用之中,不少大学生由于无法处理好这些矛盾,使性心理的健康发展出现了偏差。

一、性心理的过程及其理论

谈到爱情,不可避免地会谈到性。在青春期,由于性机能的迅速发展和成熟,引起青年男女心理上的重大变化,主要表现为含有性因素的刺激与反应增多,主体对有关性的问题反应比较敏感,体验比较深刻,并会由此引发性的生理冲动。

(一)性心理的过程

性心理就是主体对有关性的问题的反应,它包括以下一些心理现象与过程:

1. 性感知

性感知是指主体对由视、听、嗅、触等所引起的性冲动的反应和外生殖器受到刺激所得到的性快感,它是性心理的基本过程。性机能的成熟使主体对性的刺激的反应特别敏感,这时来自异性的刺激,如俊美的容貌、柔和的声音、温馨的肌香、轻轻的相触等,都有可能引起主体的性冲动。

2. 性思维

性思维是指主体对有关性的问题的思考,它是性心理的核心心理过程。随着性机能的逐渐成熟和性感知的不断积累,主体就会自觉或不自觉地经常思考一些有关性的问题,从而对这些问题有所认识。如主体在思维过程中把过去所得到的一些自我性感知与现实中的异性对象联系起来,因而对两性的关系和意义有所了解;又如青年想象异性对象,考虑如何展开追求等。

3. 性情绪与情感

性情绪与情感是指主体对异性所持的态度以及同异性对象接触中所得到的态度的体验。在性感知和性思维以及日常与异性的接触中，主体逐渐认识了两性的差别及关系，对异性开始抱有一定的态度或感知到异性对自己的态度，如对异性的好感、思慕、爱恋和嫉妒等。

4. 性意志

性意志是指主体自我意识调节性行为的能力。性意志强的人善于控制自己的性行为，把它约束在正常、合法的范围内；相反，性意志薄弱的人，易受性冲动所左右，以致触犯性道德和法律。

上述性心理的过程和现象相互联系、相互制约，其中性思维起着主导作用。

(二)性心理的理论

1. 弗洛伊德的性心理发展理论

弗洛伊德是最早提出性心理发展理论的心理学家，他的性心理发展理论来源于对精神病人童年经验的分析。他认为，性欲作为一种本能在儿童期就已存在，性心理也不是到了青春期才开始发展的。性心理的发展有两个重要(或者说活跃)时期——幼儿期和青春期。幼儿期的性表现有三个基本特征：就起源而言，它本身与一个重要的生理功能相联系；还没有性对象，因此是自体享乐的；其性目标由快感区支配，幼儿期的快感区主要在口唇和肛门。在青春期，生殖器官成为主导快感区，快感区的兴奋来源于肉体接触、内生殖器官和精神生活方面。与幼儿期不同的是，青春期性兴奋的产生，内生殖器官和精神生活起着更为重要的作用。个体可以在没有外在刺激的情况下，通过性幻想和性梦得到性满足。幼儿期的性对象主要是父母，青春期的性对象主要是父母之外的其他人。

以这些基本观点为前提，弗洛伊德根据快感区的不同进一步把性心理的发展划分为五个阶段：

(1)口唇期:从出生后到1岁

在这一时期,婴儿性快感的满足主要借助于口唇,在吃奶的吸吮中获得快感,进而将吸吮动作泛化,嘴唇的一部分、舌头、皮肤的任何能够触及的部分都可以被当做吸吮的对象。在这一阶段,如果口唇的需要受到压抑的话,个体成年后会厌食或常发生歇斯底里性的呕吐;如果口唇的需要满足过多,个体成年以后将成为热衷于接吻的人,而且有变态接吻的倾向。

(2)肛门期:大约从1岁开始,持续到2岁

在这一阶段,排泄成为婴儿性快感的主要目标,婴儿从排泄活动中得到极大的快乐。如果这一阶段性心理发生冲突,便溺训练过严,儿童不能自主控制排便,就会形成肛门型人格。这种人不是过于放肆、无礼,就是极度吝啬、保守。

(3)性蕾期:3岁到6岁

弗洛伊德认为,直到性蕾期的最初阶段,婴儿的性能量都是指向自身,从自己的身体获得性满足,直到性蕾期的后期发生了重大变化。幼儿开始将性能量利比多指向外界对象,男孩的欲望指向母亲,女孩的欲望指向父亲。男孩的欲望指向母亲时,总要无意识地与父亲争夺爱,敌视父亲。这种冲突导致阉割情结,男孩害怕父亲,害怕他惩罚自己的恋母感情,阉割自己的生殖器,于是放弃对母亲的爱恋,转而与父亲同一。女孩的性心理发展也大致经历了一个从恋父到放弃恋父,与母亲同化的过程。在这一阶段,儿童的人格、性别的同一性、道德良心都开始形成,这是人生发展的重要阶段。

如果在性蕾期对父母的三角情结没有很好地被解决的话,长大成人后就容易对已婚的对象特别感兴趣,总想跟“有妇之夫”或“有夫之妇”发生暧昧关系,时常周旋于三角人际关系与冲突中。

(4)潜伏期:6岁到12岁,也称为同性期

一时期,儿童的性心理进入了潜伏期,善于向自己的同性父母模仿,性欲保持沉寂状态,对异性漠不关心,游戏时也大多寻找同性伙伴。假如在这一时期被剥夺了向同性父母或同性的年长者学习的机

会,儿童就很容易发生性别认同的问题,即男孩不像男孩,女孩不像女孩,到了下个阶段,进入异性期就容易发生困难了。

(5)生殖期:12 岁到 20 岁,也称为异性期

青春期性腺的成熟增多了利比多冲动,性的能量像成人一样涌现出来,生殖器成为主要的快感区。此时的性快感与性蕾期有所不同,性蕾期的快感是由快感区的兴奋所带来的,而这一阶段的快感是由物质的释放所造成的,具有最大的强度。如果生殖期的心理冲突得到圆满解决,个体就会将利比多能量转向家庭之外的人身上,开始成熟的异性恋。

弗洛伊德认为,只要能成功解决以上所有性心理阶段的冲突,个体就能达到一种完美的境界,他在性、社会关系和心理健康方面都是成熟的,具有坚强的自我,能够控制不适宜的性冲动。

2. 赫洛克的性心理发展阶段

美国心理学家赫洛克把青春发育期的性心理发展分为四个时期:

(1)性的反感期(疏远期)

当自己身上发生青春发育期的生理变化时,青少年由于发现了人类的性生理奥秘,因此产生了对性的不安、害羞和反感,认为恋爱是不纯洁的表现,对异性采取回避、冷淡和粗暴的态度。

(2)向往年长异性的牛犊恋期

在这一阶段,青少年像小牛恋母牛似的倾倒于所向往的年长异性的一举一动。对所向往的年长异性想入非非,很想讨他(她)的喜欢。

(3)接近异性的狂热期

这一阶段,青少年一般只把年龄相当的异性作为向往的对象,在各种集体活动中,男女青年都努力想方设法引起异性对自己的注意。他们尽量制造机会与自己喜欢的异性接近。但由于双方都从理想主义出发,自我意识太强,所以冲突也多,接近的对象经常变换。

(4)浪漫的恋爱期

浪漫恋爱的显著标准是爱情集中于一个异性,对其他异性的关心明显减少。喜欢与自己选择的对象在一起,而不愿意参加集体性的社

会活动,经常陷入结婚的幻想中。

二、大学生的性心理

(一)大学生性心理的发展

性的发生和发展,首先是性生理的发生和发展。大学生正处于性生理发育的青春期,开始有了性意识的觉醒,他们的性心理的发展大致可以分为三个阶段:

1. 异性疏远期

这一时期也称为性发育早期、性紧张期。在青春期开始时,少男少女对性的差异非常敏感。第二性征的出现,在他们内心深处产生了春情萌动的朦胧感觉,对两性关系似懂非懂,对性知识、性行为一知半解。将异性的生理差异与男女之间的关系看得神秘,在与异性的交往中显得羞涩、忸怩和不自然,心中好像潜藏着无数秘密般,心有相互吸引之力却在表面上表现得相互疏远。男孩会表现出潜意识的紧张心理,如口吃、挤眉弄眼等;女孩则表现得情绪不稳定,"少女伤春"就是指这段时期的心理特点。

2. 异性接近期

在完全进入青春期后,随着生理机能的进一步发展,生活阅历的增加,青少年对异性关系有了进一步的了解和认识,对性意识的情感体验也开始有了新的变化。他们不满足于对异性的朦胧的、泛泛的好感和爱慕了,而是希望通过与异性交往,有选择地寻找心中的白马王子和白雪公主。这个时期的特点是:喜欢与异性在一起活动,力求成为异性眼中有吸引力的人;两性的畏惧感、陌生感消失,强烈的相互吸引和接近,会采取接近异性的曲线方式。男生喜欢高谈阔论以引起注意;逞强、做危险动作,表现男子汉气概,甚至起哄、开玩笑、恶作剧,目的是引起女生的注意。女生则表现出单相思,钟情妄想,用打扮、声调、细微的关心和体贴吸引对方;有的以成年人作为崇拜和模仿对象。由于青少年缺乏接近异性的经验,不知如何表现自己,往往做法不得体,两性都会表现出狂热追星以释放内心对异性的渴慕之情。

3．异性恋爱期

进入青春后期后，性生理完全成熟，性心理在逐渐成熟，自我意识、思维和人格都在积极发展。生活领域也日渐广阔，对恋爱的理解和认识更加深刻，对恋人的寻觅更加迫切，对异性的态度也逐渐客观。此时，男女青年开始对异性展开主动、积极的进攻。男女青年尽量在异性面前展示自己的长处与才华，以引起对方的关注。由于受社会文化的影响，男性在恋爱的表达方面更加主动、大胆、直率而且热情奔放；女性更加含蓄、深沉、妩媚略带羞涩和矜持。青春期性发育完成后，进入两性恋爱期，从泛泛的异性爱慕过渡到钟情于某个人，直接而热烈，追求技巧成熟，但一旦碰壁，心理挫折感强烈。

（二）大学生性心理的基本特点

大学生从入学到毕业的年龄在18～23岁之间，属于青年期。处在青年期的大学生由于受文化层次、接受教育程度以及所处的特殊环境影响，其性心理发展除了具有这一年龄阶段青年的普遍性特征以外，还有其特殊性。

1．性心理的本能性和朦胧性

目前，我国高校的性科学教育工作尚未普及，大学生的性科学知识水平参差不齐。大学生的性心理，尤其是低年级大学生的性心理，缺乏深刻的社会内容，基本上还是一种生理急剧变化所带来的本能作用，好像鬼使神差地对异性发生兴趣、好感和爱慕。但这种萌动披着一层朦胧的轻纱，不少学生不了解性的基本知识，对性充满神秘感。所以，那种对异性的兴趣、好感和爱慕主要还是受异性的吸引。然而，正是在此基础上，在朦胧纷乱的心理变化中，性意识逐渐强烈和成熟起来。

2．性意识的强烈性和表现上的文饰性

青年期很显著的特征是闭锁性和强烈地寻求理解性，这就导致了其心理外显方式的文饰性。在对待性问题上也是如此，他们十分重视自己在异性心目中的印象、评价，但又表现得拘谨、羞涩、冷漠：心里对某一异性很感兴趣,表面上却有意无意表现得无动于衷、不屑一顾或做出回避的样子;他们表面上显得讨厌那种亲昵的动作,实际很渴望体验。

3. 性心理的动荡性和压抑性

青年期是一生中性能量最旺盛的时期,但由于不少大学生的心理还不成熟,尚未形成稳固的、正确的性道德观和恋爱观,自控能力较弱,因而,他们的性心理易受外界不良的影响而动荡不安。与此相反,另一些人由于性的能量得不到合理的疏导、升华而导致过分的压抑,少数人还可能以扭曲的方式和不良甚至变态的行为表现出来,如“厕所文学”、“课桌文学”、窥视、恋物等。

4. 男女性心理的差异性

大学生的性心理因性别不同而有差异。比如:在对异性感情的流露上,男生表现得较为外显和热烈,女生往往表现得含蓄和深沉;在内心体验上,男生更多的是新奇、喜悦和神秘,而女生常常是惊慌、羞涩和不知所措;在表达方式上,一般是男生较主动,女生往往采取暗示的方式。此外,男生的性冲动易被视觉刺激唤起,而女生则易在听觉、触觉刺激下引起兴奋。

三、大学生性心理的调适

(一)性自慰

性自慰在我国一直沿用“手淫”这个名称,是指用手或其他器具、其他方式刺激性器官获得快感,以疏泄性冲动的一种方式。现代社会由于营养充足、均衡,当今的青少年的性发育成熟期已大大提早;而文明社会的另一个标准是人们的婚育年龄越来越往后推迟。这就造成了这样的一个无法回避的矛盾:青少年在性发育成熟后到合法或被社会观念普遍接受拥有一个经常的性伴侣通常需要漫长的时期。在这一性空白期,天真地认为通过性“教育”让正处于人生性需求最为旺盛的青少年“克制”自己简直是天方夜谭!也是回避矛盾的“鸵鸟政策”。由于历史、文化、教育、宗教、习俗不同,人们在性的认识上存在很大差异。尤其对性自慰的看法，多数人仍怀着疑虑和偏见。近年来，由于性教育的开展，性知识的传播，有些人开始接受科学的性知识，但仍有许多人处在性愚昧之中，对性自慰怀着恐惧感，甚至背上了沉重的思想包袱。我国曾多次报道过因陷入手淫癖而无法自拔，精神负担过重的大学生自杀事件。实际上，大学生中因所谓的神经衰弱而休学、退学者不少也与性自慰有关。

有些人感到性自慰是件"坏事"，竭力克制，又未能控制住。性自慰时怕别人见到，因而常常是既害怕又兴奋，事后感到自己做了错事，又悔又恨。这一系列的心理紧张，可以造成许多心理、生理反应，包括疲劳、乏力、注意力不集中、头痛以及头晕之类。换句话说，这些都是"心理作用"的结果。对性自慰的担忧、害怕及不正确的认识，要比它本身的害处大得多。许多科学研究结果证明，正常人的性自慰并无害处，无论对心理和身体均无损害，所以各国的精神障碍分类中，已不再将性自慰列为异常和不良行为。到目前为止，关于性自慰，在国际上被广泛接受的观念是"手的性自慰既不是不正常的，也不是对身体有害的行为"。事实上，从性心理、性生理的角度看，性自慰是自我解决性冲动的一种方式，非但不是犯罪，而且可以避免和减少犯罪。

不正常的性自慰，应该加以克服。一是沉溺于性自慰。他们的性自慰行为不只是积以成习，而且是十分频繁，甚至过于沉溺，每天好几次。而且经常有想性自慰的性冲动，上课时想，工作时想，上床时或一人独处时更想；甚至因为性自慰而来不及上学或上班，未能好好地完成学习或工作任务。这类性自慰习惯，影响了他们的身心健康和社会职责，所以是不正常的。另一种是在不合适的场合下性自慰。这些人的手淫冲动是如此强烈，无法克制，以致不计场合，在大庭广众或某些公共场所性自慰。这类情况说明他们的自我控制有严重偏差，以致把社会规范和社会准则抛在脑后。其中，有些人可能有精神疾病，需要专业人员的咨询、指导或治疗。

目前，对于性自慰的态度主要着眼于心理方面，强调要正确地对待性冲动，增强性的自控能力。第一，要对性冲动有个正确的看法，即它是一种本能,是一种正常现象,既不要否定它(也不可能否定它),又不能任其自流;第二,要树立正确的世界观、人生观、价值观,遇事多为他人、为社会着想,不能以自我为中心;第三,要充分认识有些行为的危害与严重后果,下决心加以避免或戒除;第四,要有一种意识力量,使之能与自己的不良思想、不良习惯、不良行为作长期斗争,正确的自控决不是只控制一时,而是要经常自律;第五,要丰富自己的生活情趣,把注意力放到文化娱乐和体育活动中去,陶冶性格、情操,少受或不受性冲动的影响。

(二)性梦

性梦是指在睡梦中出现的带有各种性内容色彩的景象,青春期的男女普遍存在。性梦的出现是无法受意识支配的,它是性欲得不到排解,自我压抑,转入梦境得到满足的一种生理活动,对他人无任何伤害,但起到了排解性欲的作用,因此是一种自慰行为。研究表明,性意识越强烈,压抑越深,性梦出现的可能性就越大。

处于青春期的青少年会产生各种各样的性要求,例如:性自慰、性梦、梦遗等,这些都属于人类正常的性现象。由于青春期的青少年生理上的成熟与社会规范、自身社会化要求的矛盾,使得由性成熟所带来的性欲望与性冲动不能得到适当满足而被压抑下去。在意识中成功地压抑不能实现的愿望,就很有可能在潜意识中显露出来,于是,性的要求和冲动便在梦境中得到实现。这种性梦的自然宣泄,类似于一种安全阀的作用,可以缓和累计的张力,有利于性器官功能的完善和成熟。几乎所有的人都做过与性有关的梦。而且,受教育越多的人做这种梦的次数越多。

性梦作为意识控制解除下的一种潜意识行为,既无法控制,也无法预防。无论平时表现得多么正人君子的人,在性梦中都可能出现荒诞不经的性事,此时绝对没有必要以清醒状态下人们普遍遵循的伦理道德去鞭挞这些荒唐事。我们的道德只要求人们不干坏事,并没有严格到不许人们在梦里想想。如果在梦里人们也要遵守道德标准的话,世界上或许能增加几百个好人，可是却会增加几百万个精神病和心理变态者。性梦也决不意味着对自己爱恋对象的不忠和背叛，不是邪恶丑陋的现象，因此不必内疚、焦虑，了解这一点是非常必要的。

尽管性梦是正常的心理、生理现象，但如果过于频繁，以至于白天都精神恍惚，就需要引起重视，寻找原因了。例如：劳累过度；性自慰过频过强烈；内裤穿得过紧，刺激摩擦性器官；外生殖器不正常充血刺痒或泌尿系统炎症、膀胱胀满等。心理上的兴奋、情绪上的激发（如睡前饮酒）也是常见原因。这时就要及时检查，调整生活状态。要放松心态，及时找心理医生进行咨询，否则，反而可能导致严重的性发育障碍。

（三）性幻想

“我现在被一种心理疾病所困扰：见到异性就紧张脸红，越是害怕，越想掩饰，脸越是像发烧似的红。如果谁对我很注意或者我认为他对我很注意，我就会很不自然，而且越是遇到熟悉的异性和我打招呼，我越是面红耳赤。我每天都受着这种精神的折磨，而且头经常疼，身体也一天不如一天。我快痛苦死了，简直生不如死……”

这是一个典型的性幻想个案。性幻想是人在觉醒状态时，通过幻想的方式获得性快感的一种相当普遍的正常的性心理现象。在性幻想中，性意念都是按照潜意识所希望的方式展开，自编带有性色彩的连续故事和含有性内容的幻想，它具有自我满足的功能。作为一种替代或目标不能实现的寄托安慰和补偿，它在一定程度上可以缓解性生活上的挫折。

一般说来，青春期是性幻想的活跃时期。在这个时期的少男少女情窦初开，对异性产生强烈的爱慕和渴望，却又没有勇气（也没有条件）向心目中的对象表露爱慕之情，于是便把在文艺作品、影视节目中所见到的两性性爱情景重新组合，用自己的想象力编成由自己参与的性活动过程，以满足自己的性欲要求。此时，当事人既是编导，又是内容中的主人公。她（他）可以想入非非、随心所欲地去编去演，编得不满意可以重新编,演得不好可以重新演。这种幻想充满了虚构的特点,不受时间和空间的限制。

对大学生来说,性幻想的内容都与异性交往有关,有情节和人物。或激情澎湃的"英雄救美",或浪漫温馨的"一见钟情",或惊心动魄的"倾城之恋",或凄婉缠绵的"蓝桥幽会",总之形形色色,但大都是和自己爱慕的异性在一起演绎的爱情剧,高潮可能是约会、拥抱、接吻甚至发生性行为,异性可以是同学、熟人、朋友或崇拜的偶像。性幻想往往伴有相应的情绪活动,尤其是情绪十分投入时,这时即所谓"进入角色",自己既可以洋洋得意,也可能偷偷伤心落泪。有时,这种幻想可导致性兴奋及性器官充血,男性则可有阴茎勃起及射精,或者在进行性幻想时伴有手淫。性幻想较多地发生在入睡前及睡醒后卧床的那一段时间,以及在闲暇之时,如在旅途中。

性幻想常常会给自己带来很大的烦恼和不安,特别是在传统型家庭中长大的孩子,对自己出现的性幻想往往不知所措,或产生一种厌恶心理。尤其是女孩子可能会担心自己的思想意识不健康,会责怪自己为什么出现这种幻想,甚至误认为自己是不是真的已经不正经或变坏了,并由此背上沉重的精神负担。这些对大学生的成长是极为不利的。而另一种潜在的危险是有些大学生容易分不清幻想与现实的区别,误以为自己真的爱上了某个异性,并不合时宜地涉足"伊甸园"。那么,应该如何对待性幻想呢?

首先,正确认识性幻想。性幻想是少男少女的一种正常心理现象。它其实是青春期男女以至未婚成年人的自慰行为,是在没有异性参与的情况下所进行的自我满足性欲的活动。在这里,幻想起到了一种补偿作用,以宣泄内心的压抑,满足心灵的渴求,平息和抚慰心理冲突。国外有关的研究发现,到青春发育期以后极少数人是从来不做性幻想的,也就是大多数人在青春期都曾有过性幻想。但是,如果过分沉溺于其中而难以自拔,整日昏昏沉沉、飘飘然然,不仅会影响正常的工作、学习、生活和休息,而且会逐渐失去对实际生活的适应能力,从而产生生理和心理上的双重危害。发展到"强迫性性幻想症"的地步。

特别是少男少女，思维活跃，自制力差，在强烈的性刺激下有可能偏离正确方向。

其次，积极进行自我调控。青年人性幻想的出现是旁人所无法阻止的，关键是自己具有良好的意志调控能力，处理好现实与幻想的关系。理智和全面地认识性的本质，增加性的知识，不责备、少烦恼，以平常心态对待幻想，避免因此形成自卑心理，影响身心健康发展。同时，学会控制自己，多参加丰富多彩的活动，多培养高雅的生活情趣，多阅读内容深刻的书籍，既丰富自己，又可调剂生活，有效疏解精神上的压力，以减少过多的性幻想。人生的痛苦不在于做梦，而在于把梦当成现实，或以梦替代现实，自我麻痹，在幻想中荒度自己宝贵的光阴，待梦醒时分，回顾蹉跎岁月，追悔莫及。

（四）边缘性行为

性行为是一个很广泛的概念，并不专指性交行为。人类的性行为包含着很丰富的内容，除了目的性性行为（指性交）外，还有其他一系列行为，如亲吻、拥抱、触摸和爱抚等外延性行为，称为边缘性行为。边缘性行为是一种初级的性行为，它能给恋爱中的双方带来浪漫的诗意，能够使他们达到情感高潮，并在很大程度上消除性紧张。

热恋之中的大学生，在合适情景下的接吻、拥抱行为已经很常见了。发生这种行为是情侣间情深意笃、感情外露的真实表现，是合乎自然、近乎人情的，只要注意场合、举止有度，则完全不必要为之羞耻，甚至苦恼。不过，对于大学生在公开场合的边缘性行为，近两年来引发了很多争议：如某大学食堂前的橱窗以“校园不文明现象大曝光”为主题展示了情侣们搂抱在一起的图片；另有一所高校对一对在教室拥抱、接吻的情侣做出了勒令退学的处分。

（五）婚前性行为

婚前性行为是指男女双方在恋爱期间发生的性交行为，其特点是双方自愿进行，不存在暴力逼迫；没有法律保障，不存在夫妻之间应有的义务和责任；容易产生一些纠纷和严重后果。现代社会中，婚前性行为是百分之百存在的事实。由于社会对性问题依然讳莫如深,加之青春期教育又很欠缺,为此,大学生仍然被性冲动和性苦闷长时间地困扰着。可以这样做一个概括:当代大学生既不像他们的先辈们那样单纯无知,也不完全像西方20世纪60年代的年轻人那样,毫无顾忌地追求性解放,他们只能在夹缝中苦苦煎熬。

大学生的性行为是一个屡见不鲜的社会现象,社会学家对此有许多不同看法。有人认为求学时期要专心读书,以期学业有成,故对性采取苛求态度,反对谈恋爱,更反对发生婚前性行为;有人认为婚前性行为会影响身心健康,导致精神疾病,容易患癌症和不育症,若不慎怀孕会影响学习,增加个人和家庭负担,在学校名声不好,所以应当压制性欲。

还有一些学者认为,婚前"性"或"不性"取决于当事人自己的决定,而不能简单地回答"是"或"非"。大学生虽是人群中的佼佼者,但对性的浓厚兴趣是天经地义的事,何况正处于青春期的性旺盛时期,性的需要不比任何人低。但大学生千万要避免"未经准备"而发生的婚前性行为。所谓的"准备"是:具有良好的性知识。有些人不知道怎么会怀孕,如何避孕或如何预防性病,就有了性行为,在初尝禁果之后必然会有担忧与悔恨,甚至引起生理的变化。这样的经历给今后的人生带来的只有苦涩,而绝不会是值得回味的美好经验。大学生婚前性行为背后的原因有很多,例如:沐浴爱河,情不自禁;牢固恋爱关系,加深了解;好奇心使然等等,但是,有一点是毋庸置疑的,婚前性行为毕竟还是不为社会所赞同的,由于婚前性行为所酿成的各种悲剧也是前车之鉴。爱情是神圣的,大学生对婚前性行为应慎重考虑,爱和信任并非由确立性关系来表达的。那么,应该怎样用理智来平息热恋中的性冲动呢?

男性在这方面负有很大的责任,调查发现,大多数的婚前性行为是由男性发起的,男性自重有助于对方的自持。而女性切勿为了爱而忍让对方任何过分亲热的举动,应在关键时刻学会说"不",为自己赢得对方的尊重与自尊自爱,千万别被四周浪漫的气氛和对方的甜言蜜语弄得丧失理智。热恋中的大学生应尽量避免两人单独相处的局面，尤其是两人单独在卧室内谈心。避免两人一起观赏一些带有性刺激的刊物和录影带，女性也应尽量避免穿超短裙和低胸的薄、露、透的衣着，以免男性想入非非，忍受不了视觉刺激而鲁莽行事。避免去一些情侣密集且公然拥抱、亲吻的场所，如酒吧、舞厅、夜总会之类。不要用挑逗性的语言和行为，尊重别人也是尊重自己，同时也要留意自己被性欲挑逗的危险。

语码转换式双语教学词汇、语段

Chapter 4　Health View on Love and Sex

1. 利比多 libido

Libido means sex drive and the individual libido may be affected by medical conditions, hormone levels, life style and relationship issues.

利比多指性冲动，一个人的利比多受医疗条件、荷尔蒙水平、生活方式及人际关系问题的影响。

2. 性动机 sexual motive

None of the sexual motives predicted initiating unusual sexual behavior. Findings suggest that a variety of sexual motives may underlie sexual behavior.

没有一种性动机能够预测出将要发生不寻常的性行为的。研究结果显示，不同种类的性动机可以为发生性行为奠定一些基础。

3. 幻想 delusions

In an interview he was found to be experiencing the delusion that he was a player inside a computer game in which points are scored for stealing cars, killing assailants and avoiding police vehicles.

在采访中,人们发现他正幻想着自己是电子游戏里面的一个参赛者。在游戏里面,他能通过偷盗汽车、杀掉攻击者、避开警察的追赶而得分。

4. 性别差异 sex differences

In the past, men and women did the different jobs because of the sex differences.

在过去,男人和女人由于性别差异从事着不同领域的工作。

5. 爱情 love

Love is the everlasting topic people are keen on talking about and to thinking about, regardless of their color, age, race and gender.

不分肤色、年龄、种族、性别,爱情都是人类谈论、思考的永恒的话题。

第五章　互联网与大学生心理健康

在现代社会，网络已成为人们日常生活和工作中越来越重要的交往手段和通信媒介。可以说，网络的迅速发展和普及已使人类进入或即将进入网络时代，网络开始与人们的生活息息相关，并深刻地改变着人类社会的生产、生活和交往方式，同时更加深刻地改变着人们的思想、观念和精神世界。信息网络技术带来了许多问题，但在大学生中最突出的问题，是网络心理问题。

第一节　互联网与大学生

一、互联网的形成与发展

1960 年，利克里德尔发表了一篇文章，题目叫做《人—机共生》。在文章中，这位罗切斯特大学(University of Rochester)的行为心理学博士、麻省理工学院从事听说研究的学者写道："用不了多少年，人脑和电脑将非常紧密地联系在一起。"文章还预测，在不远的将来，"人通过机器的交流将比人与人面对面的交流更有效"。这样大胆和超前的预测，如果不是在 43 年后的今天互联网已经风行全球，确实让人难以相信。实际上，就在利克里德尔发表这篇大胆的文章的同时，互联网的研究已经在美国悄悄地拉开了帷幕。

1969 年，美国国防部出于战略考虑，资助建立了一个名为 ARPANET 的网络，把加利福尼亚大学、斯坦福大学，以及位于盐湖城的犹他州州立大学的计算机主机连接起来，这是互联网的雏形。1971 年，ARPANET 上的网点数达到了 17 个。两年之后，ARPANET 上的网点数又翻了一番，达到 40 个，各网点间可以发送文件。1972 年，第一届国际计算机通信会议在美国华盛顿举行，会议决定成立Internet工作组，负责建立一种能保证计算机之间进行通信的标准规范即“通信协议”。1974年，IP协议和TCP协议问世，合称TCP/IP协议。该协议的问世最终导致了Internet的大发展。

1986年，美国国家科学基金会(NSF)投资，在普林斯顿大学、匹兹堡大学、加州大学圣地亚哥分校、依利诺斯大学和康奈尔大学建立5个超级计算中心，并通过通信线路互相连接，形成了NSFNET的雏形。由于NSF的鼓励和资助，很多大学、政府机构甚至私营研究机构纷纷把自己的局域网并入NSFNET中，至1991年，NSFNET的子网增加到3 000多个，成为Internet的基础。到1993年，WWW(World Wild Web)和浏览器的开发应用，为互联网赋予了新的魅力，网民在网上不仅可以看到文字，而且可以看到图片、声音、动画等等，从此，互联网日益变成一个丰富多彩的全新世界，以超出网民想象的速度获得了快速发展。至2002年年底，全世界上网人数已达6.55亿人。

互联网(Internet)作为一种崭新的信息技术，把网民带入了一个真正的信息时代。今天网民不仅可以通过互联网了解世界、学习、购物，而且可以在网上交友、聊天、开会，甚至玩游戏、赌博等，互联网正在改变网民的学习、工作和生活方式。

今天，互联网的发展速度大大超出了网民的预期。根据中国互联网络信息中心(CNNIC)公布的数据，1997年，我国上网用户数为62万人，1998年为210万人，1999年为890万人，到2001年12月31日止用户数已经达到3 370万人(其中36.2%为18～24岁的青年人)。与其他媒体相比，互联网信息量大、传播速度快，人人可成为接纳者和发送者，具有双向性和多向性。互联网的内容良莠不齐，难以监控和筛选，但其超出想象的刺激性和娱乐性，又极易使人上瘾，对大学生群体具有特殊的吸引力。

研究表明，互联网已经成为许多大学生学习和生活的重要组成部分，对其身心发展产生了重大影响。据市场调查公司Strategics集团的统计，64%的上网者上网后看电视的时间减少，48%的上网者的阅读时间也少于从前。尤其是 Kraut 等人的研究发现，互联网的使用会造成网民社会卷入的减少以及心理幸福感的降低，表现出孤独感和抑郁感的增加。长期痴迷上网，可能导致各种网络疾病。

大学生始终是新生事物的促进派，站在时代的前列。在网络大潮汹涌而来的网络时代，作为时代“弄潮儿”的大学生们自然也不甘落后，始终扮演着互联网忠实追随者的角色。从 1997 年开始，中国互联网络信息中心进行了中国互联网络发展状况统计。该统计包括我国互联网络上网计算机数、用户人数、用户分布等十几个方面，是目前我国关于互联网发展情况的规模最大、权威性最强的统计调查。到 2003 年 1 月，该统计已经进行了 11 次。在已经进行的 11 次统计中，青年大学生一直是网络用户的主力大军。如在 2003 年 1 月公布的第 11 次《中国互联网发展状况统计报告》中，我国共有互联网用户 5 910 万人。其中，18～24 岁的用户占 37.3%，在各年龄段中居首位；大专和本科文化层次的用户占 53.7%，在各文化层次中占首位；学生用户占 28.0%，在各类职业类别中占首位。

类似的调查进一步说明了这一点。2000 年，香港一家研究公司进行的调查发现，香港大学生每星期平均上网 5 天，每次上网平均为 2.5 小时。2002 年，上海市信息辅导服务公司的调查显示，上海各高校的在校大学生中，接触过网络的人数高达 77%，其中经常上网者(指平均每周上网 6 小时以上)将近 35%。这些事实都表明，青年大学生始终是互联网的忠实追随者，上网正在逐步成为大学生生活的重要组成部分。

大学生具有创造性强、接纳新鲜事物快等特点，但由于涉世不深、追求刺激、喜欢娱乐、自我控制力较弱，这些特点不但使他们成为互联网的极大受益者，也容易使他们沉迷于网络，在心理健康方面受到很大的负面影响。可以说，互联网对大学生来说是一把双刃剑。

二、互联网的特征

互联网具有开放性、全球性、虚拟性、身份的不确定性、非中心化与平等性等特征。

(一)开放性

互联网的本质是计算机之间的互联互通,以便能够做到信息共享。而且,计算机之间互联互通的程度越充分,共享信息就越多;开放性越高,互联网所起的作用就越大。互联网的这种开放性主要体现在以下几个方面:一是对用户开放。互联网是一个对用户充分开放的系统。在这里,不分国家、种族、贫富、性别、职位高低、年龄大小,只要你具备上网的硬件条件,就可以上网,去体会网上冲浪的乐趣。二是对服务者开放。从系统论的角度来说,互联网是一个无限的信息巨系统。互联网上的信息来自不同的提供者,没有哪一个国家或组织能够独揽互联网的信息服务。互联网正是通过对服务者开放,为用户提供一个开放的接入环境,从而使互联网上的每一个节点,都可以自愿地、轻而易举地为互联网提供信息服务。互联网的开放性,是互联网强大的生命力和活力之源。三是对未来的改进开放。互联网的这一特点,使得互联网上的子网在遵循 TCP/IP 接入协议的前提下,可以有不同的风格和体系,可以根据不同的需要随时对任何一个子网进行更改而不影响整个互联网的运行。在《互联网简史》中,互联网的缔造者们明确地强调:“互联网的关键概念在于,它不是为某一种需求设计的,而是一种可以接纳任何新的需求的总的基础结构。”

(二)全球性

网络拓展了人类的认识和实践空间,“老死不相往来”、终生难以相见的人们瞬刻间变成了近在咫尺的网友。庞大的地球在不知不觉中变成了地球村、电子社区,人人都可以进入这个地球村成为这个电子社区的一员;人人都可以在网络上使用最新的软件和资料库,不同的观念和行为的冲突、碰撞、融合就变得直接和现实;网络化还把异质的宗教信仰、价值观、风俗习惯、生活方式呈现在人们的面前,经过频繁洗礼和自主的选择,不同国家、不同民族、不同生活方式的人们通过学习、交往、借鉴,达到共识、沟通和理解。总之,当互联网以其传播方式的超地域性将地球连接成地球村时，每个网民成为地球村的平等公民，互联网无论在广度上还是在深度上都在我们无法想象的空间中蔓延、伸展着，它突破了种族、国家、地区等各种各样的有形或无形的疆界，真正体现了全球范围内的人类交往，体现了人与人之间的无限互联及无限关涉。

（三）虚拟性

网络世界是人类通过数字化方式链接各计算机节点，综合计算机的三维、模拟、传感、人机界面等一系列技术生成的一个逼真的三维的感觉世界。进入网络世界的人，其基本的生存环境是一种不同于现实的物理空间的电子网络空间。这样，一方面，网际关系的虚拟性是与实体性相对的。交往主体隔着面纱，以某种虚拟的形象和身份沟通、交流着，交往活动也不再像一般社会行动那样依附于特定的物理实体和时空位置。另一方面，网际关系的虚拟性并非与虚假性等同，尽管由于人的恶意操作使它会堕落变质为虚假。在人工构造的虚拟情境中，网络赋予人一种在现实中非实在的体验，从功能效应上说这是真实的，所发生的虚假关乎于交往者的德行，而与网络的上述功能无关。

（四）身份的不确定性

在现实世界中，网民的社会关系，如亲戚、朋友、同事、邻里、师生等在很大程度上是一种熟人型的，而其交往活动依附于特定的物理实体和时空位置，并受着较为稳定的社会价值观念文化的支撑和规约。而在网络世界里，尽管计算机专家可以将一切信息还原为数字“0”或“1”，换言之，信息在其构成上是确定的，但是信息的庞杂性、虚拟性和超时空特征使得作为行为目的、意义和情感的传播通道并不是清晰可辨的。同时，网络世界是一个开放多元的世界，它跨越了时空的地理界限，但却无法聚合历史文化的差异。这些都使得发生在人与人之间的网络交往易变、混沌，网络世界中的人际关系也因此充满了不确定性。不仅如此，在网络社会这个崭新的信息世界，主体的行为往往是在虚拟实在（virtual reality）的情形上进行的，在网络技术的帮助下，每个人都可以成为隐形怪杰,其身份、行为方式、行为目标等都能够得到充分隐匿或篡改:一个白发老翁可以发布电子信号将自己伪装成红颜少女,强盗亦可自称警察而难被发觉,甚至就像比尔·盖茨的那个玩笑:“在 Internet 上没人知道你是一条狗!”

(五)非中心化

互联网以令人惊异的发展速度,把社会各部门、各行业乃至各国、各地区连成一个整体,形成了一个相对自由的网络时空。互联网是由世界上许多国家的局域网所构成的,在科学家设计 Internet 的前身 ARPANET 时,军方就要求这个网络没有中心,让信息在网络中能够自由地传播,因此它采用离散结构,不设置拥有最高权力的中央控制设备或机构,这样 Internet 就成了一个绝对没有中心的网络世界;此外,从地理角度讲,Internet 覆盖在整个地球表面上,既没有明确的国界和地区界限,也没有开始和结束。一旦进入这个由光纤电缆和调制解调器构成的世界,你就变成了电子化的飞速运动的符号存在着。作为小小的个体陷在无边无际的网中,无论怎样挣扎都将是无能为力的。

网际交往突破了现实社会行为所具有的以自我为中心的互动特征。当你随着网络进入他人的行动空间,或进行在线交谈、网络讨论,或进行超文本的创作和阅读时,他人也同时进入了你的行动空间中。没有了专家、平民之分,没有了作者、读者之别,每一个网络参与者都是处于一种交互主体的主体际界面环境之中。互联网技术消灭了“客体”这个字眼,消灭了权威式中心化的主体意志,而代之以平等自由的主体间交往,所形成的网际关系是非中心化的。

(六)平等性

Internet 作为一个自发的信息网络,它没有所有者,不从属于任何人、任何机构,甚至任何国家。因而也就没有任何人、任何机构、任何国家可以左右它、操纵它、控制它。在这里,没有政府机构的监督和管理,所有的用户都是自己的领导和主人,因为所有的人都拥有网络的一部分；在这里谁都没有绝对发言权，但同时，谁都又有发言权。这样，网民可以充分感觉到自由性与主体之间的平等性。网民可以阅读来自许多外信息源的消息，可以自由选择议论话题，而不必受编辑、新闻出版机构的控制，不必担心自己的言论是否离经叛道，只有平等的网上公民，没有至高无上的网上统治者；只有网络公民之间的平等交流，没有一味的说教者、灌输者或者固定的受众。总之，网上的信息不为某一个人独有，而是平等地属于每一个网民。互联网的这种特点，使网民的意识和思维进一步走向平等和双向沟通，思维方式更加多样化，从而也更加具有个性和创造性。

（七）个性化

互联网是世界上最大的计算机网络的集合，它将世界上数以万计的计算机、网络互联在一起，既互通信息、共享资源，又相互独立、各自分散管理，没有人比其他人享有更多的特权，权力、阶级、阶层甚至地理位置、国家、民族在网络中都失去了意义，每个网民都有可能成为中心，人与人之间趋于平等，不再受等级制度的控制，个体的个性意识逐渐增强。网络呈现出的分散性、自主性和隐蔽性等特点正是网民生活个性化的表现，这种表现包括上网时间和地点带有很大的随意性和不确定性，上网目的、浏览内容的多样性，以及上网身份的不真实性。在网上，每个网民的目的不同，需要各异。可以说，网络为人的个性发展提供了广阔的空间，使个体的创造性能够获得极大的张扬。

三、互联网的影响

互联网的发展，对人类的影响是深刻的、多方面的，不仅改变了人类的工作方式，也深刻影响了人类的生活方式。首先，互联网的发展，使空间距离在很多时候已经毫无意义。地理位置相近曾经是建立友谊的基础，而网络时代的青年则完全不受空间距离的束缚，他们通过网络跨越国界，彼此互相了解。与此同时，网民也可以坐在家里，通过网络完成自己的工作，在家进行移动办公成为现实。其次，互联网不仅是网民工作的帮手,也是娱乐的工具。互联网的开放性、交互性、隐蔽性等特点和丰富的图文、声音、动画、软件等形式多样、取之不尽的海量信息,不仅可以帮助网民完成手头的工作、案头的文章,也成为网民闲暇之余的娱乐胜地。在互联网上,不同性别、年龄,不同兴趣爱好者都能够找到自己喜欢的内容,结识自己喜欢的朋友。通过互联网,网民的交往范围显著扩大,选择性明显增强,生活习惯相互语码转换、相互影响,世界各地区、各民族之间的生活习惯逐步趋于一致。

随着计算机技术的迅速发展,互联网为网民提供了海量的信息和全新的通讯方式,这更增加了其使用的不确定性。绝大多数研究者相信,互联网的迅速发展,正逐渐改变着网民的社会生活。

(一)互联网:一把双刃剑

历史证明,“技术是一柄锐利的双刃剑”。正如英国历史学家阿诺尔德·J. 汤因比所说:“技术每提高一步,力量就增大一分。这种力量可以用于善恶两个方面。”

对于计算机网络技术的发展,斯波洛尔(Sproull)等人认为,网民把互联网作为从事社交活动的工具,他们可以通过电子邮件和同事、朋友、家人进行沟通,或者在虚拟社区、聊天室和网络多人游戏中与他人组成团队,这在一定程度上增加了网络网民与他人的交往与沟通。

卡兹(Katz)等人的研究结果也表明,互联网的使用能使网民从时间和空间的限制中解脱出来,从疾病、社会称许效应中解脱出来,网络还允许网民基于自己的兴趣加入感兴趣的群体,而不是机械安排,从而会产生更多、更好的人际关系。

另外,麦肯纳(McKenna)等人对网络虚拟群体的研究也发现,一些网络中的虚拟群体(virtual group)允许网民以匿名的方式与其他网民交流。这样网民可以把原来受社会称许效应影响而不能说出来的情感表达出来,同时还可以找到很多和自己在行为和想法上相似的个体,网民产生群体的归属感,增强了自我接纳。

在看到互联网给人类带来巨大好处的同时,我们也应当看到,其负面效应正在影响着人类的生活。斯多尔(Stoll)和特克尔(Turkle)等人通过研究证明,当网民坐在网络终端之前,通过缺乏社会交往(socially impoverished)的媒体与匿名的陌生人交流时,他们会变得社会孤立(social isolated),与真实的人际关系切断开来。

克劳特(Kraut)等人对93个家庭的169个用户第一、第二年使用互联网的情况进行了纵向研究,发现互联网会使网民的社会卷入(social involvement)减少、心理幸福感(psychological well—being)降低,表现出孤独感(loneliness)和抑郁感(depression)的增加。Kraut将心理幸福感降低的原因,解释为社会活动的替代(displacing social activity)和密切关系的替代(displacing strong ties)。所谓社会活动的替代,简单地说,就是网民用专注上网的时间取代了本来应该用来进行面对面社会活动的时间,从而导致社会卷入的降低,根据这一解释,互联网就像看电视、阅读、听音乐等非社会性的娱乐活动一样,会减少社交活动并导致心理幸福感的降低。所谓密切关系的替代,简单地说,就是指网民用低质量的网络人际关系取代了高质量的现实人际关系,同样会导致幸福感的降低和孤独感、抑郁感的增加。互联网带来的比较突出的问题还有:

1. 网络犯罪

网络上时常会非法潜入一些黑客或者恶作剧的精灵,进行破坏。Internet成为犯罪分子开拓的犯罪新领域,网络犯罪由此产生并有愈演愈烈之势,成为网络社会的公害。

2. 传播色情信息

信息内容具有地域性,而Internet的信息传播则是全球性的、超地域的,这使得这一问题变得突出起来。因为色情信息和色情服务在某些国家的道德上是允许的,但互联网是全球共享的,这就使得某些国家在道德上允许存在的色情信息能够无障碍地在世界范围内传播,从而导致文化道德的冲突。据统计,目前世界上的色情电子信息服务达几十万家,且有相当高的访问度,甚至高于访问学术网点的人数。我国也发现了许多通过Internet传来的色情信息。由于文化传统、社会价值观和社会制度不同,它对我国的危害更加严重。

3. 网络文化侵略

国际互联网信息环境的开放性,使多元文化、多元价值在网上交汇,特别是某些计算机网络应用发展得相当普及的西方国家凭借网上优势,倾销自己的文化,宣扬西方的民主、自由和人权观念。这就加剧了电子空间国家之间、地区之间道德和文化的冲突。

4. 破坏国家安全

世界上存在着对立的政治制度和意识形态,并不是到处充满祥和与善意,一些国家通过 Internet 发布恶意的反动政治信息,利用信息炸弹攻击他国,破坏其国家安全。甚至出于一定的政治目的,想出各种办法,突破层层保密网,直接进入核心的计算机系统的神经中枢,进行无声无息的破坏。

(二)网际人际关系

网络社会中的人际关系简称网际关系,就是以网络和数字符号信息为中介,在超文本多媒体链接中实现的"人—机—人"互动的基础上形成的人际关系。大学生作为易感人群,网络人际交往给他们的生活方式、价值观念带来的挑战和改变是前所未有的。

网际空间好比一个巨大的城市,有图书馆、大学、博物馆、娱乐场所,也有各种各样的人。无论什么人都可以到这个城市去逛逛。在这个空间里不仅可以获取和发布信息,还可以通过 E-mail(电子邮件)、ICQ(网络寻呼)、IRC(网上聊天室)、BBS(电子公告板)、网络虚拟社区等方式进行聊天、交友、游戏、娱乐等网络人际交往。网络人际交往的主要特点是:

一是交往角色的虚拟性。用户只要随便填写一下 E-mail、IRC 或是 BBS 的注册表或者登记表,就可以获得一个相应的身份,并以这个身份在网上进行人际交往。这种虚拟的角色,使交往双方都没有任何心理负担,而有一种为所欲为、肆无忌惮的心理。

二是交往主体的平等性。互联网的发明者宣称,网络提供了一个自由、平等的世界。无论你在现实生活中的身份是何等显赫，但到了网上，你只不过是一个网民而已，同其他任何人一样无任何特权，大家都是平等的。

三是交往心理的隐秘性。网上人际交往虽然可以通过文字来传情达意，但这种文字交流大多是经过刻意加工的信息，交往的心理也是经过包装的，这种网交无论持续多长的时间，网友之间也很难明白对方的真心真意。

四是交往过程的弱社会性和弱规范性。在现实人际交往中十分看重的身份、职业、金钱、容貌、家世等交际主体的社会特征和社会地位，而在网上的人际交往中可以全然不顾这些；在现实交往中要遵守的一些社会规范，在网络交往中也不必遵守，只要按照网络技术要求去操作，就可顺利完成网上人际交往。这种弱社会性、弱规范性的网络人际交往，容易使一些人暂时摆脱现实社会诸多人伦关系的束缚和行为的约束，甚至放纵自己的道德行为规范，从而造成非人性化的倾向。

五是交往动机多样性。异性间的情感交往是大学生网上交往的主旋律。异性效应在网上交往中不仅存在，而且表现得很明显。不少人上网聊天、浏览的潜在动机在于寻找异性，在追求休闲娱乐和心理享受的同时，也有很多人抱有伺机觅友和调情的目的。网络人际交往对大学生的健康成长既有正面效应，也有负面效应。

大学生处于一种渴求交往、渴求理解的心理发展时期，良好的人际关系是他们心理正常发展、个性保持健康和寻求安全感、归属感、幸福感的必然要求。大学阶段是大学生个性品质形成和发展极为重要的时间阶段，如果大学生与集体、同学、教师、朋友、家人维持良好的人际交往，保持良好的人际关系，便会感到被人理解、被人接纳，感到安全、温暖、有价值，从而心情会更加舒畅，性格会更加开朗，兴趣爱好会更加广泛，智慧会更加活跃，逐渐形成良好的个性品质。在大学校园里建立良好的人际关系，形成一种团结友爱、朝气蓬勃的环境，将有利于大学生形成和发展健康的个性品质。

一方面，网络世界的人际关系赋有与现实社会人际关系所不同的新内容、新特征。网络社会中的人际关系,大大突破了现实生活中人的社会阶层、地位、职业、性别等差异,意味着个体间的真正平等;增强了主体的道德选择、自我评价的行为能力;使道德个体的个性化和主体性得到提升和确证,从而拓展、延伸和强化人性中的品德结构和伦理气质,促进了人的完善和发展。

另一方面,网络通过全方位、多层次的信息传输为社会成员提供了更方便的人际交往和群体关系,拓展了人们交往的手段和空间,使人们根据自己的兴趣加入到某一网上群体,而且每个人都是以平等的身份进入网络的,拥有平等的交流权利,从而会产生更加协调的人际关系。由于网络技术创造了一个个体可以任意选择同时共享又彼此分离的宽松环境,缓解了面对面的交往方式给人们带来的心理压力,加上交互性的重要媒体特色,能“使人们以极高的效率进行交流”。

但是,网络也带来了许多人与人之间道德情感日益淡漠、非理性行为激增、人格异化加剧等问题。一方面,在错综复杂、超时空的网络交往中,对交往的主体来说,在现实中的是非感、正义感、责任感、义务感、荣辱感、尊严感等被抛入了一个无边无际的虚空地带,由于网络人际关系的虚拟性、不确定性、多维性使得主体的道德认知、道德意识失去了稳定的地基;另一方面,多元文化、价值观念的充斥使得主体的价值选择趋向盲点,这些都使得网络中的人际关系以及形成的人群缺乏基于道德、价值共识所具有的在情感、责任、信念和理想等心理机制上的内在张力。因此,一方面是网际关系内在张力的贫乏,另一方面是网际关系外在维系的空缺,它或许是网络关系在充实润泽人的正向发展,却同时又是设置种种障碍的人文原因。

对大学生而言,过于沉溺于网络人际交往也无助于其健康心理的养成。现实的人际交往中的表情、性格、气质、姿势等都对人的情感与行为产生巨大的影响,这些是网络无法给予的。在网络社会中,人类终日与个人终端打交道进行网上交往,人类的言谈举止都被转换成二进制的语言,人类的音容笑貌以数字化字符方式在屏幕上传播,人成了数码化的存在(digital being)。在“人—机—人”这样一个相对封闭的环境里,使个体在很大程度上失去了与他人和社会接触的机会,这极有可能导致人与人之间关系的疏远,导致个人产生紧张、孤僻、冷漠及其他心理健康问题。当个体整日盘坐在网络终端之前,或者通过这个社会情感贫乏的媒体与匿名的陌生人交流时,他们会变得与现实社会相隔离,与真实的人际关系切断开来。许多学生沉溺于聊天室,广泛结交网友,但在现实的生活中,他们对自己的家人和同学表现出越来越多的冷漠。他感受不到对方作为一个活生生的人的反应,有一种在与机器而不是与人打交道的错觉,往往会做出一些在现实生活中难以做出的粗暴、无礼行为,甚至认为网络入侵、盗窃等犯罪也不过是敲击了几下键盘,点击了几下鼠标而已,没有紧张恐惧的犯罪感。

第二节　大学生网络心理及其调适

今天,网络已经成为大学生活不可或缺的部分,与之相关的大学生上网的心理动因及网络心理障碍都应引起足够的关注。

一、大学生上网心理

从整体上了解大学生上网心理,是开展大学生网络心理健康教育的重要前提。我们从整体上将大学生上网心理分为积极的心理需求与消极的心理需求。

(一)积极的心理需求

1. 强烈的求知欲与好奇求新心理

互联网以其信息快、内容新、手段先进等优势极大地吸引了大学生的好奇心,引起了他们的特别关注和兴趣,激发了他们学习和掌握网络知识和应用技能的欲望。

2. 自由平等的参与意识与自我实现欲望

网络平等自由的氛围适应了当代社会中对自由、平等呼声最高的大学生群体。在网络这个虚拟空间里,种种现实社会的限制都消失了,只要参与进来,任何人都是互联网的主人,都可以在网上按自己的意愿和口味,虚拟社会,做自己想做的事。

3. 追求开放性和多元性

网络是一个开放的信息源,各种文化、思想、观念都可以在这里争鸣。这就为大学生追求开放性和多元性的文化、观念提供了平台。

(二)消极的心理需求

1. 追求感官刺激的猎奇心理

很大一部分大学生上网的目的是猎奇,即追寻一种在现实生活中难以了解,通过正当渠道难以获得的奇、艳事物或信息,并借以获得感官刺激。他们往往会出于好奇或冲动的心理刻意去寻找一些色情、暴力信息。

2. 急功近利心理

网络信息的丰富与快捷使许多大学生把上网当做通往成功的捷径和有利条件。在他们眼里,网络就是商机,网络就是生财之道。同时,一定程度上的社会误导(包括网络上基于商业目的的信息误导)也使大学生对成功的理解产生了偏差。于是,电子商务、留学资讯、成才捷径、求职之路就备受一部分大学生的关注。他们渴望凭借这些信息省一些力气,走一步先棋,成为网络时代的成功人士。

3. 发泄欲求

在互联网上,大学生们可以比在学校里、家庭里更随便地发表自己的高见,抒发自己的爱与憎,表达自己的思想信仰,而不必担心会受到限制或承担责任。平时对学校不敢提、无处提的意见可以贴到 BBS 上去,平时对女同学不敢表达的感情则可以在聊天室里淋漓尽致地抒发。

4. 逃避现实的解脱心理

大部分学生在大学生活中都会遇到这样那样的挫折和危机,诸如学习上的、感情上的、人际关系上的。同时,复杂的社会生活也会使思想相对不成熟的青年学生感到难以应对。但遗憾的是，部分学生在现实中受挫时，往往愿意到虚幻的网络空间去倾诉，互联网成了他们逃避现实、寻求自我解脱的一个良好的渠道和环境。

5. 虚拟的自我实现心理

强烈的自我意识是大学生群体的一个显著特征，虚拟的网络可以成为大学生实现自我的一个理想王国。在网络上，大学生可以享受到网络特有的平等、自由、成功、刺激的感觉，学习与就业的压力、社会与家长的希望所造成的心理上的压抑与孤独在网络上一扫而光；他们可以突破社会及他人对自己行为的匡正与评价，轻松地实现从小梦想成为的侠客、富翁，可以在模拟战争中指挥千军万马搏杀疆场……部分大学生上网为了玩游戏，在游戏获胜后有一种成就感。这是因为网络游戏能够部分地满足他们的自我实现需要。

虚拟的自我实现心理还会导致一些不道德的行为甚至是犯罪行为。有些大学生不能很好地理解自我实现、自我价值的真实含义，往往意图在网络中大展宏图，他们为了能展示自己的能力，大胆地制造网络病毒、盗用他人电脑信息，刺探他人隐私，非法通过银行和信用卡盗窃和诈骗，给社会和他人带来严重的损失。如 1999 年 4 月，我国台湾地区一名青年大学生将自制的 CIH 病毒输入国际互联网，造成全球3 000多万台电脑失灵。至今，CIH 病毒每月 26 日还会在世界各地的计算机中发作一次，给全球造成的经济损失难以估量。

6. 焦虑心理

一方面，由于网络技术的迅速发展，使大学生担心自己的知识更新赶不上网络的发展而被新技术淘汰，从而产生心理焦虑；另一方面，网络通道拥挤，传输速度缓慢，网上人际关系的不确定性与隐匿性、内容庞杂无序、良莠不齐的内容、访问速度太慢等缺陷，使大学生上网者无所适从，连连碰壁之下产生焦虑心理。

7. 自卑心理与抵触情绪

自卑是不信任自己的能力而用失败衡量自己及未来的一种心理体验，它来源于心理上消极的自我暗示。这种心理常见于那些初次尝试的大学生，当他们怀着兴奋与好奇的心理来到网上，但由于缺乏系统的网络知识和检索技能，操作不熟练，英语水平有限，与身旁那些操作娴熟、进出自如的用户相比，差距甚远。在羡慕的同时会产生出某种无形的心理压力，初始的兴奋、喜悦之情自然被自卑心理所代替。还有些人，他们自己习惯于传统文献的检索、查阅程序，当他们面对上网查询这一全新的检索方式时，可能会产生一种以往的经验被抛弃、自己会落伍、被置于自动化系统之外的不安，因而产生一些抵触情绪。

也有人认为，迷恋上网实际上是大学生内心寻求理想化状态的一种途径，他们认为大学生活比想象中的有较大的出入，面对现实与梦想的冲突，他们找不到自己的位置和坐标，盲目寻求自己的精神寄托，一部分学生就开始触网。随着其上网时间不断延长，记忆力开始下降，对学习也逐渐产生厌烦感，而对于上网的渴望却逐渐加深。随着网络性心理障碍的加重，这些学生对网络的依赖更加严重，其表现为逃课上网，导致学业的荒废；对大学生活中的各种活动漠不关心，进取意识减弱；性格孤僻，与周围同学关系紧张。同时，在现实生活中受到打击或者遭遇挫折的大学生，其自我控制和调节能力较弱，而网络的理想化和成就感恰恰弥补了现实的缺憾。随着这些学生上网时间的增加和对现实的漠视，其精神世界由于得不到充实，造成了对网络依恋的进一步加深。

应当指出的是，过多地依赖网络，将使亲自阅读书本、亲身实践、面对面交流弱化。因为网上提供的知识是有限的，它只给出何时、何地、何事等基本信息，这些都是结果，无法代替人们去思考和解决问题的方法，这必然造成知识匮乏、文化落后。而且，网上获得的知识是一种快餐文化模式，网络技术的高速发展使得网络知识更具有高度的综合性、声像多维一体化和高度图像化等特点，其结果造成人的思维能力、实践能力、表达能力、抽象能力和阅读能力下降。这对大学生的成长是不利的。

二、大学生上网的情况分析

大学生是互联网的忠实追随者。那么,大学生上网都做些什么呢?调查和研究表明,青年大学生上网主要有以下几种情况:

(一)信息查询

互联网的开放性,使得 Internet 如同一个信息的聚宝盆,应有尽有。这些取之不尽、用之不竭的多彩信息赋予了网络无穷魅力,很多大学生正是把互联网看做一个庞大的信息库,而经常上网来寻奇觅宝的。这也正是大学生们上网最主要的目的。

(二)收发邮件

随着学习生活节奏的加快和电子信箱的普及,E-mail 作为一种传递信息能够迅速及时、费用低廉的通讯方式,正在逐渐取代传统的书信而成为大学生人际交往的重要手段。每天开邮箱收发邮件已逐步成为当代大多数人日常生活的一部分。

(三)网上聊天

"白天带书上课,晚上带钱上网。"在网络上聊天交友,是大学生在网上的主要活动内容之一。各式各样的聊天室是大学生漫游网络的第一个驻足之所,也是他们随后经常光顾的地方。2002 年 3 月,江苏省教育部门的一项调查显示,大学生中经常上网的人数达 80%,而这些人中只有 15%的人上网是为学习,其他 60%的人是上网聊天,25%的人则是上网玩游戏。聊天、交友、网友见面成了一些大学生日常生活的组成部分,有的乐此不疲,甚至深陷其中不能自拔。

(四)网上游戏

和游戏机或游戏光盘相比,在线游戏因其具有交互性,更加显得魅力难挡,因此,游戏网站也是大学生们经常光顾的地方。有的大学生在游戏网站一待就是七八个小时,甚至逃课逃学,严重影响了学业。当然,并不是所有大学生上网都以聊天或游戏为目的,问题的关键是,这样的情况远没有我们想象的那样多,很多大学生没有很好地利用网络来增长知识、增长才干,相反却把大多数的时间和精力,都放在了聊天交友和游戏娱乐等旁枝末节上了。据有关调查资料表明,仅武汉的大学生上网率已高达80%,其中仅以网上聊天为主要目的者占84%。至于如何把网络与自身的专业学习、人生发展、兴趣爱好结合起来,很多学生则是一片茫然。

三、大学生的网络心理障碍及其调适

(一)大学生的网络心理障碍

网络心理障碍是指因无节制地上网导致行为异常、人格障碍、交感神经功能失调。其表现症状为:开始是精神上的依赖,渴望上网;随后发展为身体上的依赖,不上网则情绪低落、疲乏无力、外表憔悴、茫然失措,只有上网后精神才能恢复正常。大学生网络心理障碍大多数表现为感情上迷失自我、角色上混淆自我、道德上失范自我、心理上自我脆弱、交往上自我失落。大学生网络心理障碍主要包括五类:网络恐惧、网络依恋、网络孤独、网络自我迷失与自我认同混乱、网络成瘾综合征。

1. 网络恐惧

大学新生特别是来自经济落后地区的农村学生,几乎没有接触过互联网或接触很少。当他们进入大学面对色彩斑斓的网络界面,看到层出不穷的各种网络书籍、电脑软件,瞧着周围的同学熟练地使用电脑,自由地浏览、聊天时,一部分学生感到害怕和迷茫。“怕”是怕自己学不会或学不好计算机操作,以至于不能有效利用网络来学习和生活甚至可能成为网盲;怕自己学不好计算机而被他人嘲笑为无能或赶不上他人而落伍,无能感油然而生。“迷茫”则是因为五花八门的电脑书籍和软件使得他们眼花缭乱,不知道学什么。由此产生对网络的畏惧感。大学新生常产生这种网络心理畏惧,另外,一些对网络比较熟悉的大学生也有这样的障碍,他们对网络的畏惧主要是害怕跟不上网络的快速发展,怕掌握不了新的网络技术而被淘汰。这种恐惧会伴随大学生走过人生的四季。

2. 网络依恋

长时间的沉溺于网络游戏、上网聊天、网络技术(安装各种软件，下载使用文件，制作网页)，醉心于网上信息、网上猎奇，造成对网络的过度依赖和依恋，导致个人生理受损，正常学习、工作、生活及社会交往受到严重影响。网络迷恋心理障碍包括这样几种类型：网络色情迷恋——迷恋网上的所有的色情音乐、图片以及影像；网络交际迷恋——利用各种聊天软件以及网站开设的聊天室长时间聊天；网络游戏迷恋——沉迷于网络设计的各种游戏中，他们或与计算机对打，或通过互联网与网友联机进行游戏对抗；网络恋情迷恋——沉醉在网络所创造的虚幻的罗曼蒂克的网恋中；网络信息收集成瘾——强迫性从网上收集无关紧要的或者不迫切需要的信息，堆积和传播这些信息；网络制作迷恋——下载使用各种软件，以追求网页制作的完美性和编制多种程序为嗜好。在这六种类型中，网络交际迷恋者、网络游戏迷恋者、网络恋情迷恋者及网络信息收集成瘾者占大学生网络迷恋群体中的多数。

3. 网络孤独

网络孤独主要是指希望通过上网获取大量信息、网上娱乐、网上人际交往来提高或改变自己，但上网未能解除孤独(甚或加重了原有的孤独)，或反而因为触网而引发孤独感这样一类不良心理状况。一些大学生(女生居多)，由于性格内向、自卑，惯于自己承受心理负荷，心思敏锐，不愿意或不善于与他人交往，厌恶社会上那种虚情假意的人情来往。当互联网走进他(她)们的生活时，他们青睐于网上交往这种匿名、隐匿性别和身份的形式。常上网向网友发泄自己的不良情绪，排解忧虑，讲自己的“心情故事”，这时他们觉得心情得到一定的放松，从网友那里得到了一定的心理支持。可下网后他们发现自己面对的依然是四壁空空的孤独，并且，由于人与人之间的交往中80%的信息是通过非语言的方式(身体语言)如眼神、姿势、手势等传达的，当那些善于通过这些身体语言来解读对方心理的性格内向者，试图借助网络来排泄自身的孤独时,网络所能给的只能是键盘、鼠标和显示器所造就的书面语言,这使得他们感到网络对孤独抑郁的排解只是隔靴搔痒。

4. 网络自我迷失和自我认同混乱

在以计算机为终端的网络中,由于匿名性而隐去了身份,许多现实社会中的规范、规则、道德在虚拟世界中被冻结,大学生上网者在表现个人自我时,把社会自我抛得越来越远,甚至企图借助于网络在现实社会中凸显自我,将自我凌驾于社会之上,如网络黑客、网络犯罪就是这方面的典型例子。此外,某些大学生对一些社会现象愤懑不平,他们想通过上网发泄不满、逃避社会,希望在网上有一个清洁的交往环境,构建一个良好的自我。然而网上充斥的色情图文、脏话、无聊的帖子、庸俗的话题,使他们在对社会产生失望之后又对网络产生了失望。

5. 网络成瘾综合征

匹兹堡大学的 Kimberly Young 最早对互联网成瘾现象进行了研究。研究表明,依赖型和非依赖型上网者的不同,并不是仅仅指网民每周上网的时间,更主要的是其在网上利用时间的方式。在依赖型上网者中,35%的时间用于聊天室,28%的时间用于多用户互动游戏;而在非依赖型上网者中,55%的时间用于接发电子邮件和万维网,24%的时间用于查阅网上图书馆、下载软件等其他信息的收集上。

(二)网络性心理障碍的特点

1. 病症发现的隐蔽性

网络心理障碍是人类在进入以互联网为标准的信息时代后,在高科技环境下的产物,是伴随着计算机科学的发展和网络的普及而出现的新疾病,是网络用户在现实环境和网络的虚拟环境的巨大反差下形成的特殊心理状态。因此,对于网络心理障碍的认定本身就存在诸多的困难。患者自身也很难意识到自己已经患有此种病症,其周围人员也无法在患者患病初期进行确认。一般网络心理疾病患者的发现都是在中后期，而网络心理障碍一旦发展到一定程度，患者的心理已经发生了严重的扭曲，极易做出对自身健康和社会安全构成危害的行为。

2. 生理疾病的并发性

网络性心理障碍是由于患者长期处于网络的虚拟环境中而形成的心理疾病，是以长时间上网为基础的。上网持续时间过长，就会使大脑神经中枢持续处于高度兴奋状态，引起肾上腺素水平异常增高，交感神经过度兴奋，血压升高。这些改变可引起一系列复杂的生理和生物化学变化，尤其是植物神经紊乱、体内激素水平失衡，会使免疫功能降低，诱发多种生理的并发疾患，如心血管疾患、胃肠神经官能症、紧张性头痛等。同时，由于眼睛长时间注视电脑显示屏，视网膜上的感光物质视紫红质消耗过多，未能及时补充其合成物质维生素 A 和相关蛋白质，就会导致视力下降、眼痛、怕光、暗适应能力降低等。所以，网络性心理障碍与以上因长时间上网而产生的生理现象又统称为互联网络成瘾综合征。

3. 治疗手段的模糊性

网络性心理障碍产生的根源在于人脑的潜意识发生了病变，其特征业已突破了传统心理疾病的特点，因而现代医学的各种医疗手段和心理学的理论并不能彻底地治疗此种病症。同时，网络性心理障碍涉及计算机科学、医学、心理学和思想政治学的范畴，所以，很难单纯地依靠医务人员或心理专家单方面来对此类疾病进行治疗，而医学界和心理学界对此种疾病的认识也只处于起步阶段，尚需深入的研究和探讨。笔者认为，必须结合思想政治教育达到标本兼治的目的。而现实是，部分教育工作者由于没有受到系统的计算机和心理学教育，面对飞速发展的计算机和网络科技往往不知所措，加上繁忙的工作和家庭负担，不少人很难抽出时间进行系统地学习，因而对此也就无能为力。

4. 预防和治疗的紧迫性

许多心理障碍(包括网络性心理障碍)都是文化抑制的结果，也就是说一个人受教育程度越高,所受的文化禁忌越深,内心的冲突也就越强烈。因此,大学生上网过多,就很容易形成网络性心理障碍。随着网络在高等院校的普及,网络性心理障碍的患者将出现快速增长的趋势,如果采取的措施不及时、效果不理想,就会导致网络性心理障碍的蔓延。

(三)大学生网络心理障碍的克服

1. 正确的网络认知

Internet的出现宣告着人类信息时代的真正到来。它消除了人类跨地域沟通的时滞,拓展了人类的交往空间,深刻地改变着人与人、人与社会的关系,给人类带来了一个全新的时代,在家办公、网上学校、电子商场、电子银行等新生事物的出现,使人类的生活方式发生着深刻的变革。但是,互联网是一把双刃剑,网络世界既是一个充满自由、开放、平等的世界,也是一个充满着诱惑与陷阱的危险之地。对于大学生而言,应该看到网络只是一个工具,网络资源是人类社会不可缺少的财富,对网络的破坏与滥用就是对社会正常秩序的极大破坏,会危及我们每一个人;应该认清网络社会并非真实的社会,网上暂时的成功并非是真实的成功,虚拟的情感宣泄与满足也并非能得到真正的快乐;应该认清网络带来的并非是鲜花与美酒,也会给自己带来苦涩的恶果。那些迷恋上网而不能自拔的大学生,随着上网时间不断延长,他们的记忆力下降,对学习也逐渐产生厌烦感,并进而出现逃课上网、对各种活动漠不关心、进取意识减弱、与周围同学关系紧张等现象。

夸大网络的功能并进而认为网络是解决一切问题的灵丹妙药或认为网络是带来人的自我迷失、人与人之间的相互欺骗、社会秩序紊乱的症结而否定网络的作用都是错误的。大学生只有对网络树立正确的认知,才有可能正确地面对网络,合理地使用网络资源,准确地把握自我,认清自己的真实需要,处理好现实社会与虚拟社会的关系,避免网络心理问题的产生。

2. 自律与自我管理

自律有两层含义:其一,自律总是与自由和理性联系在一起的,即要体现出人格尊严和道德觉悟,而不是被内在本能和外在必然性所决定;其二,自律是指自做主宰、自我约束、自我控制。对于一个人来说,只有自律才能既充分体现其自尊、自主与自由,又充分培养其自我控制力,养成良好的慎独习惯。一方面,在网络社会里,由于信息含量十分巨大,各种文化与价值理念交织纷纭,各种论断莫衷一是,各种诱惑比比皆是;另一方面,网络社会又是一个充满自由的社会,缺乏非常强大的外在约束。面对这一虚实难辨、是非难断却又无明确而强力约束的多彩世界,大学生会因认知偏差或侥幸心理而产生心理困惑与矛盾,以致产生各种各样的网络心理问题。

但是,过多地沉迷于网络是对现实的一种逃避、一种退缩,也是一种社会责任感的淡化,它不仅不能真正地解决大学生正在面临的现实问题,反而会更多地产生自我迷失、生活重心丧失、人际沟能障碍,产生非理性的甚至是反社会的行为。如大学生中流行的网恋与网婚现象。由于网上情缘不需要任何承诺,也没有任何约束,大学生的风花雪月就能通过网络实现。然而,大学生从网络世界的虚拟婚姻得到的快感又迫切希望回到现实中来,现实生活中,这样的理想容易破灭,于是,大学生又不得不回到网络世界,造成空虚的心理更加空虚,以至于大学生在现实情感交往中出现冷漠与抑郁,在交往上自我失落,造成心理上自我脆弱。据报道,一位大学生在其网络妻子突然掉线后,终日不进食,心情焦虑地苦等了五天四夜后,不顾同学的劝阻和老师的教育,不辞而别到另一个城市去寻找其网络妻子。

在缺乏较强他律或几乎难以感受到较为直接的他律影响力的网络社会,自律的重要性与意义显得尤为突出。一个缺乏自律的人不可能是一个自尊自重的人,也是一个不能获得自由与自我价值实现的人。大学生应合理安排好自己的日常生活,保持正常的生活、工作、学习规律,控制上网时间。同时,要勇于直面现实、直面人生,积极面对现实,应多参加有益的社会活动,从网络的迷恋中解脱出来。

3. 团体心理辅导

团体心理辅导是由心理辅导者指导,借助团体的力量和各种个体心理辅导理论与技术,就团体成员面对的心理问题与他们共同商讨,提供行为训练的机会,为团体成员提供心理帮助与指导,使每一位团体成员学会自助,以此解决团体成员共同的发展或共有的心理障碍,最终实现改善行为和发展人格的目的。

团体心理辅导把求询者放入辅导与治疗团体中,建构一个群体环境。在团体中,网络心理障碍者发现自己的心理问题并不是独一无二的,团体中的其他人有着相似的忧虑,甚至比自己还要严重,有着许多相似的情绪体验,从而降低心理上担忧与焦虑程度。由于同病相怜,他们的心理认同感很强;群体归属感也增强;他们感受到社会和心理的支持,服从群体的从众行为增加,群体的稳定性提高。在团体中,网络心理障碍者在讨论、交流等相互辅导活动中,意识到他们不论是在交流解决问题、探索个人价值、人格形成,还是在发现他们共同的情绪体验上,同一团体的人都可以提供更多的观点,并分享团体中的共同资源。而且,在团体辅导的环境中,求询者之间潜在地存在着情绪、态度和行为意向的互动、相互感染的群体氛围和群体压力,存在着成员之间的模仿与监督,这些有利于网络心理障碍者健康心理的获得与稳固,有利于障碍者坚持行为的改善。更为重要的是,团体是社会的缩影或反射,是一个微型社会,因而它为网络心理障碍者提供了一个人际交往行为训练的练习场所。在团体相对安全的氛围里,网络心理障碍者共有的或相似的情感、人类行为以及一些态度,如对抗、恐惧、怀疑、孤立都可以被辨别出来并加以讨论;辅导者所提供的行为训练的理论与操作技巧指导可以在这里得到检验、反复练习和强化,这样,健康的态度和行为更加容易被习得和稳定下来,并在日常生活中运用。

网络心理障碍的团体心理调适的内容至少包括以下几个方面:

一是缓解求询者的心理紧张和焦虑情绪,利用成员的相互介绍和成员共同参与度高的游戏活动转移他们对心理障碍的过度关注,放松心情，初步拉起一道心理安全网；二是在此基础上，让成员讲述各自的成长经历，并做自我评价，使其他成员获得“和别人一样的体验”，产生情感与心灵的共鸣；三是开展网上信息认识的讨论交流，引导他们正确评价网上信息，共同为提高自身的信息素养出谋划策；四是展开网络与网络技术的研讨，使他们明了网络的两面性、技术中立性和网络技术的工具性；五是运用头脑风暴法让求询者把网上人际交往与网下即现实中的人际交往的异同、在二者交往中的困顿一一列举出来，并进行归因，之后，再让全体成员倾诉各自在人际关系上的困惑，成员间进行互相辅导，帮助对方寻根究源，寻找人际关系改善的途径；六是设定基本的人际交往的情境，辅导者做交往行为示范，求询者模仿学习；七是小组讨论上网行为的自我管理，彼此订立互相监督上网的契约。

4. 改善网络环境

随着计算机网络技术的不断发展更新，网络环境将会成为人们生存和发展环境的一个重要组成部分，人们将越来越难以离开网络。网络环境不仅造就了人们崭新的学习和交流环境，而且会改变人，甚至改造人。良好的网络环境培育健全的人格，恶劣的网络环境造就有缺陷的人格。为了保障大学生网络心理的健康发展，还需要社会、学校等多方力量共同关注大学生的成长，优化网络环境，为大学生提供一个良好的发展平台。

首先，加快网络信息控制技术研究，净化网络信息。净化网络信息，必须对网络及网络信息进行有效的管理，从技术上解决网络管理的难题。网络信息的控制在于对信息的过滤、选择。通过对信息的过滤来净化信息，从技术上保证大学生免受互联网上非法内容的侵害，为网络心理健康发展提供技术保证。加强信息的控制还需要建立网络行为监督机制，将道德监督和法律约束机制引入电子空间，健全有关电子信息网络的法律规定，对违规者进行必要处罚。

其次，积极组织优秀传统文化与先进文化上网，这是优化网络环境的积极态度。随着国际互联网的发展，全球化不可逆转的挺进，东、西文化将受到全方位的巨大碰撞、冲突、交流、消融和吸收,会对大学生原有的价值观念带来许多影响,使其产生认知偏差与心理矛盾。改革开放的中国,不仅要与世界进行经济与物质的双向交流,更要进行文化与精神的双向交流。只有用进步的思想与文化教育大学生网民,才有可能塑造出健康成长的大学生。

再次,适应网络时代特点,改进高校教育与管理。高校教育与管理工作的重点是培养大学生鉴别是非的能力,积极开展各种网络活动,自身装备网络心理健康防火墙,使大学生自觉地维护和保护自己的身心健康。高校应该帮助建立各种团体,在学生参加团体组织的活动过程中,满足他们被接纳、被关爱和归属感的需要。为了加强大学生的网络责任意识,高校还应制订《上网学生行为规范》及《大学生上网违章行为处罚条例》,加强法规制度的宣传教育,一旦发现网络违法行为则严加处罚。

最后,开展网上心理咨询。开展网络咨询应从各方面入手:一是利用网络快捷、保密性好、传播面广的优势,开设网上心理咨询。如设立心理咨询网站,传播心理知识,进行网上行为训练的指导,开设在线心理咨询。二是抓好学生上网的心理、网络人际交往的心理特征、网络心理障碍、虚拟与现实的人际关系的比较等大学生网络心理问题的研究,确立一套可操作的、有效性强的网络心理障碍咨询方案。

语码转换式双语教学词汇、语段

Chapter 5 the Internet Health

1. 互联网 Internet

In recent years,people are developing an inseparable relationship with Internet. It is convenient for us to click the mouse when surfing on line,either to entertain ourselves or to meet the work's needs. Actually on-line visiting has become a routine activity in our everyday life.

近年来,人们和互联网建立了不可分割的关系。上网冲浪时,无论是消遣还是为满足工作需要，只要点击鼠标即可，非常方便。事实上，在线访问已经成为人们日常生活中的一项常规活动了。

2. 网友 cyber friend

As the Internet grows and becomes a part of our lives, it brings with it a unique opportunity to meet people. And very often, those people we meet on line will become friends. Sometimes, very close friends. We call them cyber friends.

随着互联网的发展并且成为我们生活中的一部分，它让我们以独特的方式去会见朋友。通常，在网上遇到的人都能成为好朋友，有时是比较亲密的朋友。我们称之为网友。

3. 网恋 cyber love

Some people hold the idea that cyber love is not believable becuae that is controlled by computer and progame. Love is the thing that only hapens between people. Cyber love means you love youself.

一些人认为网恋不可信，因为它被计算机和程序控制。爱情只能发生在两个人身上，网恋实际等于你爱上自己了。

4. 网络犯罪 Internet crimes

Although the terms of computer crime or cybercrime are more properly restricted to describing criminal activity in which the computer or network is a necessary part of the crime, these terms are also sometimes used to include traditional crimes, such as fraud, theft, blackmail, forgery, and embezzlement, in which computers or networks are used to facilitate the illicit activity.

尽管网络犯罪这一术语更适合把计算机或者互联网描述成是犯罪必不可少的一部分的犯罪行为，网络犯罪有时也用于一些传统犯罪，例如：欺骗、偷盗、勒索、伪造、盗用等行为，这时计算机或网络已变成为违法行为提供方便的一种载体。

5. 网络互动 Internet Interaction

Because the internet communication many changes and trends are connected with Internet Interaction constitutionally and inherently, Interaction not only effects human's way of life deeply, but also contains high hopes and prospect, and leads to great rise of new ideology and civilization.

因为网络交往中的诸多变化和趋势都与网络互动这种传播方式本质地、内在地联系在一起,所以网络互动不仅日益深刻地影响了人们的生活方式,也蕴藏着希望和前景,意味着新观念和新文明的崛起。

第六章　大学生的职业心理与生涯规划

第一节　大学生职业心理概述

一、职业和职业心理结构

职业是指一个人从事的相对稳定的、有收入的、专门类别的工作。它是人们对生活方式、经济状况、文化水平、行为模式、思想情操的综合反映，也是个人权利、义务、权力、职责和社会地位的一般性表征。而职业心理是人们在对自我、职业和社会的认识的基础上形成的，对待职业和职业行为的一种心理系统。它包括职业导向、职业动力和职业功能三个相辅相成的系统。

(1)职业导向系统的功能是引导人们去选择某种职业，追求某种职业目标，建立适当的职业角色，认同和内化职业的价值，从而努力争取职业活动的成功。它包括职业价值观、世界观和职业伦理，决定着人们的职业目标和选择职业的标准。

(2)职业动力系统包括需要、动机、兴趣、信念和理想。它的功能是推动个体努力克服各种困难，实现职业目标，坚持不懈地去争取职业和人生的完善。

(3)职业功能系统包括能力、气质和性格，决定一个人适合从事的职业，保证个体胜任特定的职业，并在挑战性的工作中发展个体的心理品质。如一个人具有绘画的特殊才能，那他就适合于从事与绘画相关的职业活动，而这种绘画的职业活动又在一定程度上影响和塑造他的个性心理特征。

二、职业选择和职业生涯发展的理论

大学生在选择职业的时候会涉及很多心理现象和心理问题,对于如何选择自己的职业,国外产生了很多相关的职业心理理论。这些理论可分为三种价值取向:一是重视从个体发展角度来说明的个人价值取向,如特性—因素理论、人格类型理论和需要理论;二是注重研究作用于个人职业和职业发展的社会环境因素的社会取向,如社会学理论;三是综合取向,把职业选择和职业发展看做是个人因素和家庭、社会环境因素交互作用的结果,如行为理论。

(一)金兹伯格(Ginzburg)的职业选择阶段理论

美国著名职业指导专家金兹伯格,对职业生涯的发展进行过长期研究,对于实践产生过广泛影响。金兹伯格的职业发展理论分为幻想期、尝试期和现实期。

1. 幻想期(0～11岁)

儿童们对大千世界,特别是对于他们所看到或接触到的各类职业工作者,充满了新奇、好玩的感觉。此时期职业需求的特点是:单纯凭自己的兴趣爱好,不考虑自身的条件、能力水平和社会需要与机遇,完全处于幻想之中。

2. 尝试期(11～17岁)

这是由少年儿童向青年过渡的时期。具体划分为四个阶段:兴趣阶段、能力阶段、价值阶段和转移阶段。这一时期,人的心理和生理在迅速成长、发育和变化,有独立的意识,价值观念开始形成,知识和能力显著增长和增强,初步懂得社会生产和生活的经验。在职业需求上呈现出的特点是:有职业兴趣,对职业有更深层次的探索,更多地和客观地审视自身各方面的条件和能力;开始注意职业角色的社会地位、社会意义,以及社会对该职业的需要。

3. 现实期(17岁以后)

这一时期又分为试探、具体化和专门化三个阶段。青年即将步入社会劳动，能够客观地把自己的职业愿望或要求同自己的主观条件、专业方向、能力，以及社会现实的职业需要紧密联系和协调起来，寻找适合于自己的职业角色。他们对所希求的职业不再模糊不清，其已有的具体、现实的职业目标所表现出的最大特点是客观性、现实性，讲求实际。

金兹伯格的职业发展论，展示了从幼年到青年期个体职业心理发展的生动图景，表明早期职业心理的发展对人生职业选择有着重大的影响。

（二）霍兰德职业选择理论

约翰·霍兰德是美国约翰·霍普金斯大学心理学教授，美国著名的职业指导专家。他于 1959 年提出了具有广泛社会影响的人业互择理论。这一理论首先根据劳动者的心理素质和择业倾向，将劳动者划分为六种基本类型，相应的职业也划分为六种类型：

1. 现实型(R)

喜欢做使用工具、实物、机器或与物有关的工作；动手能力强，动作协调；脚踏实地，实事求是，不善言辞和交际；具有手工、机械、农业、电子方面的技能。爱好与建筑、维修有关的职业。主要职业有：工程师、技术员、机械操作、维修安装、矿工、木工、电工、鞋匠、司机、测绘员、农民、渔民、牧民等。

2. 研究型(I)

喜欢独立和富有创造性的工作，如生物科学、物理科学活动；抽象思维能力强，生性好奇，具有极好的数学和科学研究能力，知识渊博，不善于领导他人。爱好科学或医生领域里的职业。主要职业有：自然科学和社会科学的研究人员、专家，化学、冶金、电子、无线电、电视、飞机等方面的工程师、技术人员，飞机驾驶员，计算机操作人员等。

3. 艺术型(A)

喜欢不受常规约束，以便利用时间从事创造性的活动。天资聪慧，创造性强，不拘小节，自由放任，具有特殊的才能和个性，渴望表现自己的个性,具有语言、美术、音乐、戏剧、写作等方面的技能。爱好能发挥创造才能的职业。主要职业有:音乐、舞蹈、戏剧等方面的演员、艺术家编导,教师,文学、技术方面的评论员,广播电视节目的主持人,编辑,作者,画家,书法家,摄影家,艺术、家具、珠宝、房屋装饰等行业的设计师。

4. 社会型(S)

喜欢参加咨询、培训、教学和各种理解、帮助他人与教育他人的活动;具有与他人相处共事的能力,渴望发挥社会的作用;比较看重社会义务和社会道德。主要职业有:教师、保育员、行政人员、医护人员,衣食住行服务行业的经理、管理人员和服务人员,福利人员等。

5. 企业型(E)

善交际,喜爱权力、地位和物质财富,喜欢领导和左右他人,具有领导能力、说服能力及其他一些与人打交道所必需的重要技能;雄心勃勃,友好大方,精力充沛,信心十足,喜欢竞争,敢冒风险。爱好商业或与管理人有关的职业。主要职业有:经理企业家、政府官员、商人,行业部门和单位的领导、管理者等。

6. 常规型(C)

喜欢按计划办事,习惯接受他人的指挥和领导,不敢冒险和竞争;尽职尽责,忠实可靠;善于做系统地整理信息资料一类的事情;具有办公室工作和数字方面的能力。爱好记录、整理文件、打字、复印及操作计算机等职业。主要职业有:会计、出纳、统计人员;打字员;办公室人员;秘书和文书;图书管理员,保管员,旅游、外贸职员,邮递员,审计员、人事职员等。

霍兰德认为,每个人都是这六种类型的不同组合,只是占主导地位的类型不同。霍兰德还认为,每一种职业的工作环境也是由六种不同的工作条件所组成,其中有一种占主导地位。一个人的职业是否成功、是否稳定、是否顺心如意,在很大程度上取决于其个性类型与工作条件之间的适应情况。霍兰德职业人格能力测验就是通过对被试在活动兴趣、职业爱好、职业特长以及职业能力等方面的测验,确定被试上述六种类型的组合群(按六个方面的得分从大到小排序,排在首位的就是被试的占主导地位的类型),并根据其个性类型寻找适合被试的职业(已根据 R、I、A、S、E、C 的不同组合将职业分类,每种组合类型都能从中找到适合于该种类型的职业)。霍兰德的职业选择理论的实质在于劳动者与职业的相互适应,同一类型的劳动与职业互相结合,便是达到适应状态,其结果是,劳动者找到适宜的职业岗位,其才能与积极性会得以很好发挥。

(三)施恩的职业生涯发展理论

美国的施恩教授立足于人生不同年龄段面临的问题和职业工作主要任务,将职业生涯分为九个阶段。

1. 成长、幻想、探索阶段(0～21 岁)

此阶段的主要任务是:发展和发现自己的需要和兴趣、能力和才干,为进行实际的职业选择打好基础;学习职业方面的知识,寻找现实的角色模式,获取丰富信息,发展和发现自己的价值观、动机和抱负,做出合理的受教育决策,将幼年的职业幻想变为可操作的现实;接受教育和培训,开发工作世界中所需要的基本习惯和技能。在这一阶段所充当的角色是学生、职业工作的候选人、申请者。

2. 查看工作世界(16～25 岁)

个人通过查看劳动力市场,谋取可能成为一种职业基础的第一项工作;同时,个人和雇主之间达成正式可行的契约,个人成为一个组织或一种职业的成员。在这一阶段所充当的角色是应聘者、新学员。

3. 基础培训(16～25 岁)

与查看职业工作或组织阶段不同,个体在此阶段要担当实习生、新手的角色。也就是说,已经迈进职业或组织的大门。此时其主要任务是了解、熟悉组织,接受组织文化,融入工作群体,尽快取得组织成员资格,成为一名有效的成员,并能适应日常的操作程序,应付工作。

4. 早期职业的正式成员资格(17～30 岁)

面临的主要任务有:承担责任,成功地履行与第一次工作分配有关的任务;发展和展示自己的技能和专长,为提升或查看其他领域的横向职业成长打基础;根据自身才干和价值观,根据组织中的机会和约束,重估当初追求的职业,决定是否留在这个组织或职业中,或者在自己的需要、组织约束和机会之间寻找一种更好的配合。

5. 职业中期(25 岁以上)

主要任务是,选定一项专业或查看管理部门;保持技术竞争力,在自己选择的专业或管理领域内继续学习,力争成为一名专家或职业能手;承担较大责任,确定自己的地位;开发个人的长期职业计划。

6. 职业中期危险阶段(35～45 岁)

主要任务为,现实地估计自己的进步、职业抱负及个人前途;就接受现状或者争取看得见的前途做出具体选择;建立与他人的良师关系。

7. 职业后期(40 岁以上)

此时的职业状况或任务是,成为一名良师,学会发挥影响,指导、指挥别人,对他人承担责任;扩大、发展、深化技能,或者提高才干,以担负更大范围、更重大的责任;如果求安稳,就此停滞,则要接受和正视自己影响力和挑战能力的下降。

8. 衰退和离职阶段(40 岁至退休)

不同的人在不同的年龄会衰退或离职。此阶段主要的职业任务一是学会接受权力、责任、地位的下降;二是基于竞争力和进取心下降,要学会接受和发展新的角色;三是评估自己的职业生涯,着手退休。

9. 离开组织或职业(退休)

在失去工作或组织角色之后,面临两大问题或任务:一是保持一种认同感,适应角色、生活方式和生活标准的急剧变化;二是保持一种自我价值观,运用自己积累的经验和智慧,以各种资源角色,对他人进行传、帮、带。

需要指出的是,施恩虽然基本依照年龄增大顺序划分职业发展阶段,但并未囿于此,其阶段划分更多的是根据了职业状态、任务、职业行为的重要性。例如：施恩教授划分职业周期阶段是依据职业状态、职业行为和发展过程的重要性，又因为每个人经历某一职业阶段的年龄有别，所以，他只给出了大致的年龄跨度，并且职业阶段上所示的年龄有所交叉。

（四）塞普尔的职业生涯发展理论

塞普尔是美国另一位有代表性的职业学家。他把人的职业发展划分为五个大的阶段。

1. 成长期（0～14 岁）

经历是对职业从好奇、幻想、兴趣到有意识培养职业能力的逐步成长过程。塞普尔将这一阶段具体分为三个成长期：①幻想阶段（10 岁之前）。儿童从外界感知到许多职业，对于自己觉得好玩和喜爱的职业充满幻想，并通过角色游戏进行模仿，实现自己对职业角色的认同。②兴趣阶段（11～12 岁）。以兴趣为中心，理解、评价职业，开始做职业选择。③能力阶段（13～14 岁）。开始考虑自身条件与喜爱的职业是否相符，开始关注并有意识地发展能力。

2. 探索期（15～24 岁）

这个阶段是青年择业、初就业时期，青年力图更多地了解自我，并做出尝试性的职业决策；同时通过经验的积累，不断改变自己的职业期望。它也可分为三个时期。①试验阶段（15～17 岁）。个体通过想象、讨论、观察、见习、社会实践等活动开始综合认识和考虑自己的兴趣、能力与职业社会价值、就业机会，开始进行择业尝试。②过渡阶段（18～21 岁）。查看劳动力市场，或者进行专门的职业培训，从过去的理想进入当前的现实，并对自己的职业期望进行现实性调整。③尝试阶段（22～24 岁）。选定工作领域，开始从事某种职业。

3. 建立期（25～44 岁）

为建立稳定的职业阶段，须经过两个时期。①尝试阶段（25～30 岁）。它是指个人对初就业选定的职业不满意，一直不能适应，而再选择、变换职业工作。变换次数各人不等。也可能满意初选职业而无变换。②稳定阶段(31～44岁)。个体已经适应了整个职业生活环境,明确了自己在职业岗位中的责任和权利,能顺利、成功解决职业中的各种问题,开始在职业体会中有满意感和成就感,最终确定该职业为自己的终生职业。

4. 保持期(45～59岁)。在这一时期,个体一般达到常言所说的"功成名就"情景,已不再考虑变换职业,只力求维持已取得的成就和社会地位。

5. 衰退期(60岁以上)。由于个体健康状况和工作能力逐步衰退,即将退出工作,结束职业生涯,考虑退休后的生活安排。

关于职业发展理论,还有格林豪斯的职业生涯发展理论、台德曼的职业自我意识发展理论等,在此不作一一介绍。

三、大学生职业心理发展的特点

大学生职业心理是社会化的产物,有一个产生、发展、形成、调整以及确立的过程,一般分为两个时期和六个阶段。

(一)职业心理形成期(13～18岁)

这个时期相当于从初中到高中,具体又分为三个阶段。

1. 职业意识的萌芽阶段

个体由于发展了自己的独立性,具有成人感,逻辑思维也得到初步的发展,使他们摆脱了小学时期对职业的幻想,并对职业有了初步的认识和了解,开始对职业的威望、收入等感兴趣,但他们对未来职业的选择,多依赖他们对社会各种职业表面现象的感性认识。

2. 理想化职业的选择阶段

随着个体心理品质的发展,个体开始探索各种职业的社会价值和意义,并对职业有了进一步的认识,但这种认识和探索带有明显的理想化倾向。

3. 职业意识的确立阶段

此阶段高中学生无论升学还是就业都面临着对未来职业的正式

选择，职业需求成为了他们的迫切需求，职业的兴趣、动机明显增强，职业认识的理想化色彩减退，择业行动具体化，并能考虑到自身的实际条件。

（二）职业心理发展完善期（18～28岁）

这主要是指大学时期和大学毕业后的几年时间，具体分为三个阶段。

1. 矛盾困惑阶段

处于大学一年级的学生往往有较多的职业意识困惑，很多人怀疑自己对所学专业的选择，心中没底，对所学专业不够了解，对社会需求和就业前景不明确。如果大学的专业思想教育没跟上，都会加剧这一困惑。

2. 综合考察阶段

处于二三年级的大学生随着对所学专业的深入了解，心理上度过了困惑期，从而能对社会需求和个人知识、兴趣、个性等品质做出比较客观的分析，并全面、综合考虑各方面的因素来选择自己未来的职业。

3. 适应完善阶段

大学毕业生和刚参加工作的大学生能根据自己的学识、经历、经验和自己的判断理解去调整自己的职业心理，使自己的职业心理适合自己与国家的需要以及国家的政策，从而进一步发展完善自己的职业心理。

第二节 大学生的就业心理偏差和调适

一、大学生的就业心理偏差

心理偏差也可理解为心理冲突，是指两种或两种以上不同方向的动机、欲望、目标和反应同时出现，由于莫衷一是而引起紧张心态。大学生择业心理偏差,一般可表现为以下几个方面。

(一)自傲心理

在这种心理支配下,一些大学生或因所学专业紧俏;或因就读学校为名牌学府;或因自己无论专业学习还是综合素质都高人一筹;或认为自己已学习了很多的知识,各方面条件也不错,不会没有好的归宿,哪个单位录用自己是其荣幸;或认为现实太落后,英雄无用武之地。在择业中,这些大学生好高骛远、傲气十足,期望值过高,眼高手低,看不上这个单位,瞧不起那种职业,横挑鼻子竖挑眼,往往是"这山看着那山高",很难找到自己满意的工作。自负心理是缺乏客观地自我分析和自我评价的表现。一旦有了这种心理,很容易脱离实际,以幻想代替现实,使自己的择业目标和现实产生很大的反差。倘若未能如愿,则情绪会一落千丈,从而产生孤独、失落、烦躁、抑郁等心理现象。对有自负心理的优秀大学毕业生,要引导他们正确定位自己,认识到自身的不足,不要总是挑肥拣瘦,从而在瞬息万变的求职竞争中迷失方向,丧失正确的判断理智与冷静的分析。

(二)焦虑心理

在择业过程中,大多数毕业生会出现不同程度的焦虑心理。使他们产生焦虑的原因主要是:自己的理想能否实现;能否找到一个适合自己专业特长、工作环境优越的单位;用人单位能否选中自己;屡屡被用人单位拒之门外怎么办;自己看中的单位,父母、恋人不赞同怎么办;选择单位失误,造成千古恨怎么办;到单位后不能胜任工作怎么办等。尤其是一些来自边远地区,或性格内向,或有生理缺陷,或成绩不佳的大学生以及女大学生,表现得更为焦虑。这种焦虑使大学生毕业时精神上负担重重、紧张烦躁、心神不宁、萎靡不振;择业中得过且过、穷于应付、反应迟钝;有的甚至意志消沉、长吁短叹、食不甘味、卧不安席。有些学生在屡遭挫折之后,甚至产生了恐惧感,一提择业就心理紧张。焦虑是由心理冲突或挫折而引起的,是一种复杂情绪的反应。主要表现为恐惧、不安、忧虑及某些生理反应。轻度的焦虑,人皆有之，是正常的；适度的焦虑，使人产生一种压力感，迫使人积极努力；过度的焦虑，则会干扰人的正常活动，易导致较严重的心理障碍或疾病。

（三）自卑心理

自卑现象多见于自我意识发展不健全的大学生，特别是部分女大学生、性格内向或有生理缺陷的大学生。在求职择业中，部分大学生或因所学专业不景气，或因自己专业知识、专业技能及综合素质不如其他同学，或因求职屡次受挫，他们往往缺乏自信心，缺乏勇气，不敢竞争，胆小畏缩，觉得自己什么都不行，样样不如人，事事不胜人，产生强烈的自卑心理。有这种心理的大学生往往缺乏自信，不能向用人单位大胆推荐自己，充分展示自我；往往不能适当地向用人单位展示自身所长，甚至把自身的长处也变成了短处。自卑不仅使人悲观失望、忧郁孤僻、不思进取，而且有碍于自身聪明才智的正常发挥，从而严重影响就业与择业。

（四）依赖心理

这类大学生往往缺乏应有的分析、解决问题的决策能力及择业的主动性和独立意识，信心和勇气不足，见异思迁、反复无常。择业决策更多地是依赖他人，尤其是家长。在很多事情上还是表现在就业择业中对一个单位是否适合自己，往往不是凭自身思考来决断，而是依靠听取父母师长之意，师兄师姐之言，进行取舍，表现出较强的依赖心理。

（五）冷漠心理

冷漠是遇到挫折后的一种消极心理反应，逃避现实、缺乏斗志。大学生因在择业中受到挫折而感到无能为力失去信心时，表现出不思进取、情绪低落、情感淡漠、沮丧失落、意志麻木，自认为看破了红尘，心灰意冷，决计听天由命，任凭自然发落。冷漠心理的一种特殊表现是逃避，他们对前途失去信心，不再想主动争取就业机会，这种反应是与当今的就业竞争机制不相适应的。

（六）盲目心理

这类大学生只考虑自己的择业就业理想，要求用人单位各个方面的条件十全十美，从工资福利待遇、住房、地理位置和工作环境无不在其考虑之中，而忽视了如此完美的单位能否接纳自身。这种不掂量自己的才学、不给自己合理定位而产生高期望值的盲目求高心理，是不少大学生择业就业时“高不成，低不就”的心理诱因。这种心理使不少大学生往往与很适合自己的用人单位失之交臂。

（七）攀比心理

这类学生就业时，经常拿自己同学的就业择业标准来定位自己的就业择业标准，从而导致不同程度的攀比心理的大量存在。在这种心理下，一些学生讲级别，觉得在校园期间我成绩比你好，荣誉比你多，官职比你大，理所当然工作也应比你好。他们在心理上总是感到：“我不能不如人。”互相攀比，互相嫉妒，“这山望着那山高，这花看着那花俏”。却不知用人单位并非以此作为评判人才的唯一标准，这些热衷于攀比的“高材生”最终只能在“高处不胜寒”的日子中体会孤苦和冷清。其结果是不从实际出发，延误了就业时机。

（八）从众心理

这类学生功利性强，盲目追求热门单位、热门职业，不从职业发展与个人前途需要去考虑自己的就业。

（九）胆怯心理

这种怯懦心理也多见于一些女生和性格内向或抑郁气质类型的学生，他们有一种丑媳妇怕见公婆的心理。面试时往往表现出面红耳赤，语无伦次，答非所问。还有的学生谨小慎微，生怕一句话说错、一个问题回答不好会影响自己在用人单位代表心目中的形象，以至于不敢放开说话，应该表达的未表达。这些学生渴望公平，但在机遇到来时却手忙脚乱、局促不安；他们盼望竞争，然而在机遇面前却未能充分发挥自己的才能，在自我推销中退下阵来。怯懦是一种胆小怕事的表现。大学生多是第一次面临这样的场面，由于缺乏经验，心理紧张可以理解，但如果过于紧张或异常胆怯、谨小慎微，都会影响自身水平的正常发挥。这对于大学生达到择业目的是非常不利的。

（十）低就心理

有些毕业生总觉得现在社会竞争激烈，自己技不如人，于是甘拜下风，不敢对自己明码标价，随便找个职业，真正是先就业后择业，丝毫不考虑自己的专长、职业兴趣与爱好，缺乏竞争意识，不敢迎接挑战。

（十一）乡土心理

有些大学生不愿出远门，只愿在眼前的一亩三分地里就业，另一些人则早早登上爱情方舟，毕业后为与另一半留守同一战壕而死守一方，这样的人鼠目寸光，难有作为。

（十二）造假心理

为求得职业，一些学生制造假学历、假证书、假荣誉等，弄虚作假，没有大学生应有的信誉，如有个文科大学生在自己的推荐材料中一一列举了五个“之最”，自认为是集管理、组织、社交、写作、雄辩于一身的学校“之最”。结果用人单位一考查，并非如此。大学生造假只会误了自己的名声，毁了自己的前程。

大学生在就业过程中，伴随着就业心理问题，因某些主体需要不能满足或有强度较大的挫折感，加之平日缺乏应有的品德与个性修养，可能发生各种各样的问题行为。这些问题行为是违背社会行为规范的不良的行为。常见的有逃课、损坏东西、对抗、报复、迁怒于人、拒绝交往或进行不良交往、过度消费、嗜烟、嗜酒等等。问题行为的存在，不仅会影响学生顺利择业，还可能导致严重违纪与违法而受到制裁。

二、大学生就业心理偏差的原因分析

（一）影响大学生就业心理的因素

影响大学生就业心理的原因比较复杂，主要有内、外两个方面的

因素。

1. 影响大学生就业心理的外部因素

(1)家庭因素。家庭因素包括父母期望、父母职业及职业榜样、父母对子女专业及工作的关注、父母对各种职业的看法、父母的社会地位与社交能力、父母教育子女的方法、家中其他成员的影响、学生对父母的看法与态度等。如从家庭期望看,多数家庭对子女所寄的期望值过高。作为父母,多数希望子女毕业后能够到条件好的单位,不希望子女碌碌无为、平平庸庸。

(2)学校因素。学校因素包括主修专业、培养方式、对教师的认同、同学朋友的影响、是否恋爱等。如从学校角度看,有部分重点学校师生中形成一种偏见,认为学生到不了高层次单位,有失学校的声誉。

(3)社会因素。社会因素包括社会传统的职业评价、社会职业地位、社会角色模式等。从社会环境看,我国经济体制正处在由计划经济向市场经济的过渡时期,产业结构调整、企事业单位减员、政府机构缩编、部队裁员,因此影响大学生就业所需的工作岗位。

(4)职业信息的效力。如职业的流动性、信息的有效性程度等。还有目前国内、国际的就业形势,“入世”影响,地区分布、行业部门分布与学科结构不平衡及近期教育与就业政策等均会影响到大学生的就业。

2. 影响大学生就业心理的个体内部因素

大学生个体自身的因素包括大学生自身的个性特征、与就业有关的能力及兴趣、需要结构、性格特征、自我意识、价值观念、理想、个性专业倾向类型等。这些因素交互作用影响着大学生的就业心理与行为。如处于青年期的学生毕业时一般是在23周岁左右,多幻想,好冲动,接受事物快,自我意识强。但也有部分学生心理发展还不成熟、不稳定,生理与心理发展具有明显的不同步,再加上他们的知识结构不完善,每个人的生活体验又有差别等因素,因而其个性心理特征有较大差异,在求职择业中就表现出心理活动的复杂性和矛盾性。还有一些大学生对于社会实践经验的缺乏,他们对社会了解不多,因而在观察问题、分析问题、处理问题时，只是凭书本上讲的条条框框去生搬硬套，缺少理性的眼光，在对自我评价上，有的学生因为学到了一些专业技能，便夸夸其谈、纸上谈兵，就业时容易期望值过高，缺乏承受挫折的心理准备。也有的学生过多地看到社会的阴暗面，就业时期望值较低，有时过分依赖家长、老师，缺乏主动进取和善抓机遇的心理准备。

(二)大学生就业心理偏差的原因

面对选择与被选择、竞争日益激烈的就业市场，毕业生在就业过程中难免会产生这样那样的心理偏差。一般认为，大学生产生这些心理问题的主要原因表现在以下几个层面：

1. 不能客观地分析自我，自我认识能力不足

面对就业中的各种矛盾和问题，大学生首先要正确地认识和评价自我。通过自我反省，明确自己今后的职业发展方向是什么，自己的性格、气质特点是什么，自己适合干什么，自己的优势和劣势等等；通过社会比较，如通过与自己条件情况类似的人比较，通过其他人对自己的评价和态度与参加社会活动，来分析、评价和认识自己；也可以通过心理测试，明确自己的个性特点，找出适合自己的职业方向，从而减少择业的盲目性，避免不必要的心理挫折。有无良好的自我认识是一个人的心理健康的基础，也是健康择业心理的核心。拥有良好的自我认识，就可以在选择职业时选择那些符合自己的价值观需要，与自己的个性品质及能力相适应的工作，以便在工作中更有效地发挥个人潜能，实现自我价值。

2. 不能正视社会现实，缺乏社会适应能力

随着高校毕业生就业制度改革的不断深入，统包统分的就业模式已被打破，取而代之的是在国家分配方针、政策、原则的指导下，毕业生自主选择职业，用人单位择优录取的毕业就业制度。这种制度给大学生毕业提供了充分的选择职业的权利。市场竞争的加剧，国企的不景气，机关亮起红灯，下岗职工剧增，遭遇人才高消费，以及东南亚金融危机和大学生招生规模的急剧扩大致使毕业生人数大增等因素使

得就业形势更加严峻，越来越多的毕业生感到前所未有的紧迫感和危机感，毕业生已不再是“皇帝的女儿不愁嫁”了。用人单位对毕业生的要求越来越苛刻，对毕业生的个人素质要求也越来越高。因此，大学生们要正确认识社会，了解就业形势，现实地设定自己的社会位置，排除各种干扰，从实际出发，争取早日就业成才。

3. 不能适应社会，没有正确的就业观

对大学生来说，适应社会就是不悲观、不彷徨，积极培养自己的竞争意识，树立正确的择业观念，充分运用自己所学的知识，发挥个人优势，并根据社会需要，调整自己的择业期望值，优化心理素质，不断增强社会适应能力。正确的就业观是适应社会的核心内容，只有观念正确，适应社会才能成为可能。树立正确的就业观念应符合“发挥自身优势，服从社会需要，有利发展成才”的原则。“发挥自身优势”就是择业要有利于发挥自身的素质优势。“服务社会需要”就是大学生在选择职业时，应把社会需要作为出发点和归宿，以社会对个人的要求为准绳，去认识和解决择业，进而决定自己的职业岗位。“有利发展成才”就是大学生在选择职业时，不要被社会时尚、经济利益、从众心理等因素干扰，树立以事业为重的思想，分析利弊、分清主次、合理取舍，考虑选择的职业是有利于发展成才。

4. 职业信息缺乏，择业心理错位

目前，一些大学的职业指导工作还相当薄弱，还不能给大学生提供系统的职业信息。学生无法根据琐碎的材料判断出由于行业结构、职业结构、劳动力结构的变化所带来的人才市场对人才的基本要求，使学生无法确定自己的努力方向，使自己在职前不知具体的学习目标，不充分的准备就会使学生在双向选择中处于劣势，处于被动地位，感到迷惘，没有信心。

5. 决策技能不足，应对能力不够

选择职业本身就是一项工作，特别是在执行实施时，往往因为缺乏必要的应对措施或应对能力，而造成择业的失败，给择业者带来挫败感。如写被称为求职应聘敲门砖的个人简历，由于自荐方式不当，材料不充分，或无针对性，不能恰当地、实事求是地表达、介绍自己，没有显示出自己的魅力，从而痛失良机。所以，最基本的就是要加强对毕业生的应聘技巧和能力的训练、培养。另外，面试技巧欠缺，也是毕业生产生就业心理紧张、害怕、担心的一个重要原因。

三、大学生解决就业心理偏差的策略

(一)学会调整自己，形成具有当代社会需求的就业心理

初出校门的学生应该调整好就业心态，把眼光放远一些。“一次就业定终身”的桎梏早已被打破，要把第一份工作看成是聚集实力和竞争资本的好机会。毕业生择业时也要杜绝盲目攀比的风气，心理价位尽量向市场价位靠拢。应该排除趋热、趋利的择业误区，有走向基层、走向农村、走向第三产业、走向老少边穷地区的准备和决心。把目标从求轻松和求舒适转到重视拼搏奉献、报效祖国，重视自我创业、实现自我价值上来。学生在就业过程中应学会调整自己，应从大处着眼，从长远着眼，形成具有当代社会需求的就业心理。

1.“先就业，后择业”心理

这是当代大学生就业择业心理从理想趋于理智，从幻想、空想趋于现实的心理反应。尽管国家整体经济形势和大学生就业形势已经大为好转，但对于应届毕业生，尤其是非名牌大学的和非紧俏热门专业的毕业生，受专业限制以及工作经验和户口等多因素的制约，要想找一份理想如意的工作，还有相当的难度。所以，“先就业，后择业”的心理在应届毕业生中有相当的市场。他们寄希望于积累工作经验以后，能获得较好的市场附加值，待各方面都充实提高、羽翼丰满后实行第二次就业，从而找到理想的单位。毋庸置疑，这种放下“天之骄子”的架子，抛弃“皇帝女儿不愁嫁”的传统观念，就业后再择业的心理对相当部分大学毕业生而言，是明智的选择，是值得肯定的。

2.“凭实力说话”心理

随着人才市场运作机制的建立和健全，伴随着用人单位选人标准日趋指向“能否胜任工作”的客观现实，绝大多数应届毕业生在就业择

业时都持一种“凭实力说话”,靠自身的综合素质和综合能力去寻找理想中意的用人单位的良性心理。这种心理相对于以往的大学毕业生找工作时,其亲戚朋友是一个有力的支持、其社会关系与背景至关重要的情况,不能不说是一个很大的进步。

3.“自主创业”心理

随着教育体制改革的深入、素质教育的推进和社会鼓励大学生艰苦创业的影响,有一部分创业意识较强的大学生毕业时利用自身掌握专业知识和技能的优势,或通过网络提供的便捷条件,或通过社会融资,或通过与投资商合作,扯起自己的旗号,自立门户,办起公司,进行艰苦创业。选择自主创业的大学生,往往怀着一种替别人打工不如自己当老板的心态。这种“自主创业”的心理,非常适合当今社会期望受过高等教育的大学生毕业后能通过创业来增加劳动就业机会的需要,也有利于大学生自身成长,在更广阔的舞台上体现人生的价值。

4.“调整期望”心理

大学生在择业时要认真考虑所学的专业和方向,了解社会对该专业的需求情况,要根据自己的职业兴趣、专业特长、实际能力、性格气质特点、家庭情况等去确定职业期望值,在择业时要以自己所长,择社会所需,以实现职业理想。调整择业期望值,通常采取分步达标和自我调整的办法。分步达标是确定一个总的期望值,再将总的期望值分解成几个阶段性目标逐步付诸实施。在该过程中,如果发现自己所选择的阶段期望过高,就把它移作下一阶段的期望目标。自我调整就是自己对职业位置的希望按其主次分成不同的层次,首先满足主要的需求,然后根据实际情况依次进行必要的调整,直到个人意愿与社会需求二者相吻合。目前,我国人事制度也正在进行着较大的改革,人才流动的机会将越来越多。首次择业未成功或未能如愿,还可以有第二次、第三次甚至更多的择业机会。越来越开放的人事流动制度,将为毕业生提供更为广阔的就业前景。

5.“继续学习”心理

现代社会知识正呈几何级数增长,知识更新的速度越来越快,将来的社会必将是一个学习的社会，而知识与技能的获得将主要依赖于工作实践。因此，一部分学生毕业时基于日后能有一个更高的起点发展自己，提升自己的人生质量的考虑，往往首选体制完备，发展成熟，能够提供系统化、职业化、规范化的学习机会的用人单位。这种“继续学习”意识的强化，尤其是重视在工作中学习的心理，无疑和现代社会的要求是合拍的。

6.“看重事业发展，注重工作前景”心理

随着竞争的加剧和收入的普遍提高，个人的发展和前途已成为大学生就业择业时关注的焦点问题。他们的就业择业指向事业发展，看重工作前景甚于工作待遇和报酬。这种将报国之志与个人事业成功有机结合的心理，显然较之过去部分大学生只顾实惠、只讲待遇的就业择业观有长足的进步。

(二)把握自己，恰当运用优化自己心理状态的对策

1. 对焦虑紧张心理的调控

第一，更新观念，打破传统的事事求温、求顺的思想，树立市场竞争意识，同时客观地分析自己，合理地设计求职目标，事前做好充分的思想准备(包括失败的心理准备)，是减轻焦虑的有效办法。

第二，不妨先接受这样的事实：任何人，在遇到诸如面试这种情况的时候，都会觉得紧张。只不过每个人的程度不同而已，如果有人不紧张，那他倒可能有些问题。因此，如果自己没有办法调节，不妨试试以下的方法：在面试的前一天做角色扮演的模拟练习，实战演练让自己进入角色。或者通过各种渠道多了解那个公司，多掌握情况，知己知彼，做越多的练习就有越多的把握。

第三，遇到困难和挫折时，要学会自我安慰，以缓解内心的心理冲突。如“失败乃成功之母”，“跟有的人相比，我还是算好的”。

第四，焦虑时要及时觉察到自己的情绪变化，通过心灵自我对话来恢复内心平衡。还可以通过其他活动转移注意力。如做一些自己平时喜欢做的事情，或者找一些朋友、家人倾诉一下自己的担忧，散

步、打球、看一些励志方面的书等。

第五,在应聘紧张时,要学会放松自己。如紧握拳头然后放开,把注意力放在这个动作上,心情自然就放松了。

2. 对自卑心理的调控

对于有自卑心理的同学,要客观全面地分析自己,不要被用人单位提出的苛刻条件所吓倒,应该坚信自己学习了多年,一定已具备了自我谋生的本领,要有“东方不亮西方亮”的乐观心态。当就业形势不好时,可把就业的起点放低一些,应该相信人总是会不断进步的,只要自己努力奋斗,能力会越来越强,工作条件和工作待遇会越来越好。

3. 对胆怯心理的调控

首先,在心理调控和战略上应藐视就业和应聘这些事情,把成败看淡一些,在应聘过程中,可进行积极地自我暗示,自己给自己打气、壮胆。如面试前暗示自己“不要紧张”、“放松”、“我会发挥得很好”,“我一定能成功”等。

其次,大胆实践。择业时主动出击,让行动来激励自己。如要求自己主动与他人或用人单位的代表打招呼、握手问好,把心里的想法坦率地说出来。

4. 对自负心理的调控

自负的人往往对自己做了过高的估计和对客观现实中的困难做了过低的估计。因此这种人要使自己的想法理智一些,客观全面地分析自己和现实环境,即使自己确实有一定才华,也应该看到自己还有许多方面的欠缺,即使自己有远大的理想,也应该明白伟大出于平凡,再大的事业也是从做扎扎实实的小事开始的。

(三)学习运用心理调节的方法进行自我调适

自我调适是指个体运用一定的原理和方法,主要是心理学的原理和方法,根据自身发展和环境的需要对自己的心理进行控制调节,促使自己的心理和行为获得积极改变,从而最大限度地发挥人的潜力,维护心理平衡,消除心理障碍的过程。大学生在择业就业过程中,可根据自己的心态有选择地加以使用。以下简要介绍几种常见的方法。

1. 自我静思法

冷静与理智是表示一个人成熟的重要标准之一。自我静思法也叫自我反省法。遇到困难和挫折时要冷静对待，控制心境，切莫冲动和急躁；摆脱干扰，仔细分析是自身原因，还是用人单位的原因；是自己努力不够，还是用人单位条件太苛刻；冷静思考，有利于稳定情绪，找出原因，有利于有针对性地解决问题。

2. 自我转化法

有些时候，不良情绪是不易被控制的。这时，可以采取迂回的办法，把自己的情感和精力转移到其他活动中去。如一门心思学习，参加有兴趣的活动，利用假日郊游，接受大自然的熏陶等等。使自己没有时间和可能沉浸在不良情绪中，以求得心理平衡，保护自己。

3. 自我适度宣泄法

因挫折造成焦虑和紧张时，消除不良情绪最简单的方法莫过于宣泄。切忌把不良心情埋藏于心底。忧虑隐藏得越久，受到的伤害就越大。较妥善的办法是向朋友、老师倾诉，一吐为快，求得安慰、疏导、同情，甚至也可以向亲友痛哭一场。虽然古语说“男儿有泪不轻弹”，但必要时男儿弹泪也无可厚非，不要强压于心底。也可以去打球、爬山，参加运动量大的活动。但是，一定要注意场合、身份、气氛，注意适度。

4. 自我慰藉法

自我慰藉法就是自我安慰法，实质是自我忍耐。择业中遇到困难和挫折，已尽了主观努力仍无法改变时，可说服自己适当让步，不必苛求，承认并接受现实，以求得解脱。

5. 松弛练习法

松弛练习法也叫放松训练，是一种通过练习学会在心理上和躯体上放松的方法。放松训练可帮助人们减轻或消除各种不良的身心反应，如焦虑、恐惧、紧张、心理冲突、入睡困难、血压增高、头痛等症状，且见效迅速。大学生择业中如遇类似心理反应，可在有关人员指导下尝试进行放松练习。

6. 理性情绪法

理性情绪法认为,人有理性与非理性两种信念,这些信念之下的认知方式会左右人的情绪。人的不良情绪的产生根源来自于人的非理性观念,反之亦然。要消除人的不良情绪,就要设法将人的非理性观念转化为理性观念。

例如:有的学生择业中受了挫折便消沉苦闷或怨天尤人,其原因在于他原本认为"大学生就业应当是顺利的","我的择业应该很理想","我过去事事顺利,这次也不应例外"等等。正是这些观念作怪,才导致或加剧了他的不良情绪。如果将这些想法加以纠正,则不良情绪一定能得到克服。大学生在运用理性情绪法时,应首先分析自己有哪些消极情绪,从中分析、综合、抽象、概括出相应的非理性观念,并对其进行挑战、质疑和论辩。同时,对比两种观念状态下个人的内心感受,鼓励自己向理性观念方面转化,从而有助于排除不良情绪。当然,自我调适的方法还有很多,如自我重塑法、环境调节法、广交朋友法、自我暗示法、幽默疗法等。这些都是应变的一些方法,但最主要的还是树立远大的理想,树立正确的人生观、价值观,平时就注意培养良好的品质,磨炼坚强的意志,开放各种感官接触社会,多方面体验生活,培养乐观豁达的生活态度。只有这样,才能在择业的重要关头,始终保持积极向上的精神状态和健康的心理,不至于在困难面前退缩。

(四)提高自己的就业心理修养

由于缺乏就业经验和就业市场竞争激烈,许多大学生备受就业问题困扰。他们在寻找工作的过程中或焦虑不安,茫然不知所措;或情绪亢奋,四面求职,一旦碰壁,又灰心丧气、怨天尤人;还有的学生优柔寡断、患得患失,整日心绪不宁,以致影响了正常的生活和学习。如何避免或减轻这种负性心理呢?掌握以下四点是很有帮助的。

1. 确立就业目标

确立就业目标是维护良好就业心理的第一步,也是关键的一步。

确立就业目标要注意两个方面。

一是正确认识自我，即认真客观地分析自己的德、智、体诸方面的情况，自己的优点和长处、缺点和短处、兴趣特长、性格气质、能力水平等；检查自己想干什么、能干什么，社会又允许你做什么，竞争力如何。现在不少城市成立了人才及职业能力测评机构，大学生不妨去试一试。

二是正确认识就业形势，即考虑自己的专业和理想职业在社会上的需求量如何，竞争强度如何；自己的理想职业与自己所学的专业是否相符，如果不符合，该如何弥补；将要去求职的单位对求职者有何具体要求等等。综合考虑以上因素，确立就业目标，就比较符合实际，可以避免过高的心理预期。

2. 树立自信心，敢于竞争

自信是对自己的一种积极评价，大学生要相信自己具备某项职业所要求的条件，鼓足勇气，参与竞争。但自信是以充分的就业准备为基础的，即正确地认识自我及就业形势、确立恰当的就业目标、搜寻就业信息，以及求职材料准备等等，但自信心并非短时间内所能树立的。树立自信的最根本途径还是提高自己的能力水平。大学生只有搞好学业，发展特长，全面提高自己的综合素质，面对招聘者才可能信心十足。

敢于竞争，首先要有竞争意识。大学生要适应就业制度的改革，就要有竞争意识。要充分认识到改革给社会带来的最大变化就是增强了国人的竞争意识。作为时代骄子的大学生，更应该有青年人的朝气和锐气，要敢想、敢说、敢干，有敢为天下先的精神；不能唯唯诺诺，胆小怕事，羞怯自抑。

敢于竞争，就要从实际出发，充分考虑到自己的专业、性格气质、爱好等，扬长避短，发挥特长。

敢于竞争，要靠真才实学，而不能靠纸上谈兵、夸夸其谈，更不能互相拆台或互相嫉妒。竞争应是在互相学习、互相勉励、共同进步中进行的。

敢于竞争,就要准备经受挫折。求职择业的竞争,失败在所难免。有了充分的思想准备,尤其是做好遭受挫折的思想准备,才会成为竞争中的强者。

从某种意义上说,人生本来就是一场竞争。对竞争渴盼已久的大学生,应摒弃侥幸和幻想,面对机遇,正视现实,扬起理想的风帆,在竞争的激流中奋力拼搏,驶向成功的彼岸。

3. 提高心理承受力,不怕挫折

较强的心理承受力在竞争激烈的社会中是不可缺少的,它能使人们经受住挫折的打击,依旧保持着进取的勇气。大学生在就业过程中肯定会遭受到求职失败。面对失败,有的人心情烦躁、精神不振,甚至产生自卑感,这显然是心理承受力不强的表现。真正的强者面对求职失败,会认真反思,吸取经验教训,努力去争取新的机会。

挫折是指个人在从事有目的的活动过程中,遇到干扰和障碍,致使目标不能实现时的情绪状态。遇到挫折,要认真分析失败的原因,是主观努力不够还是客观要求太高;是客观条件苛刻,还是主观条件不具备。认真分析,才能心中有数,更好地调节心理。遇到挫折,要保持健康的心理。有人说,挫折是试金石。心理健康的人,勇于向挫折挑战,百折不挠;心理不健康的人,知难而退,甚至精神崩溃、行为失常。

大学生在择业时,应该保持健康稳定的心理,采取积极的态度。遇到挫折,不要消极退缩。当然,从根本上说,一个人战胜挫折的能力绝不是一时的努力所能奏效的。它还有赖于大学生平日不断增强自身修养,学会科学地认识分析事物,特别是主动经受一些磨难,增加一些挫折经历。

4. 增强应变性

应变性是指大学生要根据实际情况,及时调整就业期望值和自己的知识能力结构,以便与就业市场的需求保持最大的适应性。随着社会的快速发展,职业种类及要求的变化越来越快。有的人在刚进大学时所学专业还是紧俏的,但毕业时却已经饱和了,以至于就业困难。

因此，大学生免除就业烦恼的良方之一就是要大大增强应变性，如辅修第二专业或尽可能多地学习理想职业所需的知识和技能。

（五）做好就业的准备工作

大学毕业生常为自己该往哪个方向努力而困惑，其实可使用一些简便易行的方法，如归零思考的模式理清自己的思绪。从问自己是谁开始。然后一路问下去，共有五个问题——我是谁？我想做什么？我会做什么？环境支持或允许我做什么？我的职业与生活规划是什么？然后，静下心来，排除干扰，按照顺序，独立地仔细思考每一个问题。对于第一个问题“我是谁?”回答的要点是：面对自己，真实地写出每一个想到的答案，按重要性进行排序。对于第二个问题“我想干什么?”可将思绪回溯到孩童时代，从人生初次萌生第一个想干什么的念头开始，然后随年龄的增长，回忆自己真心向往过的、想干的事，并一一地记录下来，进行认真的排序。对于第三个问题“我能干什么?”则要把自己得到确实证明的能力和自认为还可以开发出来的潜能一一列出来，认为没有遗漏了，就进行认真的排序。对于第四个问题“环境支持或允许我干什么?”的回答，则要稍做分析：环境有本单位、本市、本省、本国和其他国家……凡可能借助的环境都应在考虑范畴之内；在这些环境中，认真想想自己可能获得什么支持和允许，搞明白后一一写下来。如果能够成功回答第五个问题“我的职业规划是什么?”你就有了最后答案。做法是：把前四张纸和第五张纸一字排开，然后认真比较第一至第四张纸上的答案，将内容相同或相近的答案用一条横线连起来，你会得到几条连线，而不与其他连线相交的又处于最上面的线，就是你最应该去做的事情，你的职业生涯就应该以此为方向。并在此方向上以 3 年为单位，提出近期、中期与远期的目标，再在近期的目标中提出今年的目标；将今年的目标分解为每季度目标、每月目标、每周目标、每天目标。这样，你每天睡前就可以对照自己的目标进行反省，总结当日成就与失误、经验与教训，修正明天的目标与方法，第二天醒过来后稍加温习就可以投入行动了。这样日积月累，还有什么规划不能实现呢？

第三节　大学生职业生涯的规划

职业生涯设计可使大学生充分地认识自己,客观地分析环境,科学地树立目标,正确地选择职业;运用适当的方法,采取有效的措施,克服职业生涯发展中的困阻,避免人生陷阱,获得事业的成功。然而,由于社会的快速变迁,经济竞争的不断加剧,一些不能体察时代变异和环境变迁的人,在这种多变的时代往往手忙脚乱、不知所措,造成内心的惶恐,紧张不安,不知何去何从,其结果不仅事业无成,而且身心也受到严重的影响。因此,在新时代的变革中,青年人应及早做好职业生涯设计,认清自己,并在开发自身内在潜能上不断探索和发展,正确掌握人生方向,创造成功的人生。

职业生涯设计在青年大学生中流行的另外一个深层原因还在于,21 世纪,人们的积极生命阶段由 20 世纪的一个变成了三个。这是美国著名个人发展顾问、人力资源专家鲍博睿博士的观点。他认为,在 20 世纪的时候,人们通常只有一个积极生命阶段,而在 21 世纪,人们将拥有三个积极生命阶段。接受教育和寻求事业发展是第一和第二个积极生命阶段;过去所谓的“退休”时期变成了第三个积极生命阶段。这也是人们进行职业生涯设计的内在动力之一。

无论从事什么职业、什么工作,只要通过科学的职业生涯设计,都可能使一个人的目标得以实现,使一个人的事业获得成功,使一个平凡之人发展成为一个出色人才。每位大学生都应确信,职业生涯设计是青年成才的一种有效方法。

一、认识职业生涯发展规划

生涯(career)是具有人生经历、生活道路和职业、专业、事业的含义。人的一生有少年、成年、老年三个阶段,成年阶段无疑是最重要的时期。它是人们从事职业生活的时期,是人生全部生活的主体。因此，人的生涯就是职业生涯。

社会学家麦克、法兰德指出："职业生涯是指一个人依据理想的长期目标，所形成的一系列工作选择，以及相关的教育和训练活动，是有计划的发展历程。职业生涯也是个人一生职业、社会与人际关系的总称，即个人终生发展的历程。"孔子说："吾十有五而志于学，三十而立，四十而不惑，五十而知天命，六十而耳顺，七十而从心所欲不逾矩。"

有这样一个关于梦想的故事：三个工人在砌一堵墙，有人过来问："你们在干什么呢？"第一个人没好气地说："没看见吗？在砌墙。"第二个人抬头笑了笑，说："我们在盖一座高楼。"第三个人边干边哼着歌曲，他的笑容很灿烂、很开心，说："我们正在建设一个新的城市。"10 年后，第一个人在另一个工地上砌墙，第二个人坐在办公室中绘图纸，他成了工程师；第三个人呢，是前两个人的老板。

可见，没有职业的梦想，就没有事业的成功。凡事预则立，不预则废。一个立身人世的人，必须要设计自己的职业生涯。职业生涯规划是对一个人一生所有与工作相联系的行为与活动，以及相关的价值观、愿望等连续性经历过程的勾画。

二、确定职业发展方向

树立正确的职业理想，确立明确的职业目标。职业理想是指人们对未来职业表现出来的一种强烈的追求和向往，是人们对未来职业生活的构想和规划。任何人的职业理想必然要受到社会环境、社会现实的制约。社会发展的需要是职业理想的客观依据，凡是符合社会发展需要和人民利益的职业理想都是高尚的、正确的，并具有现实的可行性。大学生的职业理想更应把个人志向与国家利益和社会需要有机地结合起来。

职业理想在人们职业生涯设计过程中起着调节和指南作用。一个人选择什么样的职业，以及为什么选择某种职业，通常都是以其职业理想为出发点的。大学生树立职业理想的过程，便是心日中进行职业生涯设计的过程，一旦在心目中有了自己认为理想的职业，就会依据职业理想的目标,去规划自己的学习和实践,并为获得自己认为理想的职业而去做各种准备。职业理想形成后,每个人都会确立明确的职业目标,在职业生涯中,人生的职业目标有短期目标和长期目标以及近期目标和长远目标之分,而且在一定时期还有可能对职业目标提出一定的调整。职业生涯设计是根据一定的职业目标而进行的,是为了实现这个目标而做的设想和打算,所以,大学生应当尽快确定自己的职业目标,如打算成为哪方面的人才,打算在哪个领域成才等等。对于这些问题的不同答案不仅会影响个人职业生涯的设计,也会影响个人成功的机会。

三、认清自我,了解自我,正确进行职业分析

常言道:“知人为聪,知己为明;知人不易,知己更难。”只有了解自己的素质、性格、兴趣、特长、能力、潜力等等,才能知道自己适合做何种工作,才能准确定位,选好就业目标;只有尽早对自己做出客观全面的评价,才能在就业竞争中立于不败之地。自我分析要客观、冷静,不能以点带面,既要看到自己的优点,又要面对自己的缺点。只有这样,才能避免设计中的盲目性,达到设计高度适宜。有书云“骏马能历险,犁田不如牛;坚车能载重,渡河不如舟;舍长以求短,智者难为谋;生才贵适用,慎勿多苛求。”只有这样,才可能在竞争中立于不败之地。

大学生要学会进行职业分析。现代职业具有自身的区域性、行业性、岗位性等特性。职业区域可能是城市,也可能是农村;可能是经济发达的特区,也可能是经济一般或贫困落后地区。职业生涯设计时要考虑到职业区域的具体特点,比如:该地区的特殊政策、环境特征。职业角色的发展与职业所在的行业的发展有着密切的关系,职业生涯设计时,不能仅看重单位的大小、名气,而要对该职业所在的行业现状和发展前景有比较深入的了解,比如:人才供给情况、平均工资状况、行业的非正式团体规范等。不同的职业岗位对求业者的自身素质和能力有着不同的要求,在职业生涯设计时,既要了解所需要的非职业素质要求,还要了解所需要的职业素质要求;除了解所需要的一般能力

外，还要了解所需要的特殊职业能力。

（一）性格、气质与职业的关系

性格是指一个人在先天生理素质的基础上，在社会实践活动和不同环境的熏陶下逐渐形成的比较稳定的心理特征。近年来，国外用人单位在选人时出现一种新观念。他们认为，性格比能力重要。其原因是，如果一个人能力不足，可通过培训提高；但一个人的性格与职业不匹配，要改变起来就困难多了。所以，在招聘时，将性格的测试放在首位，当性格与职业相匹配时，才对其能力进行测试检查。

由于人们从事的职业各自具有不同的特点，因而对从业人员的性格特点也会提出不同的要求。一般说来，开朗、活泼、热情、温和的性格，比较适合于从事外贸、涉外工作、文体工作、教育工作、服务工作以及其他同人群交往多的职业；多疑、好问、倔犟的性格，比较适合于从事科研、治学方面的工作；深沉、严谨、认真的性格，比较适合做人事、行政、党务工作；而勇敢、沉着、果断与坚定是新型企业家和管理者不可缺少的性格。用人单位选人重视人的性格，个人选择职业或岗位时更应对性格加以重视。你的事业成功与否，与你的性格与职业的匹配密切相关。简单地说，如果你是一位典型性格内向的人，选择营销工作，是不会有好业绩的；如果你的情绪易激动，控制力较弱，就不能去玩股票。

苏联的一个科研机构曾把大学生的性格划分为十六种类型：①“未来理想专家”型；②“理想大学生”型；③“职业家”型；④“院士”型；⑤“纯理性主义”型；⑥“勤奋”型；⑦“平庸”型；⑧“懒汉”型；⑨“社会活动家”型；⑩“博学”型；⑪“运动员”型；⑫“消费”型；⑬“假现代派”型；⑭“中心人物”型；⑮“机灵鬼”型；⑯“极端消极”型。性格反映着生活，同时也影响着人的生活方式。大学生正确认识自身性格的特点，有利于择业。

根据国外职业分类范围，职业气质可分为九种类型：①变化型的人：记者、推销员、演员、消防员等；②重复型的人：纺织工、印发、装配、电影放映员等;③服从型的人:秘书、办公室职员、翻译人员等;④劝服型的人:驾驶员、飞行员、公安员、消防员等;⑤独立型的人:管理人员、律师、警察等;⑥经验决策型的人:采购员、供应员、推销员、个体商贩等;⑦事实决策型的人:化验员、检验员、自然科学研究者等;⑧自我表现型的人:演员、诗人、音乐家、画家等;⑨严谨型的人:会计、出纳员、统计员、校对员、档案管理员、打字员等。心理学研究认为,多血质型的学生活泼、好动、敏感,工作能力强,容易适应新环境,适应面较广泛,适合做政府及企事业管理工作、外事工作、公关工作、驾驶员、医生、律师、运动员、新闻工作者、演员、公安侦察员、服务员等。但多血质的人不适合做过细的工作,对于单调机械的工作也很难胜任。

胆汁质型的学生热情、直率、外露、急躁,适应热闹、繁杂的工作环境,对长期安坐的细致工作很难胜任。因而适合做导游、勘探工作者、推销员、节目主持人、外事接待人员、演员等工作。

黏液质型的学生稳重、自制、内向,适合当外科医生、法官、组织、财会、统计、播音员等工作。

抑郁质型的学生好静、情绪不易外露、办事认真,适合人事、机要、秘书、编辑、档案、化验、保管等工作,也适合从事研究工作和艺术造型工作等。

(二)兴趣与职业的关系

兴趣是指一个人力求认识、掌握某种事物,并经常参与该种活动的心理倾向。人的兴趣在职业活动中起着十分重要的作用。在选择职业或岗位时,不仅需要了解自己的性格,还需了解自己的兴趣。有的人对研究自然知识感兴趣;有的人兴趣倾向于情感世界,活跃于人际关系领域;有的人对智力操作感兴趣……不同的职业也需要不同的兴趣特征,一个擅长技能操作的人,在技能操作领域得心应手,如果硬把他的兴趣转移到书本理论上来,他就会感到无用武之地。正是这种兴趣上的差异,构成人们选择职业的重要依据。

更为重要的是,如果一个人选择的职业与自己兴趣吻合,那么枯燥的工作也会变得丰富多彩、趣味无穷，就会产生一种动力。如果一个人的兴趣与职业不吻合，那么这个人的工作就始终是被动的，不会有好业绩，更不会有成功的人生。

职业兴趣在人的职业活动中起着重要作用，主要表现为影响人的职业定向和职业选择、开发人的能力、激发人的探索与创造、增强人的职业适应性和稳定性。一个人所从事的工作与其职业兴趣相吻合，能发挥其全部才能的80%～90%，并能长时间地保持高效率的工作而不疲劳；反之，在这方面只能发挥全部才能的20%～30%，还容易感到厌倦和疲劳。

大学生进行职业兴趣评价的途径主要有：兴趣表达、行为观察、知识测验和兴趣测验。

就兴趣与就业而言，人心不同，各如其面。人的职业兴趣也存在差异，这种差异是影响职业兴趣的因素所致。以性别角色为例，一般来说，女性长于记忆、运算，直觉思维比较强，言语能力较强，而且感情丰富细腻、耐性好，但力量较弱，人们通常把一些职业划归女性，比如：打字员、护士、幼儿园教师、小学教师、纺织工人等；男性长于抽象思维、机械操作，而且敢于冒险，比较理智，有力量，但忍耐性稍差，不够细腻，人们通常把另一些职业划归男性，如技工、建筑工、锅炉工等，久而久之便成了一种传统，这种传统成为形成职业兴趣差异的一个因素。职业兴趣的差异导致了众多的职业兴趣类型。霍兰德认为，可将职业兴趣划分为六种类型：现实型(realistic)、研究型(investigative)、艺术型(artistic)、社会型(social)、企业型(enterprising)和常规型(conventional)。每一种类型构想均有相应的操作定义和内容。霍兰德从人格与环境交互作用的观点出发，将职业环境也划分为六种模式，不同的职业兴趣类型有与之相对应的职业环境。个人职业兴趣与职业环境特点一致，会导致令人满意的职业决策、职业投入和职业成就，人们终身职业稳定；反之，会导致无法决策、不满意的决策和缺乏成就感，人们的职业易变动。这说明职业兴趣和职业之间有一种内在的联系。霍兰德的基本思想是先测量个人的职业兴趣，然后根据自己的职业兴趣特点查找适合自己的职业。要做到这一点,首先要进行的就是职业兴趣测量,这就是职业兴趣测量的必要性。

喜欢同具体事物打交道,而不喜欢与人打交道者,可以选择诸如制图、勘测、工程技术、建筑、机器制造、出纳、会计等工作岗位。

喜欢与人交往,对销售、采访、传递信息一类活动感兴趣,则相应的工作岗位应该是记者、推销员、服务员、教师、行政管理人员等。

愿干有规律的工作,特别喜欢按常规有规律、有秩序地进行活动,习惯于在预先安排好的程序下工作,其相应的工作岗位是邮件分类、图书管理、档案整理、办公室工作和打字、统计等。

乐于助人,喜欢从事社会福利和助人工作的人,相应的工作岗位是律师、咨询员、科技推广人员、医生、护士等。

喜欢掌管一些权力,希望受到众人尊敬和获得声望,希望在单位中起重要作用,则可考虑担任行政官员、企业管理干部、学校班主任、辅导员等。

对人的行为举止和心理状态感兴趣,喜欢研究人的行为,谈论人的问题,那么相应的职业应该是心理学、政治学、人类学等研究工作及教育、行为管理等研究人、管理人的工作。

如果喜欢从事科学技术事业,对分析、推理、测试等活动感兴趣,长于理论分析和独立地解决问题,也喜欢通过试验获取新发现,那么相应的职业应该是生物、化学、工程学、物理学、地质学等工作。

如果喜欢抽象的创造性的工作,对需要想象力和创造力的工作感兴趣;或者喜欢独立地工作,对自己的学识和才能颇为自信,长于解决抽象的问题,而且喜欢了解周围世界,则相应的职业是社会调查、经济分析、各类科学研究和化验、新产品开发等工作。

如果对运用一定的技术去操作各种机器、机械来制造新产品等感兴趣,喜欢具体的而不是抽象的东西,例如:喜欢使用工具、机械等,特别是喜欢大型的、先进的机器,其相应的职业应该是各种驾驶员、机器制造、建筑、石油、煤炭开采等工作。

如果喜欢从事具体的工作,希望能很快看到自己的劳动成果,愿意做能看得见、摸得着的产品的制作工作，并从完成的产品中得到满足，相应的职业则是室内装饰、园林、美容、手工制作、机械维修等工作。

（三）特长与职业的匹配

在职业选择时，还要特别注意特长与职业的匹配。因为不少人往往将兴趣误认为是特长，这一点一定要搞清楚，否则，你将进入误区，事业难以成功。所以，要想获得事业的成功，还要注意发现你的特长，并将你的特长与职业相匹配。此外，还要考虑内外环境因素的影响。如能将这些因素融为一体，权衡利弊，综合考虑，就能对自己的职业做出正确的选择。

四、合理选择的做出

升学或择业是每个人生涯发展所要面对的任务，生涯辅导不仅要协助大学生选择某些特定课程，还要帮助大学生了解生活中其他各种可能的选择，知道这些选择是否适当，取决于个人特定的标准，离不开个人所追求的生涯目标，还需要结合社会的发展和职业的需求，比较各种选择之间的利弊，最后才能做出适当而合理的选择。

通过以上自我分析与认识，解决了“我选择干什么”的问题。职业方向直接决定着一个人的职业发展，因而须倍加慎重，正所谓“男怕选错行，女怕嫁错郎”，选错了行业，可能会毁掉自己本该有所作为的人生。可按照职业设计的“择己所爱、择己所长、择世所需、择己所利”四项基本原则，结合自身实际确定职业方向和目标。

当然，职业选择并非人人都能如愿以偿，还有许多人在自己不喜欢的职业领域中平凡地工作。那么，我们是否一定要通过职业转换来使自己获得事业上的辉煌呢？一个人的个性会影响到职业的适宜度。当他从事的职业与其个性相吻合时，就可能发挥出能力，容易做出成就；反之，可能导致其原有才能的浪费，或者必须付出更大的努力才能成功。

五、构建合理的知识结构,培养职业需要的实践能力

知识的积累是其成才的基础和必要条件,人们常常把一个人掌握知识的多少作为衡量其水平高低的标准,但它不是衡量人才的绝对标准。单纯的知识数量并不足以表明一个人真正的知识水平,大学生不仅要具有相当数量的知识,还必须要形成合理的知识结构,没有合理的知识结构,就不能发挥其创造的功能。在职业生涯设计时,大学生要能够根据职业和社会不断发展的具体要求,将已有的知识科学地重组,建构合理的知识结构,最大限度地发挥知识的整体效能。合理的知识结构一般指宝塔型和网络型两种。

新世纪对未来人才的知识的综合性结构提出了更高的要求,要求大学生既能很好地适应社会需要,又能充分体现个人特色;既能满足专业要求,又有良好的人文修养;既能发挥群体优势,又能展现个人专长。构建合理的知识结构没有捷径可走,只能是学习和积累,采取适合自己的科学方法,持续不断地付出艰辛的劳动,辛勤耕耘。

大学生的综合能力和知识面是用人单位选择大学生的依据。用人单位不仅考核其专业知识和技能,而且还考核其综合运用知识的能力、对环境的适应能力、对文化的整合能力和实际操作能力等。大学生进行职业生涯设计,除了构建自己合理的知识结构外,还要具备从事本行业岗位的基本能力和某些专业能力。从某种意义上说,能力比知识更重要,大学生只有将合理的知识结构和适用于社会需要的各种能力统一起来,才能立于不败之地。一般来说,大学生应重点培养满足社会需要的决策能力、创造能力、社交能力、实际操作能力、组织管理能力和自我发展的终身学习能力、心理调适能力、随机应变能力等。

每个人的才能是不同的,生涯辅导承认每个人的才能是有所差别的,但更重要的是在生涯辅导与教育的过程中发现并发掘个人的潜能,给予个人充分的机会,以独特的方式去发展及表现自己的才能。而且生涯辅导与教育还协助个人适应快速变迁的社会与职业环境,考虑比较灵活和弹性的方式,以达到个体的生涯发展目标。

六、开展就业及求职技能训练

高校应邀请业界专才向学生介绍各行各业的发展前景，帮助学生从多方面探讨各行业内的事业契机；安排优质职业培训计划活动，培育并提升学生多方面的才能，包括人际技巧、沟通技巧、组织能力及领导才能等；组织求职经验交流会；提供多项求职技巧课程，如如何撰写求职信、面试技巧、仿真笔试及能力测试、个案分析等。

安排学生利用假期到各工商机构进行管理培训或实习训练，体验实际营运环境，既可让学生能够将课堂所学应用于实习的工作岗位上，也可以增进沟通技巧和人际关系，与实习机构建立良好关系，为未来的事业发展做好准备。

参加有益的职业训练。职业训练包括职业技能的培训、对自我职业的适应性考核、职业意向的科学测定等。目前，高校组织大学生参与的暑期“三下乡”活动、大学生“青年志愿者”活动、大学生毕业实习工作、大学生校园创业活动等都是职业训练很好的形式。除此之外，高校还可以邀请毕业生的成功校友回校与大学生座谈，邀请校外知名人士来校与大学生交流，鼓励有条件的大学生利用假期到父母或亲戚单位实习，鼓励大学生从事社会兼职工作，组织学生开展模拟性的职业实践活动，开展职业意向测评，开展职业兴趣分析测评等。大学生应主动积极地参加有益的职业训练，更早、更多地了解职业，掌握职业技能，正确地引导自己的职业设计。

七、职业生涯设计应注意哪些问题

（一）根据社会需求设计职业生涯

选择职业作为一种社会活动，必定受到一定的社会制约，任何人选择职业的自由都是相对的、有条件的。如果择业脱离社会需要，他将很难被社会接纳。

我们强调大学生求职时应注重社会与个人利益的统一，社会需要与个人愿望有机结合。所以，大学生在职业生涯设计时，应积极把握社会人才需求的动向，把社会需要作为出发点和归宿，以社会对个人的要求为准绳，既要看到眼前的利益，又要考虑长远的发展；既要考虑个人的因素，也要自觉服从社会需要。

(二)根据所学专业设计职业生涯

大学生都经过一定的专业训练，具有某一专业的知识和技能，这是每个人的优势所在。大学生都有自己的专业，每个专业都有一定培养目标和就业方向，这就是大学生职业生涯设计的基本依据。用人单位对毕业生的需求，一般首先选择的是大学生某专业方面的特长，大学生迈入社会后的贡献，主要靠运用所学的专业知识来实现。如果职业生涯设计离开了所学专业，无形当中增加了许多补课负担，个人的价值就难以实现。需要强调的是，大学生对所学的专业知识要精深、广博，除了要掌握宽厚的基础知识和精深的专业知识外，还要拓宽专业知识面，掌握或了解与本专业相关、相近的若干专业知识和技术。

(三)根据个人兴趣与能力特长设计职业生涯

职业生涯设计要与自己的个人性格、气质、兴趣、能力特长等方面相结合，充分发挥自己的优势，扬长避短，体现人尽其才、才尽其用的要求。这里重点谈谈个人兴趣、能力特长与职业生涯设计的关系。

大学生在职业生涯设计时应适当考虑自己的兴趣与爱好。兴趣是个体积极探究事物的认识倾向，这种倾向常有稳定、主动、持久等特征。如果一个人对某种工作产生兴趣，他在工作中就会具有高度的自觉性和积极性，就可能在工作中做出成就。反之，一个人对工作没有兴趣，就不可能将自己的精力投入到工作中去，也就不可能取得工作中的成功。但兴趣爱好也并不总是起着正向的驱动作用，有时它也是一种耗散力。比如：有的大学生对什么都感兴趣，但没有形成自我特色；有的大学生兴趣面太窄，不能形成优势；有的大学生兴趣与所学专业不一致等，这就给大学生进行职业生涯设计带来困惑。这就要求大学生在职业生涯设计时，对自己的兴趣有一个客观的分析，对自己的兴趣爱好进行重新培养和调整。

能力特长是人们成功地完成某种活动所必须具备的个性心理特征，是人们在社会实践中所表现出来的身心力量。按照自己的能力特长进行职业生涯设计是大学生应特别注意的问题，因为任何一种职业都需要一定的能力，不同职业有不同的能力要求。能力特长对职业的选择起着筛选作用，是求职择业以及事业成功的重要保证。需要提醒的是，知识多、学历高不一定能力强，大学生切不可以学习成绩作为评价能力高低的唯一尺度。大学生应在对自己的能力特长有一个正确的自我认知和评价的基础上，根据自己的真才实学和能力特长设计职业发展模式，并且男性与女性的职业发展模式也表现出各自的特点。

第一，男性职业发展模式大多是自从业一直工作到退休，主要模式表现为直线型职业生涯和螺旋型职业生涯。直线型职业生涯是指终身从事某一专业领域，是在一种线性等级结构中，从低级不断走向高级，取得更大的权力、责任和更多的报酬。螺旋型职业生涯是一种跨专业的职业生涯方式，围绕职业锚这个核心，从事不同专业的工作，以取得融会贯通，找到发展的新交点。男性职业发展道路的特点表现为：

1. 通常中年为职业辉煌的顶点，两头小，中间大

2. 男性成功的年龄与职业领域关系十分密切

通常社会科学学者成功的年龄偏迟，通常在40岁之后；自然科学学者成功的年龄较早，通常在30岁左右；体育工作者成功的年龄更早些，平均在22岁左右；文艺工作者视文艺的类别而有所不同。

3. 男性的职业成功与配偶的教育背景关系小，与个人的教育背景关系大

由于历史的原因，男性的职业成功更多地取决于其个人的受教育程度和发展机会，因为婚姻而改变职业生涯和职业发展的概率比较小。婚姻对男性的职业影响小。20世纪30年代以来，我国有相当多个领域的著名的学者其配偶都是识字很少的家庭妇女，她们相夫教子，帮助丈夫料理家务，男性把家庭和事业的关系分隔得十分清楚。

4. 男性的职业成功与个人家族背景关系大

中国自古把男孩作为传宗接代、光宗耀祖的掌上明珠，因此，家庭的背景和家族的资源都被用来给男孩的事业作支撑。

第二，女性职业发展模式。

一阶段模式，即倒L型模式。其特点是女性参加工作之后，持续工作到退休，结婚生育后女性承担工作和家庭双重责任。如中国女性现在的就业模式。

二阶段模式，即倒U型模式。其特点是女性结婚前劳动力参与率高，结婚特别是开始生育后参与率迅速下降，反映出传统家庭分工：男性挣钱养家糊口，女性婚后做家庭主妇。如新加坡、墨西哥等国的女性就业模式。

三阶段模式，即M型模式。其特点是女性婚前或生育前普遍就业，婚后或生育后暂时性地中断工作，待孩子长大后又重新回到劳动力市场。如美国、日本、法国、德国等发达国家的女性就业模式。

多阶段就业模式，即波浪型模式。其特点是女性就业是阶段性就业，女性根据自身的状况选择进入劳动力市场的时间，可以多次地进出。这种模式是近10年中出现的，如社会福利高的北欧国家就开始流行这种女性就业模式。

隐性就业模式。女性就业主要在家庭经济中，结婚后女性只是换个家庭工作。家庭中就业一般不被官方纳入就业统计范畴。如较落后的发展中国家的女性就业模式。女性职业发展道路有如下特点：

1. 两个高峰和一个低谷

两个高峰是指一个是在女性就业后的6～8年时间，即女性就业后但未生育前；另一个是在36岁以后的10余年间，此时孩子基本长大或可托人代管，自身精力仍充沛、阅历丰富，女性事业辉煌通常在此时期。一个低谷在这两个高峰之间，通常是生育和抚养孩子的8年时间。

2. 就业面窄，发展速度缓慢

3. 婚姻状况对女性职业发展道路有决定性的影响

婚姻状况对女性职业发展影响较男性大得多。女性就业面临的工作角色与家庭角色的冲突是一个十分复杂的社会问题，国际经验表明，缓解这一冲突需要全社会的共同努力，特别是政府应发挥主导性作用。如大力发展家政服务业，推进家务劳动社会化，倡导男女平等地共同承担家务责任以减轻女性的家务负担，制定有利于女性就业的社会政策，鼓励实行弹性就业制度，改革社会福利制度等。

语码转换式双语教学词汇、语段

Chapter 6 Career Planning

1. 进取心 enterprise

The youngsters should have enterprise. If you stop walking ahead, everybody will surpass you. It's said that live to learn. No matter how old you are, you should learn. A90-year-old was also thinking number one, the rather that a 30-year-old? So to be able to compted, you've got to keep learning all your llife.

青年人应该有进取心。如果你不再前进，所有人都将超越你。也就是说，为了学习而活。无论你多大年龄，你都应该学习。一个 90 岁的长者还想着要当第一，何况是 30 岁的人呢？因此，想要成功，你一生都得不断学习。

2. 兼职 part-time job

A proper part-time job does not occupy students' too much time. In fact, it is unhealthy for them to spend all of time on their study. As an old saying goes: All work and no play makes Jack a dull boy.

一份适当的兼职工作并不会占用学生太多的时间。事实上，把全部的时间都用到学习上并不健康，正如那句老话：只工作，不玩耍，聪明的孩子会变傻。

3. 职业规划 career planning

Career planning is the first step for success with your career. Unfortunately, many professionals are not in control of their careers. They simply watch their careers unfold, not knowing how they will attain their career goals or what they want to achieve. A valuable career self-assessment need to be honest. Lying to yourself will not help. Also you need to drop the get-rich-quick mentality.

职业规划是成功的第一步。不幸的是,很多从事某项工作的专业人员却无法掌控自己的职业。他们只不过简单地看着职业生涯的开始,却不知道怎样获得职业生涯目标,或者说他们想要达到什么目标。有价值的职业自我测评需要真实,欺骗自己没有用处。同时还应该抛弃“一夜暴富”的心理。

第七章 大学生的自我意识与发展

有一个古老而又永恒的话题,一个人毕生都在探寻和不断获得不同答案的问题,那就是:"人是什么?"

第一节 大学生自我意识的发展与特点

一、自我意识的概述

自我意识一般是指个体在社会化过程中逐步形成和发展起来的,关于自我及其与周围环境关系的多方面、多层次的认知与评价,是个体对自己多方面觉知的总和。自我意识是由一系列态度和信念及价值标准所组成的有组织的认知结构,这个认知结构把个人的各种特殊习惯、能力、观念、情感、思想组织起来,贯穿于其经验与行为的各个方面。

自我意识是多维度的,是有层次和组织的,也是相对稳定而又不断发展的。沙维逊(Shavelson et al.,1976)等人曾经提出一个有影响的自我意识组织的层次模型。最上层的是一般的自我意识;次一级别的是较具体的自我意识,包括学科自我意识、社会自我意识、情绪自我意识和生理自我意识。

每种次级的自我意识还包括更具体的下层自我意识,如社会自我意识包括伙伴、重要他人的自我意识,生理自我意识包括生理能力和外表的自我意识等。还有人把自我意识分为现实自我(actual self)、理想自我(ideal self)和镜中自我(looking-glass self)。现实自我是个体对现实生活中实在存在的自我的认识。理想自我是个体对想象中的理想化的自我的认识,如有的人会想象自己成为一个成功人士或著名影星,可以随心所欲做自己喜欢的事情,这就是对理想自我的情感体验。有的人会将理想自我与现实自我混淆起来,表现为过于自负、自以为是等。如果个体的现实自我与理想自我差别太大,而个体又无法改变这种矛盾,就可能出现心理障碍。所谓镜中自我是指从别人眼中反照出来的自我形象,即在个体眼中别人是怎样看自己的。镜中自我也可能与前两种自我产生不一致甚至矛盾,个体必须想办法将这三者协调才能顺利、健康地发展。

自我意识也可以从知、情、意三方面理解,分别包括自我认识、自我体验和自我调控。

所谓自我认识是指一个人对生理自我、社会自我和心理自我的认识,包括个人的自我感觉、自我观察、自我分析和自我评价等。人的自我评价尽管是发展变化的,但毕竟是个体在一定时刻对自身做自我感觉、自我观察和自我分析的结果,集中体现着自我认知的一般状况和发展水平。自我评价是自我意识的核心部分,也是自我体验和自我调控的基础。自我认识是自我意识的认知部分。自我体验是个体对自己的情绪状态的体验,是个体对自身的认知同其主观需要之间关系的反映。自我体验可以表现为自尊、自信、自卑、自豪感、自我效能感、成就体验等,自我体验的好坏直接与个体的自我评价状况相关,自我体验又影响个体自我调控的方向和力度。自我调控是自我意识的意志成分,包括自我监督、自我激励、自我控制、自我暗示等。自我调控的实现受自我认识、自我体验的制约,自我调控直接影响个体行为的趋势,是一个人自我教育、自我发展的重要机制。自我调控充分展现了个体的主观能动性程度。

一个人自我意识的充分协调发展对其社会实践生活起到重要的调控作用,面对外部生存环境的种种自然与社会因素,个体除了受到这些客观因素的影响之外,还会通过自我意识的发展对这些外部客观影响进行主观选择。如同样是观看一部电影,有的人注意学习主人公的坚强意志品质,有的人只知道羡慕主人公的良好际遇。可见自我意识的发展对每个人来说存在很大不同。此外,个体自我意识越强,越有可能更多地进行自我反省与自我监督，从而更好地发挥自己的某些优势并矫正自己所存在的人格弱点，更好地达到理想自我的实现。

二、大学生自我意识的发展

大学生处于自我意识发展的成熟阶段，这一阶段是个体心理自我充分发展并产生巨大变化的时期。自我意识表现为自我形象、自我评价和自我理想的辩证统一，自我的最终形成要经过整个青少年期的分化、整合过程之后才得以最后完成。正如埃里克森指出的，建立自我同一性，防止自我意识混乱，对青少年来说至关重要。自我同一性就是一个人关于自己是谁、在社会上的地位和作用、将来会成为什么样的人，以及怎样努力才能成为理想中的人等一系列的想法。自我意识的混乱是指个体无法形成正确的自我意识和适宜的自我态度，以致不能达到自我同一性的确立而获得安定、平衡的心理状态。据美国资料显示，在一批 12 岁至 22 岁的青少年中，经历了典型的“狂飙突进期”及严重的内外冲突的占 21%，狂热但无病态地进入成年的占 35%；二者相加达 56%，超过被调查人数的一半。

大学时期是个体真正认识自我的时期，由于大学生活与以往生活学习方式的巨大差异，由于青年期的来临所带来的生理走向成熟，由于离家求学导致的社会人际关系范围的扩大，大学生开始越来越注意内省，注重探求自己微妙的内心世界，力图理解自己情感、心理的变化，自觉地从各方面了解自己，塑造自己的形象，设计自我发展的模式。这一时期的个体怀着复杂的心情探索着自己的内心世界，他们喜欢自我分析、自我对话、自我评价并产生很多丰富多彩的自我想象；他们对理想自我充满憧憬、期待与恐慌。有的人由于过分关注自己的思想而导致重新出现儿童阶段才有的社会认知的“自我中心状态”，往往只从本位或自我欲望去看事和行事。由于不能从他人或社会的角度去分析问题，在进行某种社会行为时，也就不能或无法了解他人对此的真正态度，不能意识到或了解社会规范对此行为的评价。例如：从刘海洋伤熊行为可以看出，他虽然已处于青年晚期，却仍然没有学会从社会的角度来思考评判自己的行为，以致无法约束自己。其伤熊行为反映出他在社会认知上仍然没有超越儿童时期的“自我中心状态”，其心理水平与社会角色极不一致。其他的如一些大学生犯罪与自杀行为，也都或多或少与个体这一阶段自我意识发展的状况有关。能否进行自我调控、自我教育是个体能否最终成熟发展和顺利走入社会的重要标准。因此，人们越来越重视大学生自我教育能力的培养。

三、大学生自我意识的发展特点

自我意识从童年期就开始产生并逐步发展，青少年时期是自我意识发展最快的时期。大学生是青少年中的一个特殊群体，社会要求高、家长期望高、个人成才欲望强烈。但由于心理发展处于尚未成熟阶段，缺乏社会经验，进入大学后，大学校园这种特殊的环境与以往中学的管理模式有很大差别，是十分强调独立、注重自我确立的地方，许多大学生在较大的程度上按照自己的方式安排自己的生活，有一种宽松自由的氛围；同时，大学生处于独特的社会层次并具有较高的文化素质，其思想与观点与社会上的一般人有许多差异。但大学生的实际生活阅历有限，社会实践能力不强，缺乏独立能力与情绪调节训练，心理比较脆弱，适应能力差，情绪不稳定，心理失衡常常发生。所有这些因素使得大学生的自我意识的发展存在着其自己的特点与规律。

(一)大学生自我认识的发展特点

1. 自我认识的全面性

大学生生活在宽松自由的大学校园里，随着年龄的增长，身体各方面的发展趋于成熟，使得他们对自身生理、心理和社会各方面的认识更加全面。郑涌、黄希庭(1998)的《大学生自我意识问卷》调查，通过因素分析发现，大学生对自己的认识涉及面相当广泛，包括交际、友善、信义、容貌、学业、志向、家庭、成熟等各种维度。

韩进之(1987)对大学生自我评价内容的调查发现，1 200名大学生对自己的认识包括了容貌体形、性别差异、大学生活、自己的优点与缺点、性格气质、道德水平、才华能力、同学关系、理想与社会地位、世界观等方面，内容很全面。

2. 自我认识的独立性

独立性是自我评价的一个重要指标。事实上，“自我”的产生就意味着主体对客观环境与他人的分离和独立。个体自我评价的发展大致经历了两个阶段：第一阶段，自我评价开始摆脱对成人、权威的依赖，表现出反叛与对抗倾向。在评价标准上，由儿童期的成人评价标准取向变为同龄团体评价标准取向，成为一种相对独立的自我评价与认识。第二阶段，自我评价既摆脱了对成人的依赖，又逐渐克服了同龄团体的强烈影响，形成个体独特而鲜明的自我评价。大学生的自我认识随着年龄与环境的变化，由以往依赖于成人和同龄群体逐渐发展为根据自己的价值标准取向进行自我评价及调整，表现出真正独立的倾向。

3. 自我认识的矛盾性

青年期自我意识的确立，是在自我明显分化的基础上完成的，在这一阶段，出现了两个“我”，一个是作为被观察者的“我”(me)，另一个则是作为观察者的“我”(I)。“主体我”与“客体我”的这种分化意味着青年期自我矛盾冲突的加剧，对自我的肯定和否定导致“客体我”与“主体我”的矛盾斗争。这种矛盾一旦激化，将使青年难以确立自我形象，也就无法形成自我意识，从而引起情感急剧波动，导致青年一时难以自我接纳。青年期，许多心理上的不适应由此而来。对于青年期的大学生而言，如果在“主体我”与“客体我”分化的基础上，能够形成在新的认知水平上的协调统一的自我，那么就能建立良好的自我意识，反之则可能出现自我意识的混乱。大学生自我意识的混乱通常表现为两种类型：一种是过高的自我评价；另一种则是过低的自我评价。过高或过低的自我评价往往导致个体自我意识确立过程中的过分自负或过分自卑这两大心理缺陷。

(二)大学生自我体验的发展特点

1. 自我体验的丰富性

随着大学生知识经验的增长,人际交往范围的扩大,生理、心理的进一步成熟,以及对自我内心活动的关注,个体出现了许多以往少有的自我体验,如自爱自怜、自责自怨、自得、自负、自卑等。左衍涛、王登峰(1996)用情绪词自我评定的方法研究了青年大学生自我体验的结构,主因素分析和聚类分析结果表明,中国青年大学生自我体验包含两个单极的主导维度——正情绪和负情绪,二者相互独立。正情绪包括接受、精力充沛、喜爱与满意等;负情绪包括精神低落、自我否定、对不良刺激的情绪反应及自我扩张等。

2. 自我体验的深刻性

大学生的自我体验不仅丰富,其深度也在不断发展中。从自我体验的内容上来说,少年时期人们往往关注的是外貌长相并因之产生喜怒哀乐的情绪体验,青年期的个体则将注意力放到了能力、品行等内在的个性品质上。随着自我评价的社会性程度提高,青年时期的自我体验更多地与自己的道德品质、社会价值、事业成就、地位等联系在一起。从自我体验的程度上来说,大学生由于生活、学习环境的特殊性,对自己往往抱有更大的期望,这些问题所引起的自我体验尤其强烈深刻。

3. 自我体验的波动性

自我体验的波动性是大学生自我意识发展的必然规律,青年期是个体的一生发展最重要也是最为波动的时期,生理的成熟、知识经验的丰富与人生体验的贫乏都对青年的心理形成了巨大冲击。外界的种种复杂变化的刺激目不暇接,所有这些都造成了青年情绪上的不稳定性,表现在自我体验上就是自我体验的波动性。既容易产生积极肯定的情感体验,又容易在遭受打击时就走向另一个极端。现代大学生面对的社会环境与以往不同,社会经济发展的不平衡、家庭背景的巨大差距、大学剧烈的人才竞争、就业问题的日益严重等问题复杂多样,都会对大学生的内心世界产生强烈冲击，导致心理失衡，如果大学生自己不能妥善地自我调节，就很容易走向自我体验的极端化，影响自我的身心健康水平甚至产生不良的社会后果。

(三)大学生自我调控的发展特点

1. 自我调控的主动性

中小学学生已经具备了一定的自我控制能力，但这种自我控制主要来自权威人物，依赖的是外部暗示甚至命令，具有明显的被动性。进入青年期后，个体主动自我调控能力明显增强，这是个体自我意识增强所带来的结果，尤其对于进入大学校园的大学生来说，由于父母不在身边，生活自由度大大提高，自由的同时随之而来的是自我约束、自我计划、自我规范能力被迫增强。独立面对社会竞争，独立生活能力的形成都是大学生主动进行自我调控的结果。

2. 自我教育能力的发展

自我教育是自我调控的最高阶段。自我教育强调的是“主体我”对“客体我”不断进行教育，促使个体充分发挥主观能动性和自觉自主精神，最大程度实现自我目标，发挥自己的潜能。随着大学生活的来临，以往父母与老师的教导远离耳边，能够跟随自己、长伴身边的只有自己。大学生逐渐懂得了自己监督、促进自我的重要性，越来越意识到自己作为独立个体在社会生存、竞争中的艰难，危机感也不断加强，在这种情况下，自我教育能力可以帮助个体坚定意志，勇于面对困难，最终实现自我不断成长。从这个角度来说，自我教育能力是个体良好个性品质的重要指标。随着现代社会变化发展周期的缩短，大学生自我教育能力的高低在一定程度上意味着个体进入社会后可持续发展水平的高低。

第二节　大学生自我意识的矛盾与调适

自我认识、自我体验与自我调控的相互作用和协调发展才会促进自我的形成。自我的最终形成要经过整个青少年期的分化、整合之后才得以最后完成。个体在青年期的生理、认识、情感等各方面的深刻变化,如性的成熟、思维与想象能力的发展、感受力的提高,使个体开始把关注的重点转向自身内部,开始去发现、体现自己的内心世界,并迫切要求形成自己独特的个性与独特的理解方式。大学生刚刚离开家门走入一个宽松自由的新环境,在这里一切都要重新开始,一切都是陌生而充满新意的,它要求个体必须具备较强的社会适应能力与自我管理能力,这对于以往只是过着刻苦的学习生活、父母包办一切的很多青少年来说是一个很大的挑战。大学时代正处于青年中期,或者说处于大学时代的青年正处于"延缓偿付期",在初中、高中阶段,个体常常被紧张的学习、考试所追逐,没有什么时间考虑自己的人生,只有进入大学后,才能真正专心地考虑自我,探索自我和确立自我这一课题。而这正是一个人成长必经的阶段,也是一个人真正形成独立自我的关键时期。

大学生正处于自我统合时期,而自我统合是大学生心理发展的中心主题。由于身心两方面都发生了巨大变化,他们开始思考"我是谁"和"我将走向何方"两大问题。由于年龄、能力、经验、家庭背景、性别等因素不同,每个人在实现自我统合的过程中面临的问题不同:有的人化危机为转机;有的人可能会产生角色混淆现象,即个人方向迷失,所作所为与自己应有的角色不符合,形成了错误的社会自我、家庭自我和心理自我,最终可能导致退缩、堕落甚至形成某些异常行为,这些都不利于个体健康人格的形成和心理健康的发展。心理学家研究发现,自我评价、自我意识差的学生容易产生孤独;个体较低的自尊和自我评价对建立和维持令人满意的人际关系产生消极影响。还有人研究发现,自我评价过高的个体也可能产生孤独心理。威胁自我良好统合的重要因素是自我意识中的矛盾。下面我们来看看大学生自我意识的主要矛盾及如何调适的问题。

一、主观的我和社会的我之间的矛盾

主观的我是个体对自己的认识和评价。社会的我是别人对自己的认识与评价。英语中的 I 与 Me 能很好地区分这一含义，前者是主观我，用来表示“我是什么”、“我做什么”；后者作宾语使用，表示“怎样看待我”、“给我什么”。对处于心理飞速发展成熟的大学生来说，两者经常会产生矛盾，例如：能够做到自我肯定的个体对自己较有自信，能够接纳自己身体外表的优缺点，并整合别人对自己的看法与自己对自己的看法。但有些青年对自己的外表及能力具有不实的看法，或者产生自我怀疑，变得缺乏自信；或者过于自我欣赏，走向自负或过分自恋的极端，与别人眼中的真实自我差距太大，这些都不利于个体适应未来的社会人际交往与工作生活，严重的甚至会产生人格障碍。

大学生应当学会正确对待这种矛盾，努力尝试自我分析、自我反省。我国著名的教育家孔子早在三千年前就提出“吾日三省吾身”，要想客观、真实地了解自己就必须时刻注意反省自我，既不夸大自己的优点，做不切实际的幻想，又不盲目自我贬低。可以尝试假想自己是另外一个人，默默在空中观察自己，力图客观地进行自我解剖，形成一个恰当真实的自我意识，建立自己的人生哲学与价值观，不卑不亢，既接受别人的良好建议，又坚定走自己认为正确的路，最终形成一个成熟发展的独立个体。

二、现实的我和理想的我之间的矛盾

现实自我是“现实生活中的我”的反映，是一个实在的自我；理想自我是“向往中的我”的反映，体现主体的愿望，体现社会的要求。大学生自我意识的矛盾冲突，意味着理想的自我意识和现实的自我意识之间的差距与矛盾冲突加剧。合理的差距能够使人不断进步、奋发有为。但是，如果差距过大，则有可能引起自我的分裂，导致一系列心理问题。由于两个“我”不能统一，自我形象就无法确立，自我意识不能形成，就会出现明显的内心冲突，甚至有一定的内心痛苦和激烈的不安感。在这种矛盾冲突中，如果可以真实表现自己的真正能力、性格、欲望，既不用掩饰自己的努力，又不怕暴露自己的缺点，个体就能够基本保持两个“我”之间的大致平衡，这种平衡可以激励个体努力改善现实自我的状况,并成为向理想自我的目标迈进的动力,使个体能够正常地成长。若这种矛盾处理不好,就会出现理想自我意识与现实自我意识之间的不平衡,甚至可能导致个体放弃对理想自我的追求。当"理想我"与"现实我"发生冲突时,积极的自我调适便非常必要,大学生要重新调整和评估自己的理想,直到通过努力可以达到为止。

大学生应当有意识地确定自己的理想自我的正确性与可行性,并与现实自我相对照,找到矛盾所在,采取适当措施将两者协调起来。如果理想自我是错误的,与社会规范要求不符合,或者虽然理想自我是积极正确的,但自己的主客观条件还不具备,就应当根据现实条件和自身情况加以分析调整。既可以避免产生不必要的挫折感和失败感,又可以找到更适合自己走的路,提高顺利、成功发展的可能性。

三、自尊与他人认同之间的矛盾

自尊是一种自我体验,是个体对自己有价值感、有重要感的体验,是个体对自我意识进行评价的结果。自尊感包括两种成分:一是个体自己尊重自己的情感体验,即自尊心;二是与个体要求他人尊重自己的需要相联系的情感体验,即尊重感和他人认同。这两种情感是紧密联系的。大学阶段是青少年发展的高级阶段,处于这一阶段的大学生既具有青少年自尊体验强烈敏感的特点,又具备了一定的社会经验,对事物逐渐有了自己的观点,价值观与生活信念日益确立,同时大学生又处于即将进入正式社会生活的前一阶段,对于社会与他人对自己的看法非常重视。还有许多大学生在中学时代是引人注目的"高才生",上大学之后就成了默默无闻的"普通生",角色的转变使他们开始重新审视自我,其自我意识中自尊与他人认同的矛盾日益激烈。

自尊感建立在良好的自我认识的基础上,对自己的认识即对自己的反思,但其信息来源于客观现实。个体在与外界活动和交往中获得有关自己的各方面信息,并将这些信息与自己的所有方面互相比较,得出关于自己的一些结论,从而产生自尊感。有的人总将自己的优点与他人的缺点相比较,得出的结果可能是过于自负,得不到他人的认同;也有人时刻拿自身缺点与他人的优点相比较,常常徘徊在自卑与失落的边缘,产生心理失衡。例如:很多大学生认为自己应该比别人好,而合理的自我认知应该是自己可以比别人好,别人也可以比自己好;自己应该有出色表现、与众不同,合理的自我认知应当是尽努力之后能出类拔萃当然好,但也要乐意做一个平凡人;认为同学之间应该坦诚相待,而合理的认知是同学之间不可能人人坦诚相待、时时坦诚相待;认为自己付出的努力比别人多,而得到的回报比别人少,这是不公平的,而合理的认知是多付出不一定得到多的回报,况且你认为自己付出多、回报少,而他人不一定认同,事实也不一定就是这样;认为他人看不起自己,会笑话自己,而合理的认知是因为自己看不起自己,所以害怕他人笑话,如果自己看得起自己,即使他人笑话又怎样呢?认为自己不如别人,一无是处,而合理的认知是,即使自己不如别人,也不是一无是处,只要自己有优点就有存在的价值。以上这些都是大学生容易产生的自我认识的偏差,由于这些偏差导致自尊心过强或过于自卑,最终出现自我认识与他人认同之间的矛盾。大学生应当注意在衡量评价自己时尽量平等客观,形成合理的自我意识认知,多与不同年龄、特点和优势的人进行广泛比较,从而避免产生自己的自尊心与他人认同差距过大而导致的矛盾心理。

四、自立和依附他人之间的矛盾

当代大学生的一大特点是崇尚自尊、自爱、自强、自立,强调自我的主体性、能动性和独立性。一方面,生理与心理的成熟使他们渴望独立,以独立的个体面对生活、学习与工作中遇到的问题,但由于长期的校园生活使他们应有的社会阅历与经验相对匮乏,当应激事件出现时,却又盼望亲人、老师、同学能够替自己分忧。另一方面,大学生心理上的独立与经济上的不独立也形成了明显的反差。在他们迫切希望摆脱约束、追求自立的同时,却又不可能真正摆脱家长、老师的支持和帮助。特别是对于某些独生子女来说,由于长期受到父母的溺爱,这种独立与依赖的矛盾就表现得非常突出。于是便产生了自立精神与依附心理之间的矛盾。过分的依附使大学生缺乏对客观事情的判断能力与决断能力,显得优柔寡断、缺乏主见;而过分的独立又使部分学生陷入“不需要社会支持”及“凡事都要靠自己”,采取我行我素、孤傲自立的行为方式,但在遭遇挫折时又会出现不知如何寻求帮助的情况。

要想缓解这种矛盾所带来的心理冲突,大学生必须在观念上加以自觉调整。事实上,任何心理成熟的独立的现代人,都不可能完全独立于社会生活,都会需要他人的帮助,尤其在现代快节奏的城市生活与核心家庭占多数的情况下,建立广泛的社会支持系统是个体维护心理健康不可或缺的。独立并非意味着独来独往,独立并非不需要任何人的帮助和指导,并非不需要依赖别人,而在于个人必须对自己的行为负有责任。“一个好汉三个帮”,即使是一个独立性很强的人,也有依靠别人的需要。不同的是,独立的人更多的是依靠自己的力量和努力去克服或解决自我的问题,而不是完全依靠他人的帮助或依赖于别人;独立的人能够权衡利弊、审时度势,能够勇敢做出决定并能够勇于承担自己的行为责任。

第三节　大学生的自我教育

自我教育(self-education)即主体自我按社会要求对客体自我自觉实施的教育过程,是自我调控的最高阶段。一般的自我调控着眼于“克制”,而自我教育则强调在克制自我的基础上设计自我、完善自我,最终达到自我的充分发展。我们一般把自我意识分成现实自我、理想自我和镜中自我,自我教育的实质就是积极努力地把现实自我与理想自我统一起来的过程。自我教育是个体自我意识进步到一定程度后出现的高级自我调控形式,是个体对自身的主动积极地调节,自我教育模式一旦形成可以终身跟随个体,时刻对主体进行目标调节、行动控制、自我激励,帮助个体总结并促进自身的终身可持续发展。加强自我教育可以充分发挥人现有的智慧，培养人特有的创造精神，使个体学会与他人和睦相处，更好地生活和享受人生。

自我教育从本质上来说，是人们自我认识、自我改造的过程。在自我教育过程中，人们首先要认识自己，即人们在工作和生活实践中，从观察分析客观环境、认识他人的过程中，逐步发现自己，认识自己与环境、自己与别人的关系，并反诸于己，即用新的标准要求自己、教育自己，使自己的认识和行为更符合社会的需要。在实际的自我教育活动中，虽不能也不可能事事通过实践，但是，没有对自己和环境的准确认识，就不可能有正确的自我教育。大学阶段的教育应在学生接受教育的同时，重点培养和提高学生的自我教育能力。

一、正确地认识自我

"人，认识你自己。"这句早在几千年前的古希腊奥林匹斯山特耳菲神殿就已经刻着的一句话，已被西方人公认为是现代心理学最早的起源，人们认为心理学就是一门人类认识、了解自己的科学。直到人类社会进步到今天，我们仍然面临着一个最大的也是最永恒的课题就是认识自我。所谓认识自我，就是要客观地评价自己，既不高估自己，也不贬低自己。认识自我，就是要认识自己的生理特点，认识自己的理想、价值观、兴趣爱好、能力、性格等心理特点；认识自我，就是要认识自己的优势、劣势、自己的与众不同和发展潜力。大学生要想形成良好的自我教育能力，首先要做到的就是正确客观地认识自我，做具有较好自我认识能力的人，脑中关于自己要有一个积极的、可行的、有效的行为模式。只有对自身有了准确的认识，才能正确设计自我的发展道路，选择适合自己的美好而又充满希望的职业生涯，寻找与自己契合的人生伴侣，积极采取适当有效的措施改造完善自我，最终走向自我的充分协调发展，发挥自身的最大潜能，达到自我实现的人生最高境界。

大学生一般可以通过以下几个途径来认识自己：

（一）依据他人对自己的态度认识自己

个人对自己的评价往往是以其他人的评价为参照，人们在相互交往中,不断地深化对自己的认识。大学生一般很在乎别人对自己的看法,尤其是有影响力的评价者。他们对别人的评价往往引起两方面的反应,一方面,积极地接受别人的看法;另一方面,也许认为别人的评价不符合自己的实际。因此,评价者的特点、评价的性质将会影响到他们对评价的接受程度。开展同学之间的互评,教师给予具体而有个性的评价,都有助于自我意识的提高。当然,大学生应正确对待他人对自己的评价,应注意评价的准确性、全面性、公正性,在听取他人的评价时不能全盘接受或全盘否定,要经过取舍,应注意与自己关系密切的人对自己的评价;应注意人数众多、异口同声的评价;应注意分析评价者所持的态度、观点,然后有选择地接受,形成关于自我的正确概念。从分析他人对自己的评价中进一步认识自我,而不应对别人指出自己的缺点而耿耿于怀,更不应对自己的优点而沾沾自喜。

(二)通过与他人比较来认识自己

一个人如何评价自己的特点,总是在不断地与同龄人或类似于自己的人进行比较中获得的。人们有一种心理倾向,总是不由自主地用别人的形象或某种特点来衡量自己,并据此对自己做出某种评价,或是自己优于别人而沾沾自喜,或是因自己不如别人而自惭形秽。社会比较理论认为,当个体发现自己对自己的评价与类似于自己条件的他人对自己的评价一致时,就加强了自我评价的信心,大大提高了安全感;相反,如果发现和这些人对自己的评价差距很大时,就会使自己的安全感受到极大的威胁。大学生在与他人进行比较时既要学会欣赏他人,寻找别人身上的优点,又要寻找自己身上的不足,从而看到"我的另一面",并通过自我控制,对自我做某些调整和改进,使自己不断进步,自我不断完善。

(三)通过评价自己的活动表现和成果来认识自己

个体在与外部世界接触中,会不断表现出自己的体力、智力、情绪、意志和品德,个体完成任务的效果与成就程度都与个体这些特性有关,通过有意识地观察总结自己的活动表现和成果可以令个体充分了解认识自己的优缺点，对自己形成更深入的认识。当然，个体在对自己进行评价时要尽量以客观评价为依据，避免因为个人认识或个人动机而出现较大误差。比如：有的人成绩一般却自我欣赏；有的人成绩显著却自感不如他人，自信心不足。自我要求过高者或完美主义者往往表现为对自己要求过严过高，一旦遭遇挫折就容易对自己及社会现实产生失望心理。严重者会出现心理障碍，直接影响自身的心理健康。

（四）借助外界的工具来认识自己

除了上述方法外，现代社会发达的信息来源为大学生了解认识自我提供了现代科学化的途径，即通过各种心理测验、量表、仪器来了解自己。通过生理的测量或检查，我们可以了解自己的生理状况，对自己生长发育有个正确认识。许多大学生外表身高本来属于正常甚至良好水平，但由于一些商业媒体对体育、演艺界明星的夸大宣传，使大学生对自己产生了过高要求，许多人对自己外表不满意甚至发展到要整容或产生心理障碍。可见，对自己外表生理状况的认识对于建立客观的自我形象有很重要的意义。心理测量包括纸笔测验、面谈、情景测试等，通过心理测量可以了解自己各方面的心理特征：如智力水平、性格特征、气质类型、心理适应状况等等。

二、客观地对待自我

客观地对待自我包括两个方面：积极接纳自我和有效控制自我。悦纳自我是发展健康的自我体验的关键和核心。悦纳自我就是要对自己的本来面目抱认可、肯定的态度，正视自己。尽管自己的人性有弱点，与理想有种种距离，仍可以从本质上接受而不感到真正忧虑。"尺有所短，寸有所长"，每个人都有短处和缺陷，其中有的是无法补救的，或只能做有限的改善。在这种情况下，应该正视自己，坦然接受这种缺陷，并不为此羞愧，不在别人面前加以掩饰，不采取其他防御行为，平静而又理智地看待自己的短处和欠缺，冷静地对待自己的得与失。如只注意自身不足的人，容易产生自卑心理，往往片面夸大自身的缺点，对自己持悲观态度，甚至否认自我存在的价值，从而极大地阻碍正确的自我意识的形成。自尊者则对自我充满信心，乐于接受对自我的教育和要求，从而有利于促进正确自我意识的形成。

有效控制自我是健全自我意识、完善自我的根本途径。一般说来，大学生要想有效控制自我，就应该建立合乎自我实际情况的抱负水平，确立合适的理想自我，即面对现实确定自己的具体奋斗目标，把远大的理想分解成一个个远近高低不同的具体目标，由近及远、由低到高，逐步加以实现，避免长期遭受失败感的折磨，产生损害自尊甚至身心健康的结果。有效控制自我还要注意发展坚持性和自制力，增强挫折耐受力，使自己能自觉主动地认清目标，为实现目标而努力排除干扰、克服困难。一个心理健康的大学生能对自己的能力、性格和优缺点做出恰当的、客观的评价，给自己确定的理想目标较为适合实际情况。即使在最困难的条件下，也能理智地对待自我，使自己的心理状态在运动变换中达到平衡。

三、积极地改造自我

大学生不断改造自我的过程事实上是其自我意识走向同一的过程。大学生在面对社会发展需要，即将走入社会接受挑战的情况下，要既注重自我又不固守自我，要根据社会要求不断改造自我，在改造自我之前，应当先确定要改造的内容，主要看自己的缺点，并确定实现改造的程序与方法，找到方向后还需要善始善终。要保证自我改造的经常性，随时随地注意纠正自己的缺点，直到形成良好的习惯或将之内化为自己的价值标准；要注意不良习惯的反复，不良习惯非一朝一夕形成，对其的改变也是一个漫长的过程，大学生必须充分调动自己的意志、情感，坚定不移地贯彻自己的决定才能达到自己想要的效果；大学生改造自我还需要克服外界环境的不良诱惑，大学校园随着社会的进步与物质、信息资源的不断丰富越来越走向开放与多元化，形形色色的价值观充斥其中，要想实现自己心中的理想自我，大学生必须克服许多不同观念的困扰，才能对自己实现正确而有效的改造，否则就会画虎不成反类犬，良好的习惯不但没有形成反而增添了更多不良因素。事实上，小至时下流行的减肥、健身，大至有关前途的专业学习、考研等都是个体自我不断改造、走向完善的过程，都需要个体发挥顽强的意志品质才能真正实现。

四、不断地完善自我

自我教育的心理实质是个体在认识自我、认可自我的基础上，自觉规划行为目标，主动调节自身行为，积极改造自己的个性，由现实自我走向理想自我，实现自身的完善发展以适应社会要求的过程。

自我完善的过程包括三个环节：首先，要确立正确的理想自我。对于大学生来说，来自职业选择、人际关系、学业等各方面的困惑是人生的必经历程，个体必须正视这些问题并做出自己的选择，这种选择的过程也是大学生逐渐实现自我同一、走向理想自我的基础。正确的理想自我是在自我认识、自我认可的基础上，按社会需要和个人的特点来确立自我发展的目标。其次，要努力提高现实自我。大学生在确立了基于现实的理想自我的目标后还要为实现理想自我而做出实际的努力，这是一个长期而艰苦的自我改造和磨砺的过程，需要完善自我控制机制，包括制订计划、实施监督、自我协调等环节的具体实行；需要意志的努力、情感的激励和认识上的不断自我反思。最后，要努力实现现实自我和理想自我的和谐统一。在实现二者统一的过程中，要不断反复分析和确认理想自我的正确性和可行性，然后与现实自我相对照，最后有针对性地、有计划地解决二者之间的矛盾，缩小差距，在不断解决矛盾、自我提升的过程中实现自我价值与社会价值的统一，走向完善的自我。

自我教育是提高大学生自我意识发展水平的有效途径和方法。只有自觉地把客观要求与影响内化成自我需要的人，才能达到自我期望的思想境界，这种思想境界一旦与原有思想水平构成思想矛盾，就会成为自我教育的新内容，成为良好自我形成的内驱力。大学生只有将外在社会对人才的需要转变成学生的内在自我要求,转化为学生的自我教育时,才能够真正形成良好、成熟的自我意识机制,使自己成为一个身心健康、和谐统一的现代社会人才,才能够逐步自我完善发展,走向人生的美好境界。

语码转换式双语教学词汇、语段

Chapter 7　Self-Consciousness

1. 自我意识 self consciousness

Up till now,some researches have been studies on Self-Consciousness of Gifted children and adolescence and the impact on emotion.

直到目前为止,很多研究都对超常青少年的自我意识及其对情绪的影响进行了研究。

2. 自我价值感 feeling of self-worth

If an individual is very lacking in self worth, this can become a difficult issue. Teenagers' feelings of self-worth affect all aspects of their lives and strongly influence the realization of their potential. One thing I often wished for in those times was for someone to explain to me exactly how to achieve real and lasting self worth.

如果一个人缺少自我价值感,那将是一个难题。青少年的自我价值感能够影响他们生活的各个方面,并且能严重影响他们与父母的关系。在那段时间里,我常常期待着有人能给我详细地解释如何实现真正意义的、持久的自我价值感。

3. 理想自我 ideal ego

The "ego-ideal" of individuals is the single element found in the personality structure of individuals that either fosters or prevents delinquency and crime; so if our goal in the high school is to prevent delinquency and crime it begins with the development of a satisfactory ego-ideal.

个人的理想自我是存在于人格结构中的独立成分，它能促进或者阻止个人的不良行为和犯罪行为的生成。因此，如果中学时你的目标是预防不良行为、犯罪行为的发生，那么这一目标一开始就伴随着积极的理想自我了。

4. 自我中心 egocentrism

As the society develops, more and more teenagers have the strong sense of egocentrism as they are bred surrounded with heavy love and spoiled by their parents.

随着社会的发展，越来越多的孩子形成强烈的以自我为中心的思想，这是由于他们生长在被浓浓爱意包围的环境里，被父母宠坏了。

第八章　大学生健康人格的塑造

人格对心理健康的影响十分重要。临床心理学的大量研究发现，当同样的压力、打击等精神刺激发生在具有不同人格特征的人身上时，他们的表现、程度、结果却各不相同。健康的人格是当代大学生必备的素质之一。急剧变革的社会现象和观念多变的社会文化给大学生的人格发展带来了困惑和干扰，但同时也给大学生的人格发展提供了更大的空间。

第一节　人格的概述

一、人格及其特征

人格一词是从英文"personality"翻译过来的。"personality"一词源于拉丁文的"persona"，原意指希腊罗马时代戏剧演员在舞台上扮演角色时所戴的面具，它用来表现剧中人物的身份和性格。心理学中的人格概念沿用其含义，指一个人在人生舞台上表现出的心理和行为特征的总和。科学地讲，人格是指个体在先天生物遗传的基础上，通过与后天社会环境的相互作用而形成的相对稳定和独特的心理行为模式（郑雪，2004）。人格具有以下四个方面的特征：

（一）人格的整体性

人格的整体性是指人格虽然有多种成分和特质，如能力、气质、性格、需要、动机、态度、价值观，等等，但在一个现实的个人身上，它们并不是孤立存在的，而是错综复杂的；它们相互联系、交互作用组成一个有机的整体。正常人的行动并不是某一特定成分（如性格或能力）运作的结果，而是各个成分密切联系、协调一致所进行的活动。人格的整体性表现在人格的内在统一性上，人格的统一性是人格健康的标准，一个失去了人格内在统一性的人，他的行为就会经常由几种相互抵触的动机支配，是一种人格分裂的现象，会形成“二重人格”或“多重人格”。

（二）人格的独特性

人格的独特性是指人与人之间的心理和行为是各不相同的。也就是说，人的人格是由某些与别人共同的或相似的特征，以及完全不同的特征错综复杂地交织在一起构成的独特的人格。由于人格结构组成的多样性，使每个人的人格都有自己的特点。人心不同，各如其面。在日常生活中，我们随时随地都可以观察到各种个性的大学生个体，他们各自的能力、气质、性格、动机和价值观等都不尽相同。当然人与人之间在人格上也有共同性，人格是共同性和差异性的统一。

（三）人格的稳定性

人格的稳定性是指个体的人格具有跨时间的持续性和跨情境的一致性。个人的行为中偶然表现出来的心理特征和心理倾向不能表征一个人的人格。如一个内向寡言的大学生平时严肃认真、不苟言笑，但经过精心准备和多次练习，也可以在某次晚会的节目中表现得活泼开朗。在这里，他的人格特征是内向严肃，而活泼开朗则不是他的人格特征。人格的稳定性源于孕育期，经历出生、婴儿期、童年期、青少年期、成人期以至老年期。随着年龄的增长，儿童时代的人格特征往往变得日益巩固。由于人格的稳定性，因而我们可以通过人格特征的描述来推论个人整个一生的人格状况。当然，人格具有稳定性并不意味着人格是一成不变的，它随着现实环境的变化也会发生某些变化，在一定程度上，人格也具有可塑性。

（四）人格的社会性

人格的社会性是指社会化把人变成社会的成员，人格是社会的人所特有的。社会化是个人在与他人的交往中掌握社会经验和行为规范,获得自我的过程。通过社会化,个人获得了从装饰到价值观和自我观念等人格特征。人格既是社会化的对象,也是社会化的结果。如果婴儿的社会接触被剥夺,就不可能形成真正的人。例如:1920 年,印度一位牧师辛格在狼窝里发现了两个小女孩。她们从小被狼叼走,在狼群中长大,像狼一样生活。她们被救出来以后,小的约 1 岁,很快死去了。大的约 8 岁,经过辛格的悉心照料和教育,她 2 年学会了站立,4 年学会了 6 个单词,6 年学会直立行走,并能讲出 40 个单词,到 17 岁临死时,她仅仅具有相当于正常儿童 4 岁时的心理发展水平(Squres,1927)。

人格的社会性并不排除人格的生物性,人格也受个体的生物性的制约。人格是在个体的遗传和生物性的基础上形成的。人的自然的生物性不能预定人格的发展方向,然而它却构成人格形成的基础,影响着人格发展的方向和方式,影响着某些人格特征形成的难易。

二、人格的结构

气质和性格是人格的重要组成部分,是大学生健康人格塑造的重要内容。

(一)气质

1. 气质的概念

气质是指表现在人的心理活动和行为的动力方面的、稳定的个人特点。这些特点一般不受个人活动的目的、动机、内容的影响。气质是个人最一般的特征,它影响到个人的活动的一切方面。平日说一个人的"脾气"、"秉性",就是指气质来说的。

(1)气质是个体心理活动和行为的外部动力特点

气质表现在人的心理活动和行为中,是显露在外的动力特点,如速度与强度的特点、稳定性的特点、指向性的特点等。我们一般将知觉的速度、情绪和动作反应的快慢归结为强度方面的特点;将情绪的强弱、意志的紧张度等归结为强度方面的特点；将注意力持续的长短、情绪的起伏变化等归结为稳定性的特点；将心理活动是倾向于外部事物（外倾）还是自身内部（内倾）归结为指向性的特点。人们由于这些特点的不同，因而表现出各自不同的气质。

(2)气质是个性心理特性中受人体先天生物学因素影响较大的一部分

气质不同于能力与性格，它较多地受到神经系统先天特性的影响，因而具有先天性。婴儿出生时，气质就有明显的差别：有的爱哭、爱闹，四肢的活动较多；有的则比较安静，较少啼哭等。托马斯等人(1970)通过测定婴幼儿对刺激物的敏感度和对新事物的反应等，追踪研究了气质的早期表现。结果发现，在儿童生命最初几星期内就在气质上表现出明显的个性特征。这些差异显然不是由于后天生活条件造成的差异，而是由于神经系统的先天特性造成的。

(3)气质的稳定性和可变性

由于气质是人的神经系统最基本的特性，因此它是人的个性中更加稳定的特性。气质的稳定性首先表现在它不依赖于人的活动的具体目的、动机和内容。在不同性质的活动中，一个人的气质往往表现出相对稳定的特点。例如：一个情绪爱激动的学生，上课时可能爱举手发言，考试前可能显得心神不定，参加体育比赛可能沉不住气等。气质的稳定性还表现为在人生的不同时期内，他的气质特点是相对稳定的。夏埃弗和拜莱(1963)的研究证明，儿童在内向和外向方面所表现出来的气质特点，在生命的最初几年内就明显形成了。这些特点在他们后来的生活中也很少改变。但是，气质的稳定性并不意味着它完全不起变化。在生活环境和教育条件的影响下，气质可以被掩蔽，也可以得到相当程度的改造。例如：在集体生活的影响下，有些情绪易于激动的人，可能变得比较能够克制自己；有些动作缓慢的人，可能变得行动迅速起来。

2. 气质与能力的关系

气质不是能力，它不直接决定人的活动的效率，因而不是顺利完成某种活动所必备的心理条件。如有两个人，一人热情大方，善交际，他的心理活动和行为倾向于外界的事物;另一人沉着、稳重,好独处,他的心理活动和行为倾向于自身。两个人在工作中都表现了很强的能力,能够顺利地完成他所承担的任务。但他们的气质是明显不同的。和能力比较,气质是人的更一般的特性,它主要决定于个体神经系统的先天特性;而能力是与认识过程相联系的个性心理特征,它除了先天素质的作用外,主要决定于后天生活环境和教育的作用。但是,气质与能力又有密切的关系。个体心理活动和行为的某些动力特点,如强度、速度、灵活性等,是发展能力的重要前提。某种气质有利于发展某种能力,而另一种气质有利于发展另一种能力,而妨碍某种能力的发展。例如:一个人热情大方,善交际,这对发展新闻采访工作的能力是很有利的。相反,一个人的气质过于内向,将影响这种能力的发展。了解气质与能力的这种复杂关系,对于大学生扬长避短、进行人格的自我塑造具有重要意义。

3. 气质的类型

公元前5世纪,古希腊医师希波克拉底提出人体有四种体液:血液、黄胆汁、黑胆汁和黏液,并根据某种体液在人体内所占的优势而将人的气质分为四种类型,即胆汁质、黏液质、多血质和抑郁质。这种气质类型的划分方法被科学心理学研究所证实,并一直沿用至今。这四种传统的气质类型的心理特征及其典型表现是:

(1)胆汁质

属于这种气质的人,其基本特点是具有很高的兴奋性和较弱的抑制性,以及由此在行为上表现出的均衡性。他们直率热情,精力旺盛;脾气急躁,易于冲动;反应迅速,智慧敏捷;情绪明显外露,易冲动,好挑衅,心境变化激烈,但体验不强。胆汁质型的人能以极大热情投身于学习和工作,积极、生气勃勃,但一旦精力消耗殆尽,往往情绪也就跟着低落下来,工作带有明显的周期性。标定词为:有活力、乐观、爱冲动、易变化、易兴奋、敢作敢为、不宁静、爱生气。

(2)多血质

属于这种气质的人,神经过程平衡而灵活,容易适应环境,他们活泼好动、敏感、反应迅速；不甘寂寞，善于交际；智慧敏捷，注意力易于转移，兴趣易变；接受新事物容易，但印象不很深刻；情绪和情感易于产生也易于改变，体验不强。多血质的人精神愉快、朝气蓬勃，在新的环境里不感到拘束，但如工作受挫或事业不顺，或需付出艰苦努力时，其热情就会锐减，容易见异思迁。标定词为：善社交、开朗、健谈、敏感、随便、活跃、关心自由、喜领头。

(3)黏液质

属于这种气质的人，基本特点是安静、均衡。他们稳重，交际适度；反应缓慢，沉默寡言；善于克制自己，情绪不易外露；注意力稳定又难以转移；善于忍耐，沉着坚定；不尚空谈，埋头苦干。标定词为：平静、性情平和、可信赖、有思想、谨慎、多虑、被动。

(4)抑郁质

属于这种气质的人，行为孤僻，反应迟缓；多愁善感，体验深刻；具有很高的感受性，不能忍受太大或太小的神经紧张、敏感，比较容易受挫折；能与别人很好相处，胜任别人的委托，能克服困难，具有坚定性；比较孤僻，行动迟缓，在事物面前优柔寡断，面临危险时容易感到紧张、恐惧。标定词为：安静、不善社交、有节制、悲观、善思考、刻板、喜怒无常、多愁善感。

上述四种气质类型仅是一种典型划分，在实际生活中，典型的属于上述四种气质类型的只是少数人，大多数人是接近某种气质，同时又具有其他气质的某些特点。判断自己属于什么气质，可以用很简单的方法进行测量：认真分析上述各类标定词，一个个地比照，看哪一种气质的标定词最多，另外还兼有哪些，就可以了解自己属于什么气质。例如："以抑郁质为主，兼有胆汁质成分的混合型气质"，当然，这种测量是大致的，如果想准确了解自己的气质类型，可通过气质量表进行心理测量。值得注意的是，成年人的气质往往与性格有机地融为一体，很难区分。一个人的气质在幼、少儿时期表现得比较明显。随着年龄的增长，积累的生活经验日益丰富，他的某种气质特点就更多为后天获得的个性特征所掩盖。在成人身上，气质和性格往往是有机地交织在一起的,性格会在一定程度上掩盖和改造气质,表现为一个人特定的态度体系和行为模式。

(二)性格

1. 性格的概念

性格是指由人对现实的态度和他的行为方式所表现出来的个性心理特性。它是一个人的心理面貌本质属性的独特结合,是人与人相互区别的主要方面。

首先,性格表现在人对现实的态度和他的行为方式中。所谓态度,是个体对待社会、别人和自己的一种心理倾向,它包括对事物的评价、好恶和趋避等方面,态度表现在人的行为方式中。例如:在遇到危险时,有人勇敢、无畏,一往直前,因而转危为安;有人却怯懦、退缩,一筹莫展,导致大难临头。

其次,性格指一个人独特的、稳定的个性特征。在某种情况下,那些一时性的、情境性的、偶然性的表现,不能代表一个人的性格特点。例如:一个人偶尔忘了朋友的委托,不能说他性格粗心大意;一个人偶尔发火,不能说他性格暴躁。只有当一个人的态度以及符合这些态度的行为方式不是偶然发生的,而是比较稳固、比较经常且能从本质上表现一个人的个性时,这种态度和行为方式才具有性格的意义。

最后,性格表现了一个人的品德和世界观,它在个性中具有核心的意义。人的个性主要不是表现为气质、能力的差别,而是表现为性格的差别。性格具有直接的社会意义。不同性格特点的社会价值是不一样的。例如:忠诚、坚定等性格,对社会有积极意义,而虚伪、奸诈等性格,对社会有消极影响。

2. 性格的特征

性格有多种多样的特征,它们的组合形成了复杂的结构。性格的特征包括以下四个方面:

(1)性格的态度特征

它表现在对待和处理各种社会关系方面的态度特征。包括对待社会、集体的态度，对待劳动、工作的态度，对待他人和自己的态度，对待物品的态度等。具体表现为同情或冷漠，正直或虚伪，勤劳或懒惰，认真或马虎，开拓创新或墨守成规等。

(2)性格的意志特征

人的意志表现为对自己行为的调节和控制。与人的意志相应的性格特征叫性格的意志特征，包括四个方面：一是个体具有明确的行为目标，并使其接受社会规范约束的意志特征；二是个体对行为自我控制水平的意志特征；三是个体在紧急或困难条件下表现出来的意志特征；四是个体对待长期工作的意志特征。具体表现如目的性或盲目性，独立性或暗示性，自制或放纵，果断或犹豫，坚韧或软弱等。

(3)性格的情绪特征

人的情绪活动具有不同的品质。如情绪的强度、稳定性、持久性等。有些人情绪很强烈，他们容易受情绪的支配；有些人情绪比较微弱，他们的活动受情绪影响较小；有些人情绪稳定，而另一些人的情绪容易起伏波动。人们的这些情绪品质的差异影响人们的性格特征，使人们的性格特征呈现出差异性。

(4)性格的理智特征

与人的认识活动相联系的性格特征称之为性格的理智特征。例如：在观察事物时，有人注意细节，有人注意整体；在解决问题时，有人倾向冒险，有人倾向保守；有人爱独立思考，有人爱照搬别人的结论；在回忆往事时，有人很准确，有人却总是粗枝大叶等。

3. 性格的类型

(1)内向型和外向型

内向型和外向型是按照心理活动是倾向于外面世界还是内心世界来划分的，又称为内倾型和外倾型。内向型性格的人比较好静，善于沉思、幻想，做事小心谨慎、深思熟虑，反应相对较慢，不爱在大庭广众之下抛头露面、高谈阔论。外向型性格的人感情溢于言表，活泼、开朗、善交际、不拘小节，做事风风火火。现实生活中，纯内向或纯外向的人并不是特别多，相当一部分人介于内向与外向之间，属于混合型。

(2)不同的性格类型

不同的性格类型,反映出不同的心理状态。

比如:A 型性格和 B 型性格是依据人们的时间感等特征的差异性划分的性格类型。A 型性格的人整天忙忙碌碌,内心渴望成功,时间感很强,富有紧迫感和危机意识,好争斗,易激怒。而 B 型性格的人则喜欢慢条斯理地学习,崇尚悠闲自在的生活,有耐心,容忍力强,随遇而安,知足常乐,时间观念不强。有研究表明,A 型性格较 B 型性格的人更易患心脏病。

第二节　大学生不良人格及调控

不良人格又称为人格缺陷,是介于正常人格与人格障碍之间的一种人格状态,是人格发展的不良倾向。不良的人格品质会影响大学生的心理健康,严重的还会导致疾病,危害社会,因此,作为大学生应了解并掌握一些常见人格缺陷的特征及矫正方法。

一、自我中心

自我中心是指以自己意志为主导,将自我作为思考问题的出发点与归宿,过分关注自我,不顾及他人利益和思想,从而在行动上和观念上表现出自私自利、我行我素的特征和处世态度。以自我为中心的人过多考虑自己的需要,忽视他人的需要和存在,对别人缺少关心和谅解,绝对不允许他人对自己的利益构成伤害和威胁。这种表现在那些有较强自信心、自尊心、优越感、独立感的学生当中尤为明显。自我中心的人格缺陷在独生子女占绝大多数的大学生中是普遍存在的。原因之一就是从小在家庭教育环境中逐渐养成的利益独占性和排他性。由于当代大学生基本上都是独生子女,从小生活在娇惯的环境中,在一片的"呵护声"和"满足感"中长大,缺少利益分享、相互关心、礼貌谦让、公平兼顾的家庭教育环境,在自我意识的形成中逐渐养成了"唯我独尊、妄自尊大”的心理和行为习惯。当他们把这种在家庭中习以为常的心理和行为带到大学的集体生活中时，矛盾和冲突不可避免地就会出现，对其健康成长和成才造成危害。克服过分自我中心的途径包括：第一，树立健康的人生观与价值观，将自己和他人、自我与社会、个人利益与集体利益统筹起来，从狭隘的小天地走出来；第二，对自我中心的倾向进行有意识地关注和调控。只要大学生能积极地关注自己自我中心的一些心理和行为，从心理上引起高度警觉和重视，一旦出现，马上给予纠正，应该说是可以改变的；第三，真诚地关爱他人。友善、关爱、助人是从给予和奉献中体验一种超然于个人利益之上的崇高的人生感悟，这是持久的和受人尊敬的。大学生应该在集体生活中学会如何体谅他人、关爱他人，获得他人的认同，建立和谐的人际关系，从而获得一种崭新的人生体验。

二、自卑

自卑是指由于一些条件的限制和认识上的偏差，认为自己在某个方面或某几个方面不如别人，从而表现出轻视自己、失去自信、畏缩的人格特征。自卑有多种表现方式，退缩或过分地争强好胜是其中最明显的两种。

对于大学生来说，无论是适应新的环境还是建立新的人际关系，都面临着重新树立自我形象的问题。大学生面临的自我形象的挑战至少来自三个方面：首先，面临着学习成绩相对下降的问题。原来学校的尖子学生很可能不再是尖子，大多数人都面临着学习成绩相对下降的问题。多数人在学习成绩上的优势将会削弱或者消失，成为一般的学生。其次，文体、艺术才能以及知识面的差异变得更加突出，而这些方面的才能在大学中是非常引人注目的。这对于在这些方面的基础比较差的学生来说是一个非常大的压力，对他们重新树立自我形象必将产生一定的影响。大学生中一方面有着强烈的交际和参与的愿望，但同时又缺乏这方面的经验和技巧，这就会产生少数“活跃分子”和大多数人相对交往狭窄的状况。这些挑战如果处理不好，极容易产生自卑心理。自卑感一旦形成便有很强的感染性和扩散力,会给大学生的学习和生活带来消极的影响。

克服自卑应从认识、情绪、行为三个方面同时入手。首先,从思想上树立“天生我材必有用”的信念。心理学研究表明,成功者与失意者在智力上并没有显著差异,并不是智商高的人就一定能成功。他们之间最主要的差异在于自我评价上。其次,调节自己的情绪。学会积极的自我心理暗示、自我激励,可以用语言对自己说“我能行”、“我对未来充满信心”、“再试试”。最后,树立自信,马上行动。正确认识自己,善于根据自己各方面的条件、特长发挥自己的优势,在发展中增强自己的自信心;积极参加集体活动,在活动中发现和发展自己的能力,唤起自己的自信心,在积极的心理状态下不断克服自己的自卑心理。

三、懒散

懒散是指一种慵懒、闲散、拖拉、疲沓、松垮的生存状态,是意志活动无力的表现。懒散主要表现为:活力不足,什么也不想做,没有计划,随波逐流;无法将精力集中在学业上,无法从事自己喜欢的事,百无聊赖,心情不爽,情绪不佳,犹豫不决,做事磨蹭。导致大学生懒散的重要原因是目标不明确,意志不坚定,有逃避困难的心理,做事缺乏计划性,缺少“从现在做起”的精神。从主流上看,青年大学生是充满朝气和活力、开拓进取的,但也有少数学生表现出懒散、拖沓的人格发展缺陷。大学校园内曾经流行着这样的打油诗:“人生本该 HAPPY,何必整天 STUDY,只要考试 PASS,拿到文凭 GO-AWAY”,这正是懒散、拖沓的表现。

处于懒散状态的大学生也常以此感到内疚、自责、后悔,但又觉得无力自拔,心有余而力不足,这主要是因为他们往往想得多而做得少,缺乏毅力所致。正如学者所言:你是容量极大的水库,里面蓄积了从未使用过、却随时随地可以供你使用的天赋与才干,但如果拖沓和胆怯使你永远无法打开那智慧的闸门,那水库也就如同空的一样。要克服懒散,首先,要培养坚强的意志品质。学习是一件需要付出艰苦劳动的事情，也是一件无法回避的事情。因此，它需要大学生凭借坚强的意志力来不断战胜惰性，催促自己不断向前，用渴望成功的喜悦感来战胜由于懒惰带来的失败感。越是逃避、拖沓，心理压力就越大，失败感就越强。其次，养成“立即动手”的习惯。惰性虽然使人暂时摆脱了艰苦的学习工作，但却积压了过多的负担和压力，长此以往，必定陷入“惰性拖延——低效能——情绪困扰——失败——自我否定——拖延”的恶性循环中，给大学生的身心健康带来消极影响。因此，必须从小事做起，一旦计划规定和任务明确，就要立即动手，不要在心理上给自己的懒惰、拖沓找任何借口，否则，就进行自我惩罚。久而久之，便会养成“立即动手”的良好习惯。

四、偏激

偏激的人格特征在大学生当中是非常普遍的，它在认识、情绪和行为上都有体现。首先，在认识上的表现是看问题绝对化、片面性很大。大学生社会经验少、思想单纯，他们善于思考，具有强烈的参与意识，富于怀疑、批判精神，但在认识问题时往往缺乏客观性，容易以偏概全，固执己见、把个别现象当作普遍问题，形成逆反心理，导致认识的偏见。其次，在情绪上的表现是根据个人的好恶和一时的心血来潮去论人论事，怨天尤人、牢骚太盛，缺乏理性的态度和客观的标准。有的大学生一次考试考好了，就以为自己什么都好，洋洋自得，产生骄傲情绪；而有时一次考试不理想，就消沉到底、一蹶不振，认为自己什么都不行了。这就是偏激的表现。再次，在行为上的表现是莽撞从事，不顾后果。有些大学生由于偏激地认为友谊就是讲义气，当他们的朋友受了别人“欺侮”时，往往二话不说，马上就站出来帮朋友打架，将蛮干、鲁莽当英雄行为，导致偏激的行为。偏激在大学低年级当中更为常见。偏激的大学生在处理重大问题时往往主观武断、意气用事、我行我素，给学习和生活带来极大的困扰。要克服偏激心理，首先，要丰富自己的知识。现实中，不少偏激的认识和行为倾向源于知识的贫乏。由于缺少必要的知识储备，有些大学生在看问题时，往往只从一个角度出发,抓住一点不放,导致偏激的认识和冲动行为。因此,丰富自己的知识储备是全面、客观地看问题,减少偏激倾向的必备条件。正如培根所说:"知识就是力量","读书使人深刻,伦理学使人庄重,逻辑修养学使人善辩,凡有所学,皆成性格"。其次,要增长自己的阅历。大学校园生活是丰富多彩的,除了学习之外,还有各种各样的活动,如体育、音乐、绘画、社团、写作、座谈会等。有益的活动可以使大学生不断获得新知识,丰富生活内容,开阔思路,并在活动中陶冶情操,增强对他人、社会的理解,克服偏激的心理。再次,培养辩证思维能力,全面、灵活、完整地评价事物,冷静、客观地看待问题。大学生正处于形式逻辑思维向辩证思维发展的过渡阶段,辩证思维发展尚不成熟,不善于一分为二地看问题,往往抓住一点就无限地夸大或缩小,自以为看到了事物的全部,极易出现以偏概全的失真判断,导致错误的结论。因此,发展辩证思维能力,学会全面客观地看问题,才能有效地克服这种"一叶障目,不见泰山"的偏激心理。

五、急躁

急躁是大学生中常见的不良人格品质,表现为碰到不称心的事情马上激动不安;做事缺乏充分准备,没准备好就盲目行动,急于达到目的;缺乏耐心、细心、恒心。性情急躁的大学生说话办事快、竞争意识强、容易冲动、情绪常常处于紧张状态,常常什么都想学,而且想短时间内学会,生怕比别人落后,急于求成,但实际效果常常达不到期望的目标,从而泄气、发怒,既影响自己的健康和效率,又妨碍良好人际关系的建立。

怎样克服急躁的缺点呢?①思先于行。首先要加强自我修养,自觉地养成冷静沉着的习惯。在学习、生活中,对非原则性问题尽量避免与人发生矛盾以致激化,把精力用到积极思考之中。②改变行为,细心、认真行事。说话控制语速,想好了再说,不随意打断别人谈话;看书要一字一句细读,边读边想;走路、骑车有意不超过别人;工作中改掉冲锋陷阵式的习惯,不着急、有条不紊地干。③控制发怒。性格急躁的人容易发怒，应将制怒格言“能忍则自安；退一步则海阔天空”铭记在心，时时提醒自己遇事冷静。④采用松弛疗法，坚持静养训练，在学习之余，常听轻松、优雅、恬静的音乐，赏花悦心、书画静神，打太极拳和练练气功闭目养神，使肌肉、神经都处于完全放松状态。

第三节　大学生人格障碍及其矫治

人格障碍也称病态人格、变态人格，它是一种人格发展的内在不协调，是在没有认知过程障碍或没有智力障碍的情况下出现的情绪反应、动机和行为活动的异常。一般认为，人格障碍可能是生理、心理和社会文化等因素共同作用下形成的，尤其是儿童早期的环境和家庭教养方式对人格形成和发展起着非常重要的作用。虽然在大学生人群中真正有人格障碍的人并不多，但存在不良人格倾向的人却不少，他们是人格障碍的易感人群，应该引起警惕。

一、人格障碍的表现模式

人格障碍的表现十分复杂，很难对其进行概括和总结。一般来说，人格障碍有如下几个共同特征：

(1)紊乱不定的心理特点和难以相处的人际关系。这是各类人格障碍最主要的行为特点。

(2)怨天尤人。将自己所遇到的任何困难都归咎于命运或别人的错处，因而他们不能感觉到自己有缺点和需要改正。他们经常把社会或外界的一切看做是荒谬的，不应该如此。

(3)自我中心，没有责任感。如对不道德的行为没有罪恶感，伤害别人而不觉得后悔，并对自己所作所为都能做出自以为是的辩护。他们总是把自己的想法放在首位，以自己的利益压倒一切，而不能设身处地地体谅别人。

(4)难以改变的病态观念。他们总是走到哪里便把自己的猜疑、仇视和固有的看法带到哪里,任何新环境的气氛无不受其行为特点的影响。

(5)缺乏自知力。他们的行为后果伤害和致痛别人,使左邻右舍鸡犬不宁,而自己却坦然自若。总是通过别人的告发或埋怨显露他们的怪癖或不良行为,而不是他们自己感到有什么疾痛、心情不安或有想不通的地方而去求助他人。

(6)幼年开始,一旦形成就比较稳定且不易改变。

(7)一般来说,意识是清醒的,无智力障碍。

二、人格障碍的类型

根据人格的特质理论,可将人格障碍分为十一种:

(1)偏执型人格障碍。主要特点是:极度的感觉过敏,思想、行为固执死板,坚持毫无根据的怀疑。对别人特别嫉妒,而又非常羡慕。对自己过分关心,且又无端夸张自己的重要性。把由于自己的错误或不慎产生的后果归咎于他人,但从来不信任别人的动机和意愿,认为别人存心不良。这种性格的人在家不能和睦,在外不能与朋友、同事相处得好,别人只能对他敬而远之。

(2)分裂型人格障碍。行为怪癖而偏执,为人孤独而隐退。对人对事缺乏起码的温和与柔肠。明显的有社会化障碍,几乎没有朋友,没有社会往来,对于别人对他的批评或鼓励毫无感觉。强烈的自我向性思维,但一般还能认知现实;繁多的白日梦幻想,但一般与实际不脱节。他们在表达攻击和仇恨上显得无力;在面对紧张和遇到灾难时,又是超然的、满不在乎的。

(3)分裂样型人格障碍。主要特点是:观念、思考、知觉、言谈和行为多有各种奇异的表现。他们的观念离奇,具有魔术式思考,众多的迷信禁忌、玄幻的想象、荒唐的推理、意料不到的异端层出不穷。由于这些特点,他们有时会被人看做为现世“奇人”。

(4)戏剧化型人格障碍。它又称为癔症型人格障碍。这种人具有浓厚而强烈的情绪反应，行为特点是自吹自擂、装腔作势；喜欢引起他人的注意和关心，爱虚荣，爱有兴奋的事情发生，常把自己的感觉和情感加以夸张，从而加深他人对自己的印象；善变、爱挑逗；要求于人多，内心真情少；自我中心，依赖性强，常需要别人的保证与支持；有时也善于玩弄或威胁他人。

(5)自恋型人格障碍。过分地自我关心、自我中心和自夸自尊。常幻想自己了不起、有才学、有美貌。期待别人的欣赏，总希望有人特别对待自己，不能接受别人的建议和批评。以极端的眼光看人，不是说得很好，就是一无是处。很难理解别人的苦处和难处。

(6)反社会型人格障碍。它又称为精神病态和社会病态。主要特征是时常做出不符合社会要求的行为。妨碍公众，不负责任。经常违法乱纪。行动冲动，缺乏羞耻心和自责感。犯错误后，没有后悔的感觉，也不能从中吸取经验教训，常把一些责任归罪他人。这是文献报告较多的一种人格障碍类型。

(7)边缘型人格障碍。它以反复无常的心境变更和行为不稳定为主要特点。他们的挫折阈值很低，时而大发脾气或郁闷而感到空虚，时而恢复正常。他们常做出一些冲动性的、无法预料的破坏行为，如偷窃、赌博、施行暴力、乱花钱等。他们的不少行为犹如精神病急性发作状态，边缘型名称也由此而来。

(8)回避型人格障碍。心理自卑，行为退缩。面对挑战采取逃避态度或不能应付。想与人来往，又怕被人拒绝、嫌弃；想得到别人的关心与体贴，又害羞不敢亲近。与分裂型人格障碍不同：他们并不安于或欣赏自己的孤独，不与人来往并非出于自己的心愿。他们被迫应用众多的心理防御机制。

(9)依赖型人格障碍。极度地依赖他人。他们虽然有较好的工作能力，但由于缺乏自信，自觉难以独立，不时地需要别人的帮助。他们不果断，也缺乏判断力，总是依靠别人为自己做出决策或指出方向。

(10)强迫型人格障碍。主要特征是强烈的自制心和自我束缚。他们过分注意自己的行为是否正确、举止是否适当，因此表现特别死板,缺乏任何灵活性。过多的清规戒律,极度地墨守成规,他们对任何事情都谨小慎微、顾虑多端,怕犯错误。他们还要求别人根据他的思想方式和习惯行事,妨碍他人的自由。

(11)被动攻击型人格障碍。主要特征是以被动的方式表现其强烈的攻击倾向。表面上唯唯诺诺,背地里不予合作。例如:故意晚到,故意不回电话和回信,故意拆台使工作无法进行。顽固执拗、不听调动,拖延时间,暗地破坏和阻挠。他们的仇视情感与攻击倾向十分强烈,但又不敢直接表露于外,他们虽然牢骚满腹,但心理又很依赖权威。

以上分类可视为三大人格障碍群。第一群以行为怪癖、奇异为特点,包括偏执型、分裂型、分裂样型人格障碍;第二群以情感强烈、不稳定为特点,包括戏剧化型、自恋型、反社会型、边缘型人格障碍;第三群以紧张、退缩为特点,包括回避型、依赖型、强迫型、被动攻击型人格障碍。

三、人格障碍的自我矫正方法

人格障碍的矫正虽然有一定的难度,但也不是什么“不治之症”。在临床实践中发现,有相当一部分人格障碍者,在精神科医生和心理学家的指导下,通过自身的努力,在可能的限度内,在人格障碍的矫正方面取得了令人满意的效果。下面简要介绍几种人格障碍自我矫正的方法:

(一)反向观念法

人格障碍者大多伴随有认识歪曲现象,反向观念法即是改造认识歪曲的一种有效方法。反向观念法是指自己主动与自己原有的不良自我观念唱反调,原来是以自我为中心,现在则应逐渐放弃自我中心,学习设身处地为他人着想;原来爱走极端,现在则学习多方位考察问题,来点儿中庸;原来喜欢超规则化,现在则应偶尔放松一下,学习无规则地自由行事。采用反向观念法克服缺点的要点是:先对自己的错误观念进行分析，然后提出相反的改进意见，在生活中努力按新观念办事。这种自我分析可以定期进行，几天一次或一星期一次，也可以在心情不好或遭挫折时进行。认识上的错误往往被内化成无意识的，通过上述自我分析，就可将无意识的东西上升到有意识的自觉层次，这有助于发现和改进自己的不良人格状态。

（二）习惯纠正法

人格障碍者的许多行为已成为一种习惯，破除这些不良的习惯有利于人格障碍的矫正。以依赖型人格为例，实施这种方法有三个要点，一是清查自己的行为中有哪些事是习惯地依赖别人去做，有哪些事是自作决定的，你可以每天做记录，记录一个星期。二是将自主意识很强的事归纳在一起，如果做了，则当做一件值得庆贺的事，以后遇到同类情况应坚持做；如果没做，以后遇到同类情况则应要求自己去做。而对自我意识差、没有按自己意愿做的事，自己提出改进的想法，并在以后的行动中逐步实施。例如：在制订某项计划时，你听从了朋友的意见，但你对这些意见并不欣赏，便应把自己不欣赏的理由说出来，这样，在计划中便将语码转换为你自己的意见，随着你的意见的增多，你便能从依赖别人意见逐步转为完全自主决定。三是找一个你信赖的人做监督者，并与监督者订立双边协议，当你有良好表现时，予以奖励，当你违约时，予以惩罚。

（三）行为禁止法

对于人格障碍者的许多不良行为，可以采取该法。例如：一个偏执型人格障碍的人，当对一件事忍无可忍而将要发作时，你对自己默念如下指令："我必须克制住自己的反击行为，我至少要忍十分钟。我的反击行为是过分的，在这十分钟内，让我当即分析一下有什么非理性观念在作怪。"采取这种方法后，不久你就会发现，每次你认为忍不可遏的事，只要忍上几分钟，用理性观念加以分析，怒气便会随之消减。不少你认定极具威胁的事，在忍耐了几分钟后，你会发现灾难并未降临，不过是自己的一种无谓担忧罢了。

(四)情绪调整法

人格障碍者多伴有情绪障碍。例如:戏剧型人格的情绪表达太过分,旁人无法接受。采用此法首先要做到的便是向你的亲朋好友作一番调查,听听他们对你的看法。对于他人提出的看法,你应持全盘接受的态度,千万不要反驳,然后你扪心自问一下,上述情绪表现哪些是有意识的,哪些是无意识的;哪些是别人喜欢的,哪些是别人讨厌的。对别人讨厌的坚决予以改进,对别人喜欢的则在表现强度上力求适中。对无意识的表现,你将其写下来,放在醒目处,不时地自我提醒。此外,可请你的好友在关键时刻提醒一下,或在事后对自己的表现作一评价,然后从中体会自己情绪表达的过火之处。这样坚持下去,你的情绪表达就会越来越得体和自然了。

第四节　大学生健康人格的自我塑造

除了才华和机遇外,人格是决定人的一生成功与否、快乐与否的关键因素。大学生处在青年期的中晚期,是人格完善与定型的关键期。社会的现代化呼唤着大学生的健康人格,而大学生的健康人格也是社会现代化的持续动力因素。

一、健康人格的特征

健康人格是指人格和谐、全面、健康地发展,它是现实人格的良好状态,是与社会环境相适应,为其他社会成员所接受而又充分表现个人个性特征的人格模式。自从20世纪50年代以来,西方许多心理学家根据他们的临床经验,运用心理测验等方法,对高健康水平的人进行了研究,提出了不少健康人格的模式,这对我们深入认识健康人格的特征具有一定的启示意义。

(一)健康人格的各种模式

1. 马斯洛的“自我实现者”模型

美国人本主义心理学家马斯洛(A. H. Maslow,1908—1970)强调人的自我实现。他研究那些能够充分发挥自己才能,全力以赴地工作,并把工作做得最出色的人。如贝多芬、斯宾诺莎、歌德、爱因斯坦、詹姆斯、弗洛伊德、杰弗逊、罗斯福和林肯等。马斯洛根据自己的长期观察,概括出自我实现者具有以下特征:良好的现实知觉;对自己、他人和现实表现出高度的接纳;有自发性和率真性;以问题为中心;有独处的需要;高度的自主性,不受环境和文化的支配;高品位的鉴赏力,对普通生活的新鲜感;常常有高峰体验;关心社会;能与他人建立持久深厚的友谊;具有民主的性格结构;强烈的道德感和独立的善恶判断能力;善意的幽默感;富有创造性;不受现实文化规范的束缚。

2. 奥尔波特的"成熟者"模型

美国心理学家、人格特质论的倡导者奥尔波特(G. W. Allport,1897—1967)认为,健康人是在理性和有意识的水平上活动,对激励他们活动的力量完全是能够意识到的,是可以控制的。他还认为,健康人的视线应该指向当前和未来的事件,而不是指向童年的事件。他把心理健康水平高的人称为"成熟者",根据多年在哈佛大学的研究,他从"成熟者"身上归纳出七个特点:有自我扩展的能力;人际关系融洽;情绪上有安全感;具有现实性知觉;专注地投入自己的工作;客观地看待自己;行为的一致性是其人生哲学。

3. 罗杰斯的"功能充分发挥者"模型

美国人本主义心理学家、人本疗法的创始人罗杰斯(C. R. Rogers,1902—1987)认为,健全人格不应该理解为人的状态,而是过程或趋势。罗杰斯将"功能充分发挥者"的优秀特征概括为五个方面:他们的社会经验都能进入意识领域,具有经验的开放性;协调的自我;以自己的内在评价机制来评价经验;自我关注;乐意给他人以无条件的关怀,能与其他人高度协调。

4. 弗洛姆的"创发者"模型

弗洛姆(E. Fromm,1900—1980)是一位从社会哲学角度来探讨人格的理论心理学家。他既批判地接受弗洛伊德的学说,又受到精神分析社会文化学派新理论的影响。他认为每个人都有充分利用自己潜能成长和发展的固有倾向,由于社会本身的压抑和不合理,很多人都未能达到心理健康的状态,病态的社会产生了病态的人格。他强调社会变革在产生大量健康者或"创发者"方面的重要性。他认为"创发者"有四个特征,即创发性思维,创发性的爱会使人意识到与被爱者有密切关系,意识到关怀被爱者;有真正的幸福体验,即身心健康;个体的各种潜能得到实现的状态;以良心为定向系统,"创发者"有一种特殊的良心,弗洛姆称其为"人本主义良心",它引导人们实现个性的充分发展和表现,并使人获得幸福感。

5. 皮尔斯的"立足现实者"模型

美国心理学家皮尔斯(F. S. Perls,1893—1970)认为,人格健全者应该是充分地理解并坚定地立足于自己的现实情境。他认为立足于现实的人具有下列十项人格特征:牢牢地建立在当前存在的基础上;对自己有充分的认识和认可;对自己的生活负责并摆脱对任何人所负的责任;完全处在与自我和世界的联系状态中;能摆脱外部调节而进行自我调节;能认清、承认并且表达自己的冲动和渴望;能够坦率地表达他们的怨恨;反映当前情境并被当前情境所指引;开放的自我界限;不追求幸福。

(二)健康人格的一般性特征

健康的人格是一个有机的、统一的、稳定的整体,具有以下几个方面的特征:

1. 正确的自我意识

具有健康人格的人能接受一切属于"我"的东西:外貌、才能、出身以及由此带来的影响,能够忍受生活中不可避免的冲突和挫折,经得起一切不幸遭遇,从而形成对自己积极的看法。而且人格健康的人对自己的所有和所缺看得都十分清楚和准确。理解现实的自我与理想的自我之间的差别,知道自己如何看待自己与别人之间的差别。

2. 良好的社会适应能力

社会适应能力反映了人与社会的协调程度。人格健康的人能够和社会保持良好、密切的接触，以一种开放的态度，主动关心社会、了解社会；在认识社会的同时，使自己的思想、行为跟得上时代的发展，与社会的要求相符合，表现出能很快适应新的环境。

3. 和谐的人际关系

具有健康人格的人乐于与他人交往，并与他人建立良好的关系；与人相处时，尊敬、信任等积极态度多于嫉妒、怀疑等消极态度。人格健康的人常常以诚恳、公平、谦虚、宽容的态度对待他人，能容忍别人在价值观和信念上与自己的不同，同时也受到他人的尊重与接纳。良好的人际关系有利于个体与他人进行信息的传递，不断地调整行为，更新观念和态度，它也是健康人格的基本特征之一。

4. 乐观向上的生活态度

积极的人生态度是人类在社会实践中获得的本质力量的表现。乐观的人常常能看到生活中的阳光，对前途充满希望和信心，对自己所从事的工作或信心抱有浓厚的兴趣，并在其中发挥自身的智慧和能力。即使在遇到困难和挫折时，也能不畏艰险，勇于拼搏。具有健康人格的人对工作、学习和生活都怀有浓厚的兴趣，表现出观察敏锐、注意力集中、想象丰富、充满信心、勇于克服困难，并通过努力的奋斗获得满足感和成就感。

二、大学生健康人格的塑造

（一）加强自我修养，自立、自信、自尊、自强

自立、自信、自尊、自强是大学生健康人格的四大基础，也是未来创造型人才的必备素质（黄希庭，2001）。一是培养自立意识。从心理学角度来说，自立是个体从自己过去依赖的事物里独立出来，自己行动、自己做主、自己判断，对自己的承诺和行为负责任的过程。有研究表明，自立意识强的大学生能够较好地安排自己的生活计划，对挫折和困难能主动进行自我调节与控制，对自己有着比较积极的认识，能够推动个体的行动。二是培养自信心。自信是一个多维度、多层次的心理系统，是个体对自己的积极肯定和确认程度，是对自身能力、价值

等做出正向认知与评价的一种相对稳定的人格特征。自信心会带来顽强的毅力,可以使人们最大限度地发挥聪明才智,蔑视困难和失败。培养自信心的关键是要肯定自身存在的价值,学会客观地分析自己,既要看到自己的长处,也要了解自己的不足。三是保持自尊。自尊是个人要求社会、集体和他人尊重自己,尊重自己的社会地位和荣誉的心理倾向。它和自我接受、自我肯定、自我赞许相联系。自尊的人渴望表现自己,进取心强,对平等有强烈的要求;热爱真理,尊重客观现实;既不孤芳自赏,也不随波逐流,对他人能接纳和信任。正因为如此,自尊心能使人采取积极的生活态度,成为推动人不断进取的巨大动力。四是有自制力。自制是指一个人自觉地调节和控制自己行动的品质。自制力强的人,能够选择正确的活动动机,调整行动目标和行动计划,也能理智地控制自己的欲望,分别以轻重缓急去满足那些社会要求和个人身心发展所必需的欲望,对不正当的欲望坚决予以抛弃。

(二)积极参与集体生活,投身社会实践

健康人格的发展、塑造的过程,是个人社会化的过程。人格是在集体的奋斗中形成的,也是在集体的奋斗中发展的。集体是健康人格塑造的土壤,它不仅是一个人展现其人格的舞台,也是其认识自己人格的一面镜子。正是在集体中才能发现自己的人格品质的优劣,并得到他人的帮助。因而,集体是锻炼健康人格品质的熔炉,只有把自己融入集体之中,才能有效地塑造自己的健康人格。实践是最能检验人、磨炼人的途径。美好的追求只有在实践中才能产生意义。因为健康人格的塑造更多的是着眼于个体的社会自我的生成与塑造,因此,努力塑造健康人格的大学生应该积极投身到学校、社会、家庭等各种实践环境中去,在与他人、集体和社会的不断作用中展示自己的人格,从自身的感悟和外界的各种评价中,获得愉悦、鼓励、赞扬、认同或是压抑、指责、排斥的感受,从而得到启发,有助于自己发现问题,及时调整。在人格的锤炼中,只有实践才能起到巨大的物竞天择、优胜劣汰的作用。

（三）树立榜样，培养良好的人格

首先，中华民族的优秀历史文化传统和伟大的民族精神应该成为大学生健康人格自我塑造的必修内容。如古代崇尚的爱国精神、亲民精神、尚公精神、尚德精神、崇义精神、献身精神、独立精神、自立自强精神等。其次，每个国家、民族在长期的发展过程中，都形成了自己突出的文化精神，值得我们学习。如俄罗斯人的大无畏革命精神和创新精神，德国人的务实求真精神，美国人的自立自强、勇于竞争、注重实践的精神，日本人的做事认真、互相合作、勇于奉献的精神，新加坡人的遵纪守法精神等。再次，学习英雄人物、先进模范的高尚人格。我国的英雄模范人物层出不穷，如屈原、岳飞、包拯、海瑞、黄继光、雷锋、王进喜、焦裕禄、蒋筑英、孔繁森等。尽管他们对国家、民族的贡献不一样，但是有一点是相同的——他们都有高尚的人格。如屈原、岳飞的爱国精神，包拯、海瑞的刚正廉明，雷锋的乐于助人，蒋筑英、焦裕禄的无私奉献精神等。最后，以现实生活中具有优秀人格的人，如身边的同学、朋友、父母、亲戚等为榜样，取其精华作为自己的目标，从点滴小事做起，锲而不舍，经过长期艰辛的努力，最终实现自己健康的人格目标。

语码转换式双语教学词汇、语段

Chapter 8　Healthy Personality Molding

1. 人格障碍 personality disorder

Personality disorders cause significant distress to the person and affect their daily life, so when the person is ill mentally, he or she should turn to psychologists for help timely.

人格障碍对人有严重的危害，会影响他们的正常生活，因此当人们有心理疾病时，要及时找心理专家寻求帮助。

2. 气质 temperaments

The speech given by Professor Smith from Harford university mainly talked about the types of temperament.

哈佛大学的史密斯教授做的讲座主要谈论气质的类型。

3. 表演型人格障碍 histrionic personality disorder

People with histrionic personality disorder are constant attention seekers. They need to be the center of attention all the time, often interrupting others in order to dominate the conversation. For people with histrionic personality disorder, their self-esteem depends on the approval of others and does not arise from a true feeling of self-worth.

具有表演型人格的人,不断追求别人的关注,他们需要时时刻刻成为其他人注意的焦点,为了在谈话中处于优势地位,常常打断别人。对于具有表演型人格障碍的人来说,他们的自尊来自于其他人的支持,而不是取决于自我价值感的真正实现。

4. 反社会型人格障碍 antisocial personality disorder

People with antisocial personality disorder may tend to lie or steal and often fail to fulfill job or parenting responsibilities. Early adolescence is a critical time for the development of antisocial personality disorder.

具有反社会型人格障碍的人倾向于欺骗、盗窃、经常无法完成一项工作,或不能尽到对父母的养育责任。青少年早期是反社会人格障碍发展的关键时期。

第九章　大学生审美心理的塑造

“爱美之心，人皆有之。”处在人生发展黄金阶段的大学生，思维活跃，情感丰富，对美的热爱和追求尤其热烈和迫切。他们在成长过程中不断地体验着美、追寻着美、思索着美、创造着美，而这一切，又反过来促进他们日益走向成熟。因此，培养健康的审美心理，树立符合时代要求的审美观念，提高审美能力，不仅是大学生成长的一种需要，更是他们提升自身素质，促进全面发展，努力实现自我，塑造完美人生的重要途径。

第一节　审美与大学生的人生发展

一、美的含义

（一）什么是美

现实生活中，美无处不在，美无时不在，而要想从各种各样、纷繁芜杂的美的现象中去认识什么是美，却不是一件简单的事情。美是一个古老而又永恒的话题，早在古希腊时代这个问题便被提了出来。两千多年来，不少哲学家、美学家都对这个问题进行了探索、研究，提出许多不同的观点、看法，但始终未得出一个统一的结论。古希腊哲学家柏拉图在研究了这个问题之后，曾说过“美是难的”这样的话。可见，“美是什么”的确是一个古老的理论问题，就像埃及金字塔旁边的司芬克斯一样，使人一下子不容易认识它的奥秘。但人类对周围世界和宇宙的探索是永无止境的。因此，历史上的哲学家、美学家们在研究“美是什么”这个问题上留下了十分丰富的思想财富，如“美是理念”（柏拉图）、“美是人的意识和心理能力”（休谟）、“美是事物的形式”（亚里士多德)、“美是关系”(狄德罗)、“美是生活”(车尔尼雪夫斯基)……不难发现,历史上形形色色的关于美的观点,或脱离客观的物质存在,或脱离人的历史、人的实践,都不能真正科学地回答“什么是美”这一问题。马克思主义认为,美既不是事物的某种与人无关的自然属性,也不是人头脑中自发产生的某种虚幻精神,而是事物的一种客观的社会价值或社会属性。在美学中,凡是客观上与人构成一定的审美关系,能够引起人的审美感受的具体形象,都称之为美。美是客观事物本身所具有的特性,它是人们长期社会实践的产物,反映人们加工和改造自然,并不断创造和完善自身的能动过程。

(二)美的本质

1. 美是人类社会实践的产物

早在人类社会出现之前,地球上的山川、湖泊就已经存在,但那时无所谓美与丑,“物竞天择,适者生存”,随着自然界的变迁和环境的变化,这些自然景观也随之自生自灭。只有在人类产生以后,客观世界才有了美和丑。正是因为有了人类,才产生了改造世界、征服世界的人类劳动。当人类在劳动中产生语言和意识之后,人类已意识到自我及自然界的存在,并能有意识地使自然界为自己的目的服务,从而支配自然界。正如马克思所说,“全部所谓世界史不外是人通过人的劳动的诞生,是自然界对人原来的生成”。人类通过从事长期的劳动,从屈服于自然到征服自然,其间经历了无数的坎坷与磨难,从中获得了各种生活经验,丰富了人类的视野,于是随着人类活动范围的不断扩大,认识水平的不断提高,人类的视觉也在征服自然的实践活动中发现了美。因此,劳动创造了美,美是在人类改造客观世界的实践活动中产生的,离开了人类的实践活动,美则无从谈起。

2. 美是人的本质力量的对象化

当我们游览长城、攀登泰山时,会体验到一种雄壮之美;当我们阅读古典小说四大名著时,会不知不觉地和作品中的人物同忧喜、共命运,感受到一种精神上的愉悦之美;当我们观赏体育比赛时,会随时被一种运动着的健康的美而感染……在这千姿百态的美的背后，蕴涵着巨大的人的力量。美是人通过劳动创造的，美的本质也离不开人的本质。马克思主义认为，美与人紧密联系在一起，在人类出现之前，事物无所谓美丑，人类社会初期，人还没有与自然界及动物彻底分离，自然界也不以一种美而存在。只有当人彻底与动物相分离，并通过自身的实践活动对自然界进行加工和改造，将自己的本质力量体现在客体上，使客体成为人的创造物或留下人的加工改造的迹象，即客体成为人的本质力量的确证时，才会是美。美正是以直观的形式反映着人的创造，成为提示人的本质力量的感情表现。美是人的本质力量的对象化。

（三）美的特征

1. 客观性

美是客观存在的，是不以人的意志为转移的。现实生活中，我们随时随地都能感知到这种客观存在的美。幽静的峡谷、蓝色的海洋，这是客观存在的自然美；《泰坦尼克号》中的露丝和杰克、《红楼梦》里的林黛玉和贾宝玉，是客观存在的艺术美；真心实意的帮助、公而忘私的奉献，这是客观存在的社会美等等。

2. 形象性

凡是美的事物都以具体的感性形象出现，是可听、可见、可闻、可触的，从而也是引人入胜的。一提到万物复苏的春天，人们的脑海里会浮现出青青的草地、绿绿的嫩芽、温暖的风儿、轻盈的鸟儿；一提到孔雀的美，就会想到孔雀开屏时扇形的尾巴、五颜六色的羽毛，神情傲慢地漫步在草丛中。生活中，不论是亭台楼阁、细雨绵绵，还是美丽的花朵、悠扬的音乐，以及鲜活的艺术形象、优秀的人物榜样等等，都以鲜明的形象给人以美感和愉悦。

3. 感染性

凡是美的形象和事物，都很容易在一定程度上打动人心，引起人内心的情感共鸣，或是喜悦，或是悲哀，或是愤怒，总是能让人沉浸在其中,如痴如醉。孔子在听了韶音之后,发出“三月不知肉味”的感慨;徐霞客在游历黄山后,发出“五岳归来不看山,黄山归来不看岳”的惊叹;多少人在观看天安门广场升旗仪式时油然而生发一种庄严神圣之感;多少人又在观赏话剧《梁山伯与祝英台》时流下悲伤的泪水。正是因为美的感染性,才使人们常常在一种忘我的境界中体会到美的意境,从而更加热爱美,热爱生活。

二、审美与审美心理

(一)什么是审美

当我们面对如画的风景、雄壮的音乐,或是完美的艺术作品时,会不自觉地为它们所牵动,在内心产生一种愉悦的审美感受,这便是一个审美的过程。可见,审美是人的生理活动统一的过程,个体通过感官直接感知审美对象,从而形成对美的直观感受、体验、欣赏和评价,是美感产生的实践过程。审美是一个复杂的过程,我们应从以下几点去把握。

1. 审美是一种高层次的精神需要

人类在认识世界、改造世界的社会实践活动中,从未停止对美的渴望和追求,如印第安人用兽皮、羽毛打扮自己,山顶洞人佩戴用兽齿、贝壳磨制成的装饰物。随着对世界进一步的认识和征服,人们产生了强烈的审美需要。美国著名心理学家马斯洛把人的需要划分为五个层次,即生理(生存)需要、安全与保障需要、爱与归属需要、尊重的需要、自我发展的需要。自我发展的需要,也就是挖掘人的潜能,实现人的价值,是人的最高层次的需要。古人云:食必求饱,然后求美;衣必求暖,然后求丽。人们只有先解决衣食住行的生存需要,然后才能去追求更高层次的精神需要。而审美是人们通过对审美对象的观照,引发自身情感活动而获得自由和愉悦的过程。它使人们得到精神上的满足,感受到生活的乐趣,正是一种人生价值的实现。

2. 审美是一种综合的实践活动

审美是人的生理活动和心理活动的统一。审美活动的生理基础是人的感官，外界审美客体对人的刺激只有通过人的感官反映到人的大脑，才能引起一系列对美的感受和体验。正如车尔尼雪夫斯基所说："美感是和听觉、视觉不可分离地结合在一起的。离开听觉、视觉是不能设想的。"在生理活动的基础上，产生审美活动的心理过程，如审美感知、审美想象、审美情感等。同时，审美也是人的认识活动和创造活动的统一。审美活动遵循认识的一般规律，即从感性认识到理性思维。通过若干个形象思维去观察美，进而形成概念，然后判断、推理，最后提高到理性认识。而这个过程又推动着人们不断地创造着美、发展着美，这才是审美活动的最终目的和归宿。

3. 审美是一种复杂的价值判断活动

审美过程就是认识和辨别美与丑的过程。它涉及主体的审美标准问题，即人们在审美活动中用来判断对象美丑的准绳。对审美标准的把握不同，直接影响到人们的审美观的确立，以及对美与丑、善与恶、真与假、是与非的判断。因此，审美标准是审美活动中的一个核心的问题。审美标准具有相对性、差异性。不同时代、不同民族、不同阶级、不同个体的审美标准有所不同。只有符合客观真实、符合审美对象的实际审美价值，符合时代精神的审美标准才是正确的、健康的审美标准。

（二）审美心理过程

审美活动是人们在观赏审美对象时所引起的一种复杂的、特殊的心理活动，这种心理活动包括对审美对象的感觉、知觉、领悟、思考以及联想、想象等认识过程，同时还包括与认识过程相伴随的主观方面的感受、情绪和情感活动。所有这些心理活动在一起相互联系、彼此语码转换，形成一个完整的、统一的审美心理过程。

1. 审美感知阶段

感觉是人脑对客观事物的个别属性的反映。美总是以具体、可感的形象的形式表现出来的，所以要认识美、反映美，如果不通过对审美对象的感觉，是无法进行的。只有通过审美主体的感觉，才会成为一种情感信息,赋予某种客体以美的意义。知觉是对事物的各种属性、各个部分及其相互关系综合的整体的反映。例如:看到花瓣的红色和形状,闻到花的香味,这是感觉,而把它们结合起来,在脑中形成一朵红色花的映像,这是知觉。知觉活动不是被动地将各种感觉要素加在一起,而是以一种主动的态度去解释和理解审美对象。

2. 审美想象阶段

想象是人对头脑中记忆的表象进行加工、改造而创造新形象的过程,也是对过去经验中已经形成的那些暂时联想进行新的结合的过程。想象是在感知审美对象的基础上进行的,同时又加深着对审美对象的感知和理解。想象在美的认识中起着枢纽的作用。对审美主体来说,只有通过想象才能把审美对象与自身联系起来,从而去体验美、创造美。

3. 审美情感阶段

审美情感是审美活动中最明显、最突出的一种心理活动。它是基于对事物美的认识而引发的美的感情体验。作为一种高级的情感体验,审美愉悦的情感是以对审美对象的思考、评价作为前提的,是对美的认识由感性阶段进入到理性阶段以后才产生的。因此,它语码转换着理智的因素。由于具体的审美对象的性质、形态不同,所引起的审美情感也不同,有的是喜悦、有的是悲哀、有的是愉快、有的是愤怒等等。

4. 审美理解阶段

理解是审美欣赏中不可缺少的一种心理活动,它是通过揭示事物间内在联系而认识事物的过程。人们在欣赏美时,之所以一下子就感到它是美的,是以理解作为先决条件的。比如:人们在感知艺术形象的同时,会不自觉地运用有关的知识和生活经验,力求对形象具备一定的理解,以揭示物与物之间、人与人之间以及人与环境之间有哪些联系。如果没有这种理解,就不可能懂得艺术形象,就不可能有正确的感知,也就不能形成联想,同样也不能欣赏到自然美和社会美。在艺术欣赏中,作为审美对象的艺术作品是相当复杂的,不是凭感性印象一下子就能认识，往往要通过反复思考，仔细琢磨才能深入、全面地认识它，并且也只有经过理性思考之后，才能引起深刻的、强烈的共鸣。

三、审美对大学生人生发展的意义

对当代大学生来说，成为全面发展的复合型人才，是一种时代要求。审美是大学生认识、把握客观世界的一种方式。通过树立正确的审美观念，培养健康的审美情趣，不断提高审美能力，可以促进大学生在道德素质、心理素质、思想素质、创造能力等方面不断提升。

（一）审美是大学生提高道德修养的重要途径

审美具有一定的道德教育功能，可以从多方面帮助大学生提高道德修养，培养良好的道德品质。首先，审美有助于大学生树立正确的道德观念。康德说："美是道德的象征。"审美是一种价值判断活动，是对美与丑的认识、判断的过程。而美与善往往是紧密联系在一起的，通过美，我们发现了善，因为善，所以美。大学生对于善与恶、该与不该、道德与不道德的准确把握并不是通过简单、空洞的道德说教就能够达到的，更重要的是发自内心的认可和接受。通过审美，可以使大学生得到感官上的享受、精神上的愉悦，进而得到心灵上的洗礼，会潜移默化地去除私心杂念，一心一意地追求纯洁、高尚与美好，从内心树立起正确的道德观念。其次，审美可以优化大学生的道德情操。情操，是人们在生活中对周围的人和事所表现出来的爱憎情感和态度。情操属于道德范畴，也属于审美范畴，不同的情操有着不同的道德价值和审美意义：有的高尚、纯洁，有的庸俗、丑恶。大学生通过审美可以使高尚、健康的情操得以发扬，使低级、庸俗的情操得以压抑，从而使自身的道德变得高尚。最后，审美可以促进大学生的道德实践。通过长期、健康的审美活动，大学生在行为取向上会不由自主地选择美的、善的行为，并在一种强烈的情感共鸣的推动下积极地去实践。

（二）审美是大学生培养健康心理的有效手段

健康的心理是大学生全面发展必不可少的因素。当今大学生在心理上尚未完全成熟，存在这样那样的问题，如情绪的波动、心理的失衡、人格的缺陷等。通过审美，可以促进大学生的心理更加健康地发展。审美对于心理健康的意义表现在：第一，有助于大学生正确认识自我。对自己的认识，需要同周围的人和事进行社会对比。大学生通过进行各种审美活动，充分认识到什么是美、什么是丑，并通过美与丑的对比反观自身，正视优点，找出缺点，纠正自我，认识偏差。第二，有助于大学生培养良好的个性心理。审美能推动大学生个人兴趣的发展，许多大学生积极参加校园里的朗诵协会、书法协会、文学社等社团，不断提高对美的认识和欣赏能力，激发自己的兴趣；审美能完善大学生的智能结构，审美活动有利于大学生提高对美的感受能力，训练形象记忆能力，提高想象能力，发展思维能力；审美能培养大学生健全的性格，性格的形成受后天影响很大，经常参加健康的审美活动，可以陶冶情操、净化心灵，养成乐观、开朗、坦荡的性格。第三，有助于大学生建立良好的人际关系。人际交往是人与人之间的情感交流，大学生在进行审美活动的过程中，彼此之间由于相同的审美情趣、一致的审美取向、相似的审美体验，更容易产生惺惺相惜、两心相悦的感觉，也就更容易进行心与心的交流并建立融洽的人际关系。第四，有助于大学生进行心理的自我调节。大学生在学习、生活中常常会出现心理失衡的情况，这个时候，如果能投入到对美的欣赏和创造中去，转移注意力，就能够使心理平衡得到恢复。比如：在情绪烦闷的时候，多听听悠扬、舒缓的音乐，就可以转消沉为振奋，变感伤为快慰。

（三）审美有利于大学生加强自身的思想素质建设

审美具有一定的思想教育功能。随着经济的发展、物质的丰富、大众文化的繁荣，各种好听的、好看的、好玩的感性刺激铺天盖地迎面而来，大学生面临的选择和诱惑越来越多，很可能会丧失正确的判断力和思考力。席勒说过，“要使感性的人成为理性的人，除了首先使他成为审美的人，没有其他的途径”。在审美的愉悦中，潜伏着教育的目的，那就是引导大学生的思想朝着正确、理性的方向发展，提高自身的思想素质水平。第一，审美有助于大学生树立科学的人生观、价值观。大学生只有把握正确的审美标准，才能正确区分美丑善恶、真假是非，在生活上培养健康的情趣，在思想上获得理智的启迪，从而形成正确的人生观和价值观。第二，审美引导大学生在思想上追求真、善、美的统一。真、善、美有着内在的联系。审美使大学生懂得真、善、美的科学内涵，在审美活动中产生“以美导真”和“以美导善”的效果。“以美导真”是指大学生通过对美的欣赏和追求，不断积极探索、潜心研究，以发现科学真理；“以美导善”是指大学生在美的规律的指引下去达到“善”的目的。第三，审美指引大学生确立崇高的人生理想。审美活动也是“寓教于美”的过程，通过美的感染性，大学生在审美活动中可以真实感受到理想的崇高之美、无私之美，从而在精神上产生无比的动力、坚定的信念，这是一般的“灌输”教育所不能比拟的。比如：当大学生观看《孔繁森》这部电影时，会禁不住被他忠诚无私的献身精神所感动、震撼，心里激起强烈的欲望，摒弃卑微与自私，树立为祖国和社会的发展而努力奋斗的崇高理想。

（四）审美有利于大学生激发自身的创造能力

审美活动的最终目的不是欣赏美，而是创造美。审美能激发大学生作为审美主体的积极性、主动性，促使其生理、心理活动的各个方面经常处于活跃的状态，有利于挖掘自身的创造潜力。首先，审美能丰富大学生创造性的想象力。在对事物充分感知的基础上，只有展开想象的翅膀，才能创造出更新、更美的事物。想象本身就是一种创造。当大学生全身心地投入到对美的欣赏中时，会很难将眼前的美与生活中的现实区别开来，从而浮想联翩，使自己的思想不再局限在固定的框框里而有所突破，有所创新。其次，审美能激发大学生的创新灵感。大学生在审美过程中，通过对审美对象的不断感知，审美经验的日积月累，审美想象的日益丰富，会频繁的迸发出心灵的亮点、思想的火花,并能在转瞬间去捕捉这种灵感。最后,审美能调动大学生的创新激情。激情是打开创造性思维活动阀门的关键。在审美活动中,大学生常常容易触景生情,被某一种美的事物所打动、所左右、所鼓舞,在对美的欣赏中不由自主地激情澎湃,这种涌动的激情一旦释放出来,便会产生巨大的力量,促使大学生强烈地渴望追求美、创造美,进而转化为创造美的实际行动。

第二节 大学生的审美心理

大学生正处在一生中生理、心理走向成熟的关键时期,其观察能力、认识能力还存在不足,对世界、对人生的理解和把握也显得较为幼稚。当今时代充满着变化和新奇,这为大学生在更大范围内欣赏美、追求美提供了有利条件;但另一方面,由于信息的宽泛、视野的开阔,也对大学生更加准确、健康地把握美提出了挑战。因此,正视自己的审美心态,积极顺应时代要求,是大学生审美心理中一个极为重要的问题。

一、大学生审美心理的一般特征

(一)审美感知敏锐、活跃,具有灵感性

首先,由于生理、心理的发展,大学生的智能不断提高,尤其是大脑的发展使大学生开始善于进行高度的抽象思维。随着受教育程度的不断提升,大学生的眼界日益开阔,思维空间日益拓宽,对客观世界所呈现的美的形象常常能够触类旁通、举一反三。因此,大学生在日常生活中对美的感受力大大提高,开始用发展、变化的眼光去把握、感受和理解美,善于在流动、变化中捕捉美的瞬间感受,表现出在审美感知上的极强的敏锐性。比如:儿童在观赏春暖花开、小鸟欢唱等美丽的自然景色时,容易产生美感,面对凄凉的景色时却很难产生美感。而大学生能对一些乍看起来并不光彩夺目的景色做出高度的审美评

价，即使是在看到草木凋零、阴雨连绵等让人感伤的景色时，也能从中寻找、捕捉美的感受。其次，大学生活丰富多彩，自由空间比较大，自主性较强，大学生在学习之余，有精力、有动力参加各种审美活动，使自己各方面的审美感官得到充分地调动与锻炼，久而久之，形成较活跃的审美感知系统。

大学生正处于由学校走向社会、由不成熟走向成熟的转折点，这个阶段的任何一种变化都可能对大学生将来的发展产生至关重要的影响。因此，大学生应当充分利用这种敏锐、活跃的审美感知，善于抓住自己的美的灵感火花，使其升华光大，塑造美好的心灵。

（二）审美情感强烈、多变，具有波动性

大学生处在充满诗意的年龄，对世界、对人生充满了五彩缤纷的幻想，好奇心强，求知欲旺盛，迫切渴望体验美、追求美。这也决定了大学生的审美情感是强烈的，有时表现为一种激情。美的形象给大学生带来的情感震撼是剧烈的，甚至沉醉在其中不能自拔，多年以后回想起来，仍然记忆犹新。在对美的情感表现上，往往是爱憎分明，眼里容不得一粒沙子。发现了美的对象，欣喜若狂，给予很高的评价，若他们认为不美的，则持贬低忽视的态度。特别是在大学生的异性审美方面，表现比较典型。一旦遇见自己心目中理想的异性，他们就会产生迫切的审美倾向和强烈的审美情感，并在这种强烈情感的支配下全身心地投入进去。情感的强烈也带来了其多变性的特征。大学生对外界刺激十分敏感，能迅速地做出情绪反应，因而情绪变化很快，对于美的情绪体验容易从一个极端走向另一个极端，具有很大的波动性。同一事物，高兴时看它，明媚鲜艳，非常美丽；心情低落时再看它，也就黯淡下来，不再那么美了。这样的变化在大学生身上表现得非常明显。

审美情感是大学生进行审美、创美的动力，没有激情，是创造不出什么美的形象来的。大学生应当学会适度地控制、调节自己的审美情感，在激情澎湃的基础上进行理智地引导和有效地调节，维护其情感健康、稳定的发展，从而促使大学生在体验到美感的同时，萌发创造的热情。

(三)审美想象丰富、浪漫,具有创造性

在大学生的眼中,现实的东西未必可爱,想象中的一切却特别完美。首先,大学生的想象力尤为丰富。知识的积累、阅历的加深,使大学生的想象空间变得极为宽阔。越是未知的领域,越是想象余地大的事物,越容易给大学生带来极大的审美愉悦。比如:在艺术欣赏方面,越是抽象、朦胧、超现实的作品,越容易激起他们的无限想象,那些过于写实的作品,反而不一定能引起注意;另外,自我意识的增强,个性的完善,使大学生可以在更宽泛的范围内,根据自己的经验和理解,更主动、更自由地去构建想象的对象,丰富想象的内容。其次,大学生的想象力极具浪漫性。审美想象和情感之间是相互影响的,想象因情感而得到展开,情感在想象中得到表现。由于大学生思想活跃、富于幻想,在情感方面纯洁、浪漫,因而在审美想象上也带有浓厚的浪漫色彩。大学生常常在一种富有憧憬性的、梦幻性的情感推动下,张开想象的翅膀,沉浸在一种美好的审美感受中。最后,大学生的想象力具有一定的创造性。他们的想象不只是一种再造性想象,而是创造性想象。所谓再造性想象,是人类在生活经验的基础上再现记忆中的客观事物的形象;所谓创造性想象,是在经验的基础上对记忆进行加工组合,创造出新的形象。大学生由于想象空间的扩大,想象自由度的增强,其想象的创造性也空前高涨。当前大学校园里出现了诸多的校园诗人、校园歌手、校园乐队等等,都反映了大学生审美想象的创造性特征。

审美想象是大学生进行创造活动的前奏,只有进行合理的、科学的想象,才能创造出美的形象。大学生应当遵循实事求是的原则,避免脱离实际,有悖常规的空虚想象,为想象的翅膀添加理性的羽毛,脚踏实地地去想象、去创造。

(四)审美理解独特、多样,具有思辨性

审美理解是审美心理中至关重要的一个环节。任何形式的审美感知、想象只有经过审美理解的过滤和积淀,才能够形成对美的正确认识和把握。大学生的智能发展已达到高峰,分析问题、解决问题的能力有所提高,在审美理解方面也形成了自己的特色。首先是独特性。进入大学后,大学生的自我意识和独立意识迅速增强,要求摆脱对成人和家庭的依赖,在思维上也形成独立性、创造性的特点。有心理学家指出,青年在自我觉醒的过程中,为了确立自我形象,会产生各种冒险和奇特行为。这种心理状态表现在审美中,便是追求独特,强调个性。比如:在审美欣赏角度上求新求异,在审美思维上强调自身主体的重要性,在审美选择上趋向于流行性、超前性等。其次是多样性。随着大众文化对校园的不断语码转换,大学生的审美视野越来越开阔,再加上大学生本身就是兴趣广泛、思维灵活,因此,在审美价值的选择和判断上呈现多元化趋势。比如:在穿戴打扮上看法不一,有的认为朴素为美,有的觉得时尚为美,有的提出另类为美等等。再次是思辨性。大学生在思维上具有抽象性、批判性特点,在审美活动中常常能以审视的目光对审美对象进行理性思考、深刻分析,不再人云亦云、随波逐流。对于一种事物的美与丑,往往不会一概而论,而是以批判的眼光进行选择和扬弃,并将自己的审美理想糅合进去,进行加工改造,形成自己的审美观点。这与一般社会同龄青年的从众心态形成鲜明对比。由于大学生的审美理解与时代紧密结合,与大学生自身的心理特点紧密联系,这就要求大学生能够提高对大众文化中纷繁复杂的信息的鉴别能力,不断完善自身心理建设,培养稳定、统一、深刻的审美理解。

二、大学生审美心理存在的问题

(一)大学生审美认知偏差

审美认知偏差是指人在审美活动过程中,其认知活动表现出背离社会普遍公认审美标准的异常现象。大学生在对美的欣赏与追求中,往往容易出现一些认知偏差,阻碍了大学生正确地辨别美与丑。

1. 以丑陋为美

丑是指与美相对的畸形的、病态的、消极的现象与形态。有些大学生缺乏对美的准确理解与把握,常常会混淆美与丑的界限,甚至美丑颠倒。比如:在言谈举止方面,有的大学生出口不逊,说脏话、骂人,或在公共场合赤膊招摇、大声喧哗、乘车乱挤、买饭插队;在大学生活中,一些大学生贪图安逸,寻求刺激,沾染上不良习气,如经常三五成群,拉帮结派,讲究哥们义气,在一起吃喝玩乐,抽烟、酗酒、赌博,甚至打架斗殴,不以为耻,反以为荣,认为自己很有英雄气概;在学习上,弄虚作假、考试作弊,认为自己很有"能耐"等等,这些都是美丑不分的典型表现。

2. 以怪异为美

大学生在审美活动中追求新奇、讲究个性,这本无可厚非。但有的大学生过分追求新、奇、怪,过于追求标新立异,认为美就是异于他人,一味追求所谓新潮、另类,导致形象怪异、行为乖张,与社会格格不入。有的大学生发型怪异,男生留起披肩长发,自以为有艺术家的气质,女生将头发染成五颜六色,为自己的前卫沾沾自喜;有的大学生穿着怪异,追求奇装异服,与大学生文静儒雅的形象相差甚远;有的大学生思想怪异,常常大放厥词,引起其他同学反对,制造语出惊人的效果;有的大学生行为怪异,比如:一些在恋爱中的同学,故意在大庭广众之下做出过分亲昵的行为;有的为了追求新奇,频繁更换男友或女友,朝三暮四;甚至有的同学经不起社会上灯红酒绿的诱惑,为了追求新奇与刺激而丧失自尊,走上犯罪的道路。这些则严重破坏了大学生应有的仪表美、风度美、心灵美、行为美,不但不能给人以美的感受,反而给人以轻浮、失礼和没有教养的感觉,与我们提倡的美是背道而驰的。

3. 以享乐为美

有人把审美单纯看做享受,一味追求感官刺激。有的大学生认为花钱大手大脚、出手阔绰就是有风度,把父母辛辛苦苦赚来的钱用来吃喝玩乐看做是理所当然、天经地义的事。目前,有的大学生追求"房间电器化,出门小车化,购物名牌化,吃饭小店化……"超前消费、人情消费、攀比消费屡见不鲜;有的大学生极度浪费,毫不怜惜父母挣钱的辛苦，常常流连于游戏厅、沉迷于网络世界，陶醉于“只求暂时拥有，不求天长地久”的谈情说爱，丝毫感觉不到自己的铺张浪费、骄奢安逸，反而觉得活得潇洒，有风度。这实际上是把美感等同于快感。美感和快感之间有联系，但不能等同。美感是快感的升华，其中蕴涵着深厚的伦理道德因素。因此，这种追求享乐、寻求刺激的做法是对美感的污染和亵渎。

4. 以颓废为美

有的大学生毫无青年人的朝气，缺乏积极进取精神，处世消极，故意做出一副看破红尘的样子。他们在思想上消极落后，在情绪上萎靡不振，在言论上冷漠颓废，在行动上懒懒散散，在学业上甘于落后。他们不听老师教导，不愿接受学校规章制度的约束，不屑参加班级集体活动。上课不听课，下课抄作业，考试凭运气，满足于“60分万岁”等，并以此为乐，不仅自己不求上进，而且对比自己进步的同学冷嘲热讽、百般刻薄。他们常常抱怨大学生活空虚无聊，对于大学里的一切都提不起兴趣，以一种消极颓废的精神面貌游离于正常的大学生活之外，认为别人都是凡夫俗子，只有自己的人生态度才是超凡脱俗的，自己的人生境界才是美的。

（二）大学生审美心理矛盾

大学生的审美心理过程并不是一帆风顺的。由于大学生处在特殊的年龄阶段，心理发展具有不平衡性和不稳定性，再加上其审美空间的拓宽，审美对象的复杂，使得他们在审美过程中会出现这样那样的冲突、困惑，在审美心理上表现出一定的矛盾性。

1. 从众与个性的矛盾

大学生是自我意识急剧高涨的群体。生命的昂扬与激越、事业的辉煌与发展，全都因为内心的自我意识作用而绽放出迷人的、非同寻常的色彩。所以，当他们面对丰富多彩的审美生活世界时，总是尽可能地把个体自我的意识、价值追求、理想，融入审美欣赏和审美创造中去；特定的自我意识、自我价值意愿、自我理想制约了当代青年的审美心态活动,使他们的审美心态被笼罩上一层鲜明而强烈的自我色彩。但是,大学生的这种个性化的审美心态在尽显其个人独特的风格和兴趣爱好的同时,往往有时候不能够为社会普遍所认同和接受,有的甚至和社会普遍标准相矛盾。而得到他人的肯定和赞同,是大学生在人生发展过程中所追求的一个重要因素。所以,在现实生活中,大学生的审美心理又表现出一定的从众倾向,在审美活动中,力图跟上时代的潮流,追随大众的风尚,模仿别人的审美追求和选择。

2. 理想与现实的矛盾

从小学到大学,大学生一直没有变换自己作为学生的角色,因而,在思维上一直具有重理论、轻现实的特点,对现实怀着美好的心态,对未来抱着诗意的憧憬,对自己抱有较高的期望。但是,现实生活并不是完美的,它总是存在着忧伤、痛苦,总会混杂着丑陋、肮脏,总难避免无奈、迷惘。有时候,现实不同于理想,甚至与理想相差甚远。大学生在人生道路上的这种理想和现实的矛盾性,在其审美心理上表现得也很明显。在审美活动中,他们常常将自己的审美理想投射到审美对象身上,用理想化的目光观察它、品味它,企图嚼出自己所期望的美的滋味来。而现实的审美世界并不尽如理想的模样,大学生的审美理想常常会遭受现实审美生活的无情打击或破坏,使他们陷入一种深深的审美失落中。一位大学生曾在自己的作文中写道:“我对自己和周围的一切常常感到很茫然,但又找不到我所陶醉的人生的兴奋点。我总是寄希望于时代,但我又不知道自己的希望究竟是什么。我总是相信明天会比现在美好,但我却又不懂明天是怎样到来。我很喜欢寻找集体的欢乐,但我又觉得这一切不属于我。我总爱在属于我自己的幻想天地里翱翔,但我的确不知道幻想天地究竟在哪里……”

3. 传统与现代的矛盾

年轻的大学生是现代大众文化中走在靠前面的一群人。据调查,相当多的大学生在审美情趣、审美选择方面对传统的东西不再抱有审美热情,而是带有较明显的排斥情绪。他们所喜欢、追求的美的事物、美的标准以及审美活动的形式都带有极鲜明的现代化色彩。但这并不意味着传统的美在大学生心目中已经彻底没有地位。事实上，在大学生的审美心理深处，对现代美的追求与对传统美的依恋往往是同时并存的，它们有时候互相弥补，有时候又互相矛盾，彼此制约，使大学生在审美活动中表现出一定的两重性。旗袍与短裙、京剧与劲歌、民族舞与现代舞、唐诗宋词与朦胧诗歌，同样会出现在大学生的表演舞台上，受到他们的青睐。这种传统与现代的矛盾，容易使大学生的审美心理活动产生波动和变化，也容易导致他们在进行审美选择时出现极端化。

（三）大学生审美心理缺陷

大学生在审美心理上还存在其他一些缺陷，主要有：

1. 审美标准的宽泛化

在审美价值判断过程中，对审美标准的把握正确与否是一个关键性的问题。它直接决定着大学生是否能得到美感、能得到什么样的美感。尽管审美标准本身具有相对性、时代性，但并不是说审美标准就是随时变化，可以随便把握的。在审美中，我们还应该考虑自己的阶级立场、价值取向、道德原则等。一些大学生在审美价值取向上宣扬模糊性观点，鼓吹审美标准的宽泛化，抹杀审美对象的阶级性，抽掉审美标准中的道德伦理因素，甚至善恶不分，把人的个性和艺术作品的艺术性作为唯一的审美尺度。比如：有的大学生在看了《我的奋斗》一书后，把纳粹党的头号战犯希特勒视为自己“最崇拜的人物”；有的同学酷爱西方哲学，尤其醉心于尼采的“权利意志主义”，把它作为自己思想、行动的指南。这必然造成大学生在审美价值判断中的紊乱，使他们陷入一种“泛美”的心理误区中去。

2. 审美态度的浮躁化

审美心理活动是一个特殊的活动过程，它要求人们在纷繁复杂的现实生活中剥离出一种冷静的态度去对待它。现代生活节奏快、变化多，大学生难免陷入对人生发展、成败得失的计较中，审美态度有浮躁的倾向。一是审美态度上的急功。有的同学审美需求迫切，但在审美活动中“一口想吃个热馒头”,期望通过短暂的行为就能快速获得美的熏陶、美的感受。而美感的获得与培养是需要过程和耐心的,这种急于求成的态度使他们在审美活动中缺乏耐性,烦躁不安,甚至三天打鱼两天晒网,容易产生审美上的“恶性循环”。二是在审美态度上的近利。比如:在审美活动中时刻想着能否为自己带来实际的利益,患得患失,斤斤计较;在审美评价中,以功利标准代替审美标准,把美的价值与美的感受淹没在世俗观念中。

3. 审美情趣的低俗化

大学生是受教育程度相对较高的群体,其审美情趣应当高雅、不俗。而一些大学生在审美追求上良莠不分,将一些思想内涵不高的事物作为美的对象去欣赏、追求,表现出审美情趣的低俗化。有的大学生在审美趣味上过于感性化,对美的品味仅仅局限在包装、外表上,不注重对其内涵的考察。

三、大学生审美心理问题的成因

(一)社会文化因素

社会转型时期的文化变革引发了大学生审美心理的失衡。大学生的审美观点、审美情趣、审美活动在很大程度上受到社会文化的影响和制约。我国当前正处于社会转型时期,经济迅速发展,社会生活更加丰富,在文化领域也相应地发生了巨大而又深刻的变化。总的说来,社会文化趋向于更加民主化、开放化、自由化、先进化,当然也不可避免地出现了一些负面影响。

1. 市场经济条件下个人文化的流行,使大学生在审美价值取向上有明显的个性化特点

市场经济的实行,对人们个人意识的解放起到了促进作用。大学生在这种潮流的推动下,在审美心理上崇尚猎奇求新,追求独树一帜,甚至偏离正确轨道,带有反抗性色彩。

2. 社会文化变革中新问题、新现象的层出不穷,加深了大学生的审美困惑

大学生在文化变革的大潮中可以欢畅地遨游，但也面临着浪多风大的危险。当新问题、新现象不断出现的时候，他们面临着如何选择的困惑。这种困惑往往导致大学生的审美心理活动更加复杂、深刻，也容易使他们产生一些审美心理障碍。

3. 大众文化中的消极因素，对大学生的审美心理产生了负面影响

随着科技的进步，大众文化的传播工具和方式日趋现代化，大众文化以其强烈的消费性和娱乐性语码转换着大学校园。这其中不乏一些消极、颓废、庸俗、肤浅的文化现象，大学生在其影响下容易出现审美心理上的偏差。

4. 改革开放时期西方文化的涌入冲击着大学生的审美观念

改革开放以后，西方文化与中国文化的接触和融合更加全面、深入。西方文化思潮中的一些不健康的理念也在影响着中国大学生的思想观念。尤其是近年来，以西方艺术作品为载体而传播到国内的一些不健康的思想在大学生中间迅速流行，颇受青睐。如西方电影、音乐中充斥的恐怖、血腥、暴力、色情、颓废等，在很大程度上扭曲了大学生对美与丑的鉴别，污染着大学生的审美情趣，不能不让人担忧。

（二）学校教育因素

1. 素质教育的不健全

尽管在当前应试教育向素质教育转轨的形势下，推行素质教育已经成为高等教育发展的一种必然趋势，但在相当多的高校中，仍保留着应试教育的痕迹，对学生文化素质要求颇高，对于其他方面的教育则未予足够的重视，或者是流于形式，收不到良好的效果。审美素质是大学生全面发展的一个重要因素，而许多高校都没有开展正规的审美教育，有的甚至认为是可有可无的，或者把它纳入思想道德修养教育的范围里，蜻蜓点水式地提一下，不做深入分析，使学生对审美问题的方方面面不重视、不了解，从而导致他们在日常生活的审美过程中容易出现心理上的偏差。

2. 校园文化的消极方面

一是校园人文氛围不够浓厚。高校应当以浓厚的人文氛围吸引人、熏陶人、培育人。由于一些大学不重视校园人文氛围的营造,学生难以形成对校园文化的心理归属感,有的学生甚至到校外一些不健康的场合去寻求刺激,必然会对他们的审美心理造成不良影响。二是校园业余生活不够丰富。大学里的娱乐设施较少,课余活动不多,这对朝气蓬勃、兴趣广泛的大学生来说,无形中是一种压抑。长期生活在这样的环境中,其审美需求得不到满足,审美欲望得不到释放,不利于大学生审美趣味的培养。

(三)个体自身因素

1. 认知上的偏差

大学生在校就学期间,经历着个体自我意识的"分化—矛盾—统一—再分化—再矛盾—再统一"的发展过程。尽管他们十分注重对外部世界的关注和对自己内心世界的探究,但他们对外部世界和对自我的认识毕竟是不完整和片面的,甚至是褊狭的。这种认知的偏差必然导致大学生对美的模糊、片面甚至错误的认识。

2. 情感的不稳定

大学生处于青年中期,也是"情感风暴期",容易动感情,情感强烈而不稳定,情绪说来就来、说走就走。一旦他们在审美过程中遇到某些刺激,比如:在审美活动中遇到了挫折,其感情就可能倾斜,甚至产生逆反心理,从而破坏他们心目中原有的、正确的审美标准。

3. 人格的不健全

健全的人格有助于人们正确地理解美,敏锐地发现美,健康地欣赏美。一些大学生不注意完善自己的人格,在气质、性格上存在一些缺点,如性格孤僻、多疑、固执等,都可能成为他们审美活动的障碍,导致产生不良的审美情趣,使他们无视美、歪曲美,甚至以丑为美。

4. 人生观的偏离

科学的人生观是大学生树立正确的审美观的基础。人生观偏离了正确轨道,必然导致错误的审美观。如一些大学生受享乐主义人生观、实用主义人生观、悲观主义人生观等的影响,在审美理解、审美态度、审美情感上都容易误入歧途。

第三节 大学生健康审美心理的塑造

一、把握时代要求,树立健康的审美观

审美具有时代性,它随着时代的发展而变化。在一个时代被看做是美的事物,到了另一个时代可能就被认为是丑的东西了。当今社会已经进入信息时代,随着生产力突飞猛进的发展,人们的审美观念、审美情趣、审美追求都在不断更新,不断发展。大学生正处于提高自身素质的关键时期,必须掌握当今时代对大学生审美心理提出的要求,树立符合时代精神的健康的审美观。

(一)真、善、美统一的审美观

1. 以真为美

人们在认识、改造自然和社会的实践活动中所发现、掌握和运用的客观规律,我们称之为真。真是美的基础和前提,美的产生是人在实践活动中,以对真的认识和把握为前提的。真的本身并不就是美。只有人的实践活动的加入,才能使客观规律得到认识、掌握,并创造出生动的形象。美的产生是个人在实践活动中不断认识和掌握真的结果。现代社会,种种假的现象常常迷惑大学生的视野,有的甚至以真的、美的自居。因此,大学生坚持以真为美,应当做到:在学习上,追求真理,反对谬误;在生活中,朴素真诚,不矫揉造作;在做人上,诚实守信,不弄虚作假;在工作中,脚踏实地,不投机取巧;在人生追求上,实事求是,不好高骛远。

2. 以善为美

向善行善的人,是审美的人,是幸福的人。行一件好事,心中泰

然;做一次歹事,引起愧疚。播种一颗善良的种子,增添一次甜美的回忆。善是美的归宿,美最终是走向善的。在善的驱使下,美作为一种更高的精神需求,以更完善的形式,在更高的层次上满足人们的社会需求,走向或实现更高目的的善。大学生并不是生活在“善”的真空世界中,善与恶的混杂常常让大学生无法区分。比如:当前一些大学生不“以善为美”,而是“以不善为正常”,甚至宣扬一种“恶意人生态度”,认为这样才能“适应社会”。以善为美要求大学生提高自身的审美道德修养,根据时代发展要求进行自我的道德教育和道德修炼,塑造美好的心灵。

(二)享受美与创造美统一的审美观

享受美是创造美的源泉。人类实践活动的最大特点在于它的创造性。因此,在审美活动中,我们不能仅仅局限于发现美、欣赏美、享受美,更应当注重创造美。创造性是当今社会一个鲜明的时代特征,也是符合现代社会发展的复合型人才的必备素质。大学生更应该从美感的享受中不断归纳、总结自己对美的领悟与理解,诱发自己的创造激情,积极探索、大胆尝试,创造出更能满足自己审美需求的、更高层次的美来。同时,在创造美的过程中感受到自己本质力量的实现,产生喜悦和满足,体验到创造本身的美。

创造美是享受美的升华。欣赏美、享受美不是审美活动的最终目的,其最终目的是把我们的生活、形象、环境、事业创造得更美,在享受美的基础上培养高层次的创造美的能力。创造美是审美实践的最高形式,在这个过程中,大学生的美感活动自觉而又自由,对美的体验上升到一个更高的层次,从而在享受美和创造美的统一中更加完善自己。

大学生创造美的主要形式是科技创造和艺术创造。对于大学生来说,创造美有广义和狭义之分。广义的创造美包括大学生在现实生活中的各种发现美、追求美、表现美、创造美的活动;狭义的创造美指大学生在某一领域里的创造美的活动。当前,大学生创造美的主要形式有：一是科技创造。当今社会科技日新月异，大学生作为掌握科技知识和技能的高层次人才，积极投身科技创造，通过对美的规律的理解和把握，通过科技创新活动，体验劳动的美、创造的美，充实美好的大学生活。二是艺术创造。大学生感知灵敏、思维活跃，情绪、情感丰富而又强烈，处在艺术现象风云变幻的今天，总想用自己独特的、聪慧的心去感悟艺术、创造艺术。因此，大学生的艺术创造欲望也十分强烈，如校园歌曲、校园诗歌、校园话剧等创造表演活动层出不穷，也在一定程度上丰富了校园生活。

（三）内在美与外在美统一的审美观

人的内在美主要指心灵美，包括人的道德、智慧、人格、情感等。人的心灵美在于经过长期的社会实践，在审美教育和审美修养的作用下，个体超越狭隘的功利欲求而走向无私的境界。外在美指人的形体美、仪表美和行为美。现代社会注重包装、注重仪表，讲究利用完美的视觉效果冲击人的眼球，吸引人的注意力。因此，大学生应当注意自己的仪表和形象，在形体美上，力求健康匀称，充满活力；在仪表美上，应当衣着合体，朴素大方；在行为美上，做到举止得体，谦虚礼貌。外在美与内在美在现实生活中并不是完全统一的，心灵美与行为美的反差常常在一些大学生的身上表现出来。所以，大学生千万不能离开心灵美而片面追求外表的漂亮，否则，只能成为“金玉其外，败絮其中”的绣花枕头。大学生在追求外表美的同时，更应当注重塑造自己的心灵和品德，努力实现内在美和外在美的统一。

二、加强知识积累，提高审美修养

生活中，美的事物和美的形式千姿百态，各不相同。并不是任何一种类型的美都能顺利地被人们感知到、欣赏到。有时候，我们会遇到这样尴尬的情况：在一场交响音乐会上，大多数人沉醉在音乐的美妙世界里，而有个别人却在台下呼呼大睡，甚至打起了呼噜；面对一幅精美的绘画，有的人无动于衷，甚至胡乱批评。这些都是因为个人的知识背景不够,缺乏对这些艺术品的熟悉和理解。“只有理解了的东西才能更深刻地感觉它”,大学生要进行审美欣赏,就必须提高自己的文化素质,加强知识学习,积累丰富的审美经验。

(一)学习哲学知识

哲学是美学的基础,不懂得必要的哲学知识,连什么是美的本质都弄不清楚,更谈不上理解美、创造美了。美学本身是哲学的一个分支。历史上,如我国的孔子、庄子、荀子等,国外的柏拉图、亚里士多德、康德、黑格尔等,他们同时又是著名的哲学家。大学生一定要认真学习马克思主义哲学,只有以马克思主义的世界观和方法论为指导,才能帮助大学生培养正确的辩证思维能力、观察能力和判断能力等,从而为大学生审美能力的形成和提高打下良好的基础。

(二)学习美学知识

美学是一门从哲学中分离出来的年轻的学科,但它所研究和解决的问题又十分复杂、重要。现代教育中,美育作为素质教育的一个组成部分,正逐渐语码转换到大学校园里去。大学生应当积极学习、了解美学的基本知识和基本理论,尤其要了解什么是美,要理解美的本质,认知生活中各种类型美的特点及其表现形式等基础性的知识,以便在审美活动中能够加深对美的理解,减少盲目性。

(三)学习艺术知识

作为同龄人中的优秀分子,大学生对于艺术都或多或少地有一些天性的喜爱和朴素的认识,但仅仅有这一点还不够,还要有意识地去培养和发展,使自己对艺术更了解、更熟悉,欣赏起来也更得心应手。大学生应当多学习一些人类的文化史和各种各样的艺术史,尤其对中华民族的优秀文化遗产要多多了解。课余生活中,要多鉴赏一些经典艺术名作,尽可能多地听一些艺术鉴赏类的讲座,并经常参观各种艺术展览和博物馆,接受美的熏陶,丰富艺术知识。

(四)学习心理学知识

现代美学已经与心理学研究相互交叉和语码转换,不懂得心理学知识而只具有一些朴素的审美意识，不利于大学生审美能力的提高。因此，大学生应当学习一些心理学的知识，了解人的心理结构和情感形式，掌握人的心理活动的基本规律，在审美活动中，有效地控制、调节自己的心理活动过程，以获得较好的美的感受。

三、完善心理结构，增强审美能力

审美活动的过程也就是审美心理活动的过程，审美心理中知、情、意、行如何活动、如何表现，直接影响着个体审美活动的效果和审美能力的高低。所以，大学生应当完善自己的心理结构，力求在审美感知、审美态度、审美想象、审美情感等方面健康发展，培养较高的审美能力。

（一）提高审美感知能力

罗丹说过："所谓大师，是这样的人，他们用自己的眼睛看别人看过的东西，在别人司空见惯的东西上能够发现出美来。"只有具备敏锐的、灵活的审美感知能力，才能以独具的慧眼捕捉到美的东西。大学生在日常生活中应当深入细致地观察，充分调动自己各方面的感官系统使之处于活跃状态来协调活动，尤其是听觉和视觉。要以具有"形式感的眼睛"和"音乐感的耳朵"积极参加审美实践，如音乐欣赏、绘画书法欣赏、诗朗诵、文艺演出等，使自己的眼睛和耳朵适应审美时的需求，训练自己的感知能力。

（二）坚持超功利的审美态度

古代有个故事，一个秀才和一个农夫在黑夜一同赶路进城，秀才看见一轮圆月，不禁吟诵起王维的诗句："独坐幽篁里，弹琴复长啸。深林人不知，明月来相照。"并对农夫说："你看今晚的月亮多美啊！"农夫急着进城卖东西，便回答道："月亮有啥美的，不就是像个烧饼吗？"在这里，秀才采取的是超功利态度，看到了月亮的美，而农夫采取的是实用功利态度，因而进入不了审美境界。在审美活动中，只有从日常现实生活中脱离出来，保持一种与实用功利无关的态度，才能产生较好的审美效果。因此,大学生应该培养宽广的胸怀,磨炼坚强的意志,在审美活动中,坚持不为利所诱、不为情所扰,抛却生活中的利益得失,真正进入到一个纯净的、自由的审美天地中去。

(三)培养丰富的审美想象力

审美想象力是主体按照自己的审美理想,将储存在记忆里的表象进行加工、改造和重新组织,把一些零碎的形象、感觉集中到一起,排列组合,从而创造出新的审美形象的能力。大学生只有丰富自己的想象力,才能读出审美对象的"言外之意",才能从眼前的美看到未来的美,从审美对象中挖掘出更多的美的体验,也为大学生创造美拉开了序幕。大学生应当积极投身于审美实践,寻找想象空间;经常融入大自然、激发想象热情;培养丰富情感,推动想象的发展。

(四)提高审美鉴别能力

所谓审美鉴别能力,就是对美与丑的分辨能力和扬弃能力。当今时代是个"信息爆炸"的时代。科学家研究发现,人类的知识在19世纪每50年增加一倍,在20世纪每10年增加一倍,其中20世纪70年代每5年增加一倍,而现在更缩短到每3年(甚至更短)增加一倍。信息作为人们审美的"原材料"已经变得更多、更复杂。在这纷繁芜杂的信息中,美与丑的信息同时存在,相互混杂,甚至会出现以丑遮美的现象。大学生唯有不断提高自己对于美与丑的辨别能力,才不至于迷失方向。大学生要想提高审美鉴别能力,就要积极参加审美实践活动,多接触美的事物,尽可能掌握各种美的规律、表现形式、特点等,注重生活经验和艺术经验的积累,不断充实自己的审美经验和阅历,通过长时间的耳濡目染,逐渐提高自己的审美鉴别能力。

四、建设校园文化,营造良好的审美氛围

校园是大学生生活、学习、活动的主要场所,校园文化氛围如何,对大学生审美观念的培养、审美心理的优化、审美素质的提高具有极其重要的意义。优美的环境、良好的校风、多彩的校园活动,都将使生

活在其中的大学生身心愉悦、信心倍增，审美意识得到增强，审美能力不断提高。因此，我们应当从多方面加强校园文化建设，以营造良好的审美氛围。

（一）美化校园环境

校园环境包括校园的建筑造型、校园布局、校园风景以及校园的清洁卫生状况。建设优美的校园环境能给人以赏心悦目的美的享受，让人受到美和智慧的启迪。很难想象建筑支离破碎、人员熙攘嘈杂、垃圾随处可见的环境能给人以美的享受和愉悦的心境。学校应当加大投资，制定校园建设的规划，完善建筑布局，美化校园风景，如增加绿地面积，增设具有学校标志性意义的雕塑等。与此同时，校园环境的美化需要全体大学生的共同努力。大学生应增强对校园环境的养护意识，平时积极参加校园环境建设的劳动，遵守公共秩序，维护校园环境的清洁卫生。

（二）加强校风建设

如果说校园环境的美化是校园物质文化建设，那么，校风建设就是校园精神文化建设的内容，是一所学校精神风貌的集中体现。生机勃勃、稳定和谐、奋发向上的校风，可以起到陶冶情操、鼓舞人心的作用，能让大学生在潜移默化中提高自己的审美修养。因此，全体师生员工应当行动起来，提倡、维护高品位的校风。这就要求大学生能做到学风严谨、行为文明、形象健康、心态阳光，以积极的精神风貌去欣赏美、创造美。

（三）开展校园文化活动

校园文化是大学生思想状况的集中体现，校园文化活动也是大学生参加审美实践的主要渠道。丰富多彩的校园文化活动，为大学生进行审美、创美活动提供了广阔的舞台。在校园文化活动中，各种思想、观点在这里碰撞、融合，各种美的体验在这里汇集、交流，大学生在这里敢于展现、勇于创造，最终必将获得意想不到的美的收获。

因此,要紧紧围绕校园文化这个中心,积极开展多姿多彩的课余活动,尤其是组织一些校园艺术团体。开展文艺活动能让大学生在互相交流、互相帮助中共同提高审美素养,丰富审美情趣。

语码转换式双语教学词汇、语段

Chapter 9 Aestehsis mental

1. 美感 aesthesis

The responsibility of an artist is to create art works to cater for people's needs for aesthesis and enjoyment.

艺术家的责任就是要创造出能满足人们审美需求和娱乐需求的艺术作品来。

2. 审美 aesthetic appreciation

Artistic Appreciation is an aesthetic as well as mental activities, basing on artistic images. Through artistic images, people would make a recognition of the objective world.

艺术欣赏是人们以艺术形象为基础的一种审美活动和心理活动。通过艺术形象,人们认识客观世界。

3. 审美取向 aesthetic taste

Nowadays, the researchers come to concern about the aesthetic taste and value of the environment art design.

目前,研究者开始关注环艺设计的审美取向与价值。

4. 审美态度 aesthetics attitude

This is not just for the joy of the eyeball from the beginning of its birth, but shows an aesthetics attitude. Such practice is particularly used in the current photography concepts. I think this is because of the thinking and working methods of the artists and some of them want to search what they want while still some who would design in hearts of those they want.

这种方式从诞生之初就不只是为愉悦眼球而存在的，它在表明一种审美态度。这种方式在当代摄影观念中运用得尤其广泛，我觉得这和艺术家的思维及工作方式有关，有的艺术家是去捕捉他想要的，而有的艺术家是在心里把想要的设计好了。

5. 审美标准 aesthetical standard

The aesthetic standards in daily life has been paid much more attention in the aesthetic field. It is very important to form the aesthetic attitude in daily life to make your daily life more colorful。

在审美学领域，日常生活中的审美标准越来越受到重视。这对形成日常生活的审美态度，使生活更加多彩具有重要的意义。

第十章　大学生的情绪及挫折的应对

第一节　大学生的情绪与心理健康

情绪是人对客观事物态度的体验，是人对客观事物的一种特殊的反映形式。情绪有积极和消极之分，积极的情绪包括喜爱、崇敬、高兴、幸福等；消极情绪包括忧愁、悲伤、愤怒、紧张、焦虑、痛苦、恐惧、憎恨等。情绪像空气一样时刻围绕着我们，它对人的生活、工作、健康都有很大的作用，正因为有了喜、怒、哀、乐、爱、憎等不同的情绪体验，生活才显得如此丰富多彩。通常，积极的情绪是人们身心健康发展的一种内驱力，促使人积极向上，它可以加强思维能力，提高工作效率，保证机体健康，是任何药物和饮食无法代替的，它有利于学习和工作效率的提高。而消极的情绪则会降低智力水平，引起行动的迟钝和精神的疲惫，进取心丧失，严重时会使自我控制力和判断力下降，意识范围变窄，正常行为瓦解，它甚至可以诱发溃疡病、神经衰弱、精神分裂症、高血压、冠心病和结肠炎等病症，而且忧郁、失望、焦虑和难以摆脱的悲伤，均与癌症的发生有关；消极的情绪和过度的情绪波动还能使疾病恶化，如哮喘病可由情绪波动诱发，也可由情绪波动而加重。

处于青年期的大学生，心理上正经历着急剧的变化，尤其反映在情绪和情感方面，表现为情绪起伏波动大，情感体验深刻、丰富和复杂，容易陷入情绪困扰。这一特点明显地影响到大学生的学习、生活等各个方面，长期持续的不良情绪还会危害大学生的身心健康。因而正确了解大学生情绪和情感发展的特点，学习调适、消除不良情绪，培养良好的情绪和情感，对于增进大学生的心理健康有着重要的意义。

一、情绪的理论

情绪问题早为哲学家、文学家以及后为神经生理学家、心理学家所重视。我国古代思想家曾有过许多论述。例如:“好、恶、喜、怒、哀、乐谓之情”,“情者,性之质也”(荀子),把情看做是性的表现形式;“情,波也;心,流也;性,水也”(关尹子);“性之有动者谓之情。性之有喜怒犹水之有波浪”(程颐);“性是未动,情是已动,心包含已动未动”(朱熹),都把情绪看做性或心的波动状态。

在心理学上,除格式塔心理学家外,几乎所有心理学派别都很重视情绪的研究,并以自己的理论观点来解释情绪。构造心理学把感觉和情感作为心的基本元素,机能主义把情绪定义为“机体再调整”,行为主义把情绪看做“遗传的模式反应”,而精神分析学派则把注意力集中在本能和焦虑问题上。由于情绪问题的复杂性以及研究者的观点和方法上的不同,现代心理学家对情绪的解释是多种多样的。这一节仅讨论几个较有影响的情绪理论和当前的某些研究趋向。

(一)詹姆士—兰格的机体知觉即是情绪的理论

美国心理学家詹姆士(James)和丹麦生理学家兰格(Lange)认为,情绪就是对机体变化的知觉。他们还认为,情绪不是由外在刺激引起的,而是由身体的生理变化引起的。詹姆士说:“常识告诉我们,我们失去财产,觉得难过并哭泣;我们碰上一只熊,觉得害怕而逃跑;我们受到一个敌手的污辱,觉得发怒而打起来。这里我们要为之辩护的假设是:这样的序列是不正确的,这一心理状态不是直接由另一状态引起的,在两者之间生理表现必须首先介入。更合理的说法是:我们觉得难过是因为我们哭泣;发怒是因为我们打人;害怕是因为我们发抖。而并不是因为我们难过、发怒或害怕,所以才哭、打人或发抖。没有随着知觉的生理状态,则知觉便纯粹是认知性的,是苍白无彩色的,缺少情绪温度的。于是,我们或许会看到熊而决定最好是逃跑,受了侮辱而认为去打击对手是对的,但我们却并不真正觉得害怕或发怒。”兰格认为,血管运动的混乱、血管宽度的改变,以及与此同时各个器官中血液量的改变,乃是激情的真正的最初的原因。他说:“随意神经支配加强和血管扩张的结果,就产生愉快;而随意神经支配减弱,血管收缩和气管肌肉痉挛的结果,就产生恐惧。假如把恐惧的人的身体的症状除掉,让他的脉搏平稳,眼光坚定,脸色正常,动作迅速而稳定,语气强有力,思想清晰,那么,他的恐惧就会消失。"

(二)坎农—博德的丘脑情绪理论

美国生理学家坎农(Cannon)和博德(Bard)提出了一个不同的情绪理论。他们认为,植物性神经系统的生理反应无助于情绪的发生,认为情绪的产生是大脑皮质解除丘脑抑制的功能,即激发情绪的刺激由丘脑进行加工,同时把信息输送到大脑及机体的其他部分。输送到大脑皮质的信息产生情绪体验;输送到内脏和骨骼肌的信息激活生理反应。身体变化和情绪体验是同时发生的,而情绪感觉是由大脑皮质和植物性神经系统共同激起的结果。

坎农—博德理论强调大脑皮质解除丘脑抑制的机制,其意义在于把詹姆士—兰格对情绪的外周性研究推向对情绪中枢机制的研究。后来奥尔兹也确实发现下丘脑有所谓"快乐中枢"和"痛苦中枢"。但坎农—博德的情绪理论也是不完善的。如前所述,虽然外周性生理反应不是情绪的唯一来源,但内脏反应和行为反应确实在一定程度上决定着我们的情绪体验。坎农—博德完全否定外周生理反应在情绪产生中的作用,是不正确的。此外,坎农过分强调丘脑在情绪中的作用,而忽视大脑皮质对情绪的作用,也是不正确的。

(三)沙赫特的激活归因情绪理论

美国心理学家沙赫特(Schachter)对詹姆士—兰格理论和坎农—博德理论采取折中的观点。他既同意詹姆士的观点(情绪体验来自对身体反应的反馈信息),也同意坎农的观点(这种反馈的差异不大,不足以产生细微的不同情绪)。他认为,情绪既来自生理反应的反馈,也来自对导致这些反应情境的认知评价。因此,认知解释起两次作用:第一次是当人知觉到导致内脏反应的情境时,第二次是当人接受到这些反应的反馈时把它标记为一种特定的情绪。沙赫特认为,脑可能以几种方式解释同一生理反馈模式,给予不同的标记。生理唤醒本来是一种未分化的模式，正是认知过程才将它标记为一种特定的情绪。标记过程取决于归因，即对事件原因的鉴别。人们对同一生理唤醒可以做出不同的归因，产生不同的情绪，这取决于可能得到的有关情境的信息。

二、大学生情绪发展的种类和特征

（一）大学生的情绪发展的种类

情绪的表现形式是多种多样的，依据情绪发生的强度、持续性和紧张度，可以把情绪划分为心境、激情和应激。

1. 心境

心境是一种比较微弱而又持久的情绪状态。心境具有弥散性，它不是关于某一事物的特定体验，而是由一定情境唤起后在一段时间内影响各种事物的态度体验。当一个人处在某种心境中，他往往以同样的情绪状态看待一切事物，即所谓“忧者见之则忧，喜者见之则喜”。心境的持续时间可能是几小时，也可能是几周、几个月或更长时间。某种心境持续的时间依赖于引起这种心境的客观环境和个体的个性特点。心境对人的生活、工作、学习和身体健康有很大影响。因此，学会对心境的调节控制，对我们的工作、学习和生活都十分重要。

2. 激情

激情是一种强烈的、短暂的、爆发式的情绪状态。这种情绪状态往往是由一个人在生活中具有重要意义的事件所引起的。另外，对立意向的冲突或过度抑制也很容易引起激情。激情发生时一般有很明显的外部表现，例如：面红耳赤、咬牙切齿、手舞足蹈，有时甚至出现痉挛性动作，言语过多或者不流畅。在激情状态下，人的认识活动范围缩小，控制力减弱，对自己行为的后果不能做出适当的估价，容易出现轻率的举动。但激情是完全有可能控制的，人在激情发生之前，要竭力把注意力转移到与此无关的事情上去；在激情状态中，在做或说某件事时，要慢慢使自己的行为平缓、镇定下来。当学生处在激情状态时，教师应遵守这样一条原则，即学生愈激动，教师就愈平静，以避免产生消极作用。

3. 应激

应激是在出乎意料的紧张情况下所产生的情绪状态,是人们对某种意外的环境刺激做出的适应性反应。产生应激状态的原因是:已有的知识经验与当前所面临的事件产生的新要求不一致,新异情境的要求是过去所未经历过的,这时就产生这种紧张的情绪状态;或者已有的经验不足以使人对付当前的境遇而产生无能为力的压力感和紧张感。应激状态对人的活动有着很大影响,它能导致生理和行为的急剧变化。在生理上,心跳过速,呼吸急促,血压升高;在行为上,由于发生普遍性的兴奋反应,在一定程度上造成行为上的紊乱,动作不协调,姿势失常,语无伦次等;在心理上,由于意识自觉性的降低,造成思维的混乱,判断力减弱,知觉和记忆错误,注意的转移发生困难。有些人在应激状态下,全身发生抑制,使身体的一切活动受阻,呆若木鸡,甚至休克。但是,中等程度的应激状态会对人的行为产生积极作用。在这种状态下,个体能更好地发挥积极性,思维清晰、灵敏、精确,反应能力增强。人适应应激状态的能力有差异,这主要是受人的性格、过去经验、知识,特别是思想道德修养的影响。

(二)大学生的情绪发展的特征

1. 丰富性和复杂性

从人的生理发展分段来看,大学生正处于青年期(14～25 岁),这一时期是人生面临多种选择的时期,学习、交友、恋爱等人生大事基本在这一阶段完成。大学生作为特殊群体,生理基本成熟而心理尚未完全成熟,处于心理断乳期,易受到外界的干扰。对人、事、社会等各种现象特别关注,对友谊与爱情执著追求,对新鲜事物十分好奇,对学业和未来充满信心,朝气蓬勃、积极进取,拥有许多积极情绪。但大学并不是伊甸园,也有竞争与压力。考试不及格、朋友误解、恋爱失败甚至天气变化等都可以导致消极情绪的产生。可以说大学生情绪极其丰富又极其复杂。

2. 激情性和冲动性

由于知识水平和认知能力的提高，大学生对自己的情绪能够有所控制，但大学生群体兴趣广泛，对外界事物较为敏感，加之年轻气盛和从众心理，因而在许多情况下，其情绪易被激发，犹如急风暴雨不计后果，带有很大的激情性和冲动性。如果这种激发结果是积极的，有利于大学生成才，如见义勇为，或是听英模报告会等，都会奏响正义的凯歌；如果激发是消极的，甚至是反面的，如为了哥儿们义气或小团体利益不惜违反校规校纪甚至犯罪，就会成为愚蠢的举动。

3. 内隐性和外显性

大学生的很多情绪是一眼就能看出的，考试第一名或赢得一场球赛，马上就能喜形于色。但大学生在成长过程中，面临学习、交友、恋爱和择业等具体问题，切肤之痛的影响，往往深藏不露，具有很大的内隐性。

4. 波动性和两极性

社会、家庭、学校及生活事件，都会对大学生的情绪产生影响。社会的变迁，体制的变革，社会面临新与旧的更替，正义与邪恶的较量，在社会转型过程中，大学生面对复杂的社会现象易产生困惑和迷茫，价值的判断、认知的取舍、前途的选择，心理会有许多矛盾；家庭的变故，家庭成员关系的亲疏以及学习、交友等个人生活事件都会影响大学生情绪。使大学生情绪摇摆不定、跌宕起伏，时而热情激动、时而悲观消沉，表现出极大的波动性。这种情绪的极端形式就是情绪的两极性，从一个极端跳到另一个极端。

三、大学生消极情绪的表现及其产生原因

(一)在学习和生活方面常见的消极情绪及表现

1. 自卑

自卑是一种因过多地自我否定而产生的自惭形秽的情绪体验。每个人或多或少地都有自卑感，但如果人的自卑程度较深，影响了自己的正常工作和学习，就需寻求心理医生的帮助了。大学生的自卑感

主要表现如下：

(1)自我认识不足，过低估计自己。每个人总是以他人为镜来认识自己，也就是说人们总是根据他人对自己的评价和自己与他人的比较来认识自己的长短优劣。如果他人对自己做了较低的评价，特别是较有权威的人的评价，就会影响自己对自己的认识，自己也低估自己。心理学家发现，性格较内向的人，多愿意接受别人低估评价而不愿接受别人的高估评价。在与他人比较的过程中，性格内向的人，也多半喜欢拿自己的短处与他人的长处比，当然越比越觉得自己不如人，越比越泄气，就会产生自卑感。性格内向的人还有一个特点，就是喜欢反省自己。因为他们对自己的不足有较多的了解，为求自我完善，他们对自己要求较严，加之晕轮效应影响，只看自己的不足而忽略了自己的优点，结果使自己越来越自卑。

(2)消极的自我暗示抑制了自信心。每个人面临一种新局面时，首先都会自我衡量是否有能力应付。性格内向的人因为自我认识不足，常觉得“我不行”，由于事先有这样一种消极的自我暗示，就会抑制自信心，增加紧张，产生心理负担，在学习和交往中，就不敢放开手脚，就会限制能力的发挥，工作效果必然不佳，这种结果又会形成一种消极的反馈作用，影响到以后的行为。这也无形地印证了自卑者消极的自我认识，使自卑感成为一种固定的消极自我暗示，这也会造成一种恶性循环，使自卑感进一步加重。

(3)不能承受挫折。人们在遭受挫折后，可能会产生各种反应，或反抗，或妥协，或固执。有的人在遭受某种挫折后，就会变得消极悲观，特别是性格内向的人，由于神经的感受性高而耐受性低，稍微受挫就会给予他沉重的打击，使他变得自卑。

2. 焦虑

焦虑属于消极的情绪，它是一种能减弱人的体力、精力，干扰人的正常活动的情绪体验，也属于不愉快的情绪。它使人烦躁不安，类似恐惧，但程度不太强烈。心理学研究表明，焦虑程度与学习效率之间可以用一条抛物线的形式来表示，即随焦虑程度的增加，学习效率也随着加快，超过一定的焦虑程度时，学习效率就会随着焦虑程度的增加而随之降低。大学生产生焦虑主要表现如下：

(1)考试焦虑。他们不能正确对待考试，担心考试不及格，这类学生主要是基础比较差，学习比较吃力，对大学的学习方法不适应，把考试看得过于严重，他们经常担忧考试不好会降级和影响毕业分配，结果，压力超过心理负荷而造成过度焦虑。

(2)困难焦虑。有的大学生不能正视在大学中所遇到的学习和生活方面的困难而产生焦虑。如有的学生为了保持自己原有的优势，千方百计地和来自各方的众多"尖子生"进行竞争和比赛，结果负于强手，在心理上出现了自责、自卑和难以服气的精神压力。于是，背着沉重而又紧张的思想包袱，也自然产生害怕失败的焦虑情绪。

(3)毕业焦虑。市场经济条件下，人才竞争十分激烈。教师、父母或朋友对学生的过高要求，这是造成心理压力的主要原因。有的学生怕市场竞争，把就业也视为一种精神上的"压力"，以致造成心理障碍。

(4)健康焦虑。有些学生，因为长期有病而产生焦虑。也有的学生，因为沉迷于网络世界和电脑游戏之中，以致睡眠不足、营养不良，身心需要的能量得不到及时的补充和缓冲，也同样会陷入焦虑之中。

3. 抑郁

抑郁是大学生中较常见的一种心理失调症，是大学生感到无力应付外界压力而产生的一种消极情绪。它是一种低沉、灰暗的情感基调，可从轻度心情烦闷、消沉、郁郁寡欢、状态不佳、心烦意乱、苦恼、忧伤到悲观、绝望。抑郁者常觉得生活没有意思，高兴不起来，心情沉重，提不起精神，做事缺乏动力，对外界的兴趣减退或消失，自信心下降。严重的则整日忧心忡忡、胡思乱想、郁郁寡欢、度日如年、痛苦难熬、不能自拔，思维变迟钝甚至动作变迟缓，有时可有自杀的念头或行动，值得重视。大学生的抑郁主要表现如下：

(1)坦途无悦。面对达到的目标、实现的理想、一帆风顺的坦途，但他们并无喜悦之情，反而感到忧伤和痛苦。如考上名牌大学却愁眉苦脸、心事重重，想打退堂鼓。有的在大学学习期间，经常无故往家跑,想休学退学。

(2)不良暗示。主要表现在两个方面:一种是潜意识层的,会导致生理障碍。如患者一到学校门口、教室里或工作单位,就感觉头晕、恶心、腹痛、肢体无力等,当离开这个特定环境回到家中,一切又都正常。另一种是意识层的,专往负面去猜测。如患者自认为考试成绩不理想;自己不会与人交往;自认为某些做法是一种错误,甚至是罪过,给别人造成了麻烦;担心自己的病可能是不治之症等。

(3)要换环境。可能在学校发生过一些矛盾,或者根本就没什么原因,但他们却深感所处环境的重重压力,经常心烦意乱、郁郁寡欢,不能安心学习工作,迫切要求教师为其想办法,调换班级。当真的到了一个新的地方,患者的状态并没有随之好转,反而会另有理由和借口,还是认为环境不尽如人意,反复要求改变。

(4)自杀行为。严重抑郁者可能会利用各种方式自杀。对自杀未果者,如果只抢救了生命,未对其进行抗抑郁治疗(包括心理治疗),患者仍会重复自杀。因为这类自杀是有心理、病理因素和生物、化学因素的,患者并非心甘情愿地想去死,而是被疾病因素所左右,身不由己。

4. 冷漠

冷漠指大学生在学习与生活过程中,对引起挫折的对象无法攻击,又无适当的替代对象可供攻击时,则强压愤怒情绪,表现出一种表面的冷淡和失去喜怒哀乐的表情,同时表现出一种对事物无动于衷的态度,冷漠是一种复杂的行为表现方式,与青少年学生个体的经验有密切的联系,它是青少年学生受挫折后直接反应的一种情境。如有些青少年学生由于学习或生活受挫而积极性丧失,表现出对一切事物漠不关心、无动于衷。大学生的冷漠一般表现为:

(1)角色性冷漠。大学生(尤其是差生)在学校或班级各项活动中不能进入预定的角色情绪,出现角色失落和角色冷漠。

(2)倦怠性冷漠。由于长期受片面追求升学率的影响,广大青少年学生在枯燥乏味的学生生活中,容易滋生疲劳、厌烦、倦怠心情。值得注意的是，这种倦怠性冷漠情绪甚至会出现在优秀的学生身上，并像病菌一样传染蔓延。

（3）忧郁性冷漠。青少年学生对所处现实和自身的境遇不满，产生严重的心理失落感，在青少年学生群体中，表现为精神萎靡、郁郁寡欢、缺乏自信。

（二）大学生消极情绪的产生原因

大学生之所以会产生消极情绪，既受他们个性、意志等心理因素的影响，同时也受社会、家庭等外在因素的影响。

1. 达不到既定目标所产生的失败感是他们产生消极情绪的重要原因

理想是大学生学习的动力之一，但大学生在学习和生活中往往对自己期望过高，不能正确处理理想与现实的关系，加上大学生心理上还不成熟，正确的人生观还没形成，因此他们很容易因失败而感到苦闷和彷徨，产生自我无能感，陷入自轻、自贱的消极情绪中。

2. 不客观的自我归因

对自己行为的归因是大学生平衡心理的重要方法。按照归因理论，人们一般会对自己行为结果从两个维度进行归因，即稳定性和内外因。许多大学生，尤其是差生，他们往往将自己的挫折归因为稳定的内因，即认为自己能力不行。因此，他们对自己丧失信心。

3. 自尊心的丧失

所谓自尊心就是一个人对自己的尊重，相信自己的能力和自己从事工作和学习的价值。自尊心较强的学生，善于表达自己的思想，能与同伴很好相处，在学习和生活中往往独立性较强。而自尊心丧失的学生，在大部分时间内忧愁伤感，害怕参加活动，害怕遭到别人拒绝，他们感到没有人爱他们，孤独、无助、压抑。

4. 人际交往贫乏

正常的人际交往是大学生心理健康的重要指标。但一些大学生人际关系较差，而造成大学生人际关系紧张的原因与大学生自我意识不完善、以自我为中心的倾向严重有直接关系。他们遇事多从自己的角度考虑,总是希望别人和周围环境顺着自己,往往因不善于处理各种人际关系而导致心理问题出现。当他人的看法、想法、生活习惯等与自己不一致,或自认为他人有对自己不尊重时,他们甚至采取"以牙还牙"、自我封闭等处理方式。这部分学生虽然表面上似乎很要强,其实内心非常孤独,希望他人接纳自己,自己却不善于接纳他人;希望他人尊重自己,而又缺少尊重他人的意愿。

四、调适大学生消极情绪的对策

为培育校园主流文化,推进校园文明,提高大学生的综合素质,针对青年学生情绪中存在的问题,提出以下切实可行的对策是完全有必要的,其主要目的在于消除或减轻由消极情绪带来的不利影响,使学生保持乐观的情绪和愉快的心境,健康成才。

(一)营造健康向上的校园氛围,组织学生参加丰富多彩的校内外活动,是消除消极情绪的重要保障

消除消极情绪,需要一种能够潜移默化的校园氛围。健康向上的校园氛围,能使有消极情绪的青年学生能够随时感受到校园主流精神的力量。营造校园良好氛围的根本目的在于塑造、积淀一种健康向上的共同心理定势和行为特征,形成学生健康向上的心态。

1. 开展以适应校园生活为主题的活动

通过开展"创建文明校园、文明班级、文明宿舍,做文明大学生"等主题活动,使学生在活动中学会团结协作、和谐共处,自觉养成文明卫生、举止得体、仪表端庄、热爱生活、保护环境、爱护公物的良好习惯,培养学生身体健康、心理健康、思想健康,这种文明、和谐、活泼、向上的校园文化环境可以减少学生消极情绪的出现。

2. 要精心设计和组织思想政治、学术科技、文娱体育等校园文化活动

开展内容丰富、形式新颖、吸引力强的活动能把德育、智育、体育、

美育转换到校园文化活动之中，使大学生在活动参与中受到潜移默化的影响，思想感情得到熏陶，精神生活得到充实，道德境界得到升华。

3. 鼓励大学生走出校门进入社区，走向社会开展丰富多彩的志愿服务和社会实践活动

通过丰富多彩、形式多样的活动，开阔学生视野，陶冶学生情操，锻炼学生品质，提高学生心理综合素质。

(二)提高教育者素质，改善教育手段，精选教育内容，提高教育效果，是克服消极情绪的有效途径

教育者是教育活动的最具活力和影响力的因素。提高教育者素质，改善教育手段，精选教育内容，提高教育效果，是克服消极情绪的有效途径。

1. 思想政治教育手段应当把教育目的与学生个人期望有效协调起来

最重要的工作在于让受教育者懂得教育者所做的工作是为了其健康成长。特别要慎用行政强制手段，防止在以过分依赖行政强制手段来推进学生思想工作时给学生带来消极的情绪影响。另外，学生思想工作要讲“率先垂范”，教育者要身体力行，通过自己的人格力量感化、引导青年成才。

2. 智育教育手段及载体要充分调动学生的求知欲

“学高为师”要求教育者先受教育，不断更新知识，追踪或引导学科前沿知识；要实行目标管理，通过完善考试制度，改革教学方法，培养学生学习的积极性。实践表明，课程教育信息量大、教学手段先进更能吸引学生，变“求学生学”为“学生求学”，可有效消除学生的课堂消极情绪。

3. 要加强校园正面引导

加强对校园社团和学生正式和非正式群体的指导，营造良好的育人环境，以培养学生身心俱全的健康观和较高层次的审美修养。

(三)青年学生加强自我调控，是克服消极情绪的关键

青年大学生加强自我调控可以促使自己把握人生积极的主旋律，

避免走进认识误区，通过自我调控来克服消极情绪，改变自身的认知结构，确立正确的自我意识。当代大学生提高自我调控能力的根本点在于要重视生活实践，加强思想道德修养，提高文化素质，注重良好的生活方式，在正常的意识中健全自己的人格。

1. 了解自我

当某种情绪刚一出现时便能察觉，这种自我觉知能力是情感智力的核心。自我觉知能力高的人对自己的情绪具有清晰的认知，能有效地管理自己的情绪。大学生要提高的自我知觉能力具体包括：强化自我觉知，使自己能够辨识不同的情感感受，明确这些感受代表的意义，并能清晰理解自我的“思维—情感感受—行动反应”之间的相互关系；能清醒地认识到自己是在理智地做决策还是任凭冲动情绪主宰；能够预见不同选择方案的可能后果；能够认清自己的优势和缺陷，积极而现实地看待自我。

2. 管理自我

管理自我即调控自我的情绪，使之适时、适地、适度。这种能力建立在自我觉知能力的基础上。每种情绪、情感都有其作用与意义，调控的核心意思是保持平衡而不是压制情感。管理自我的教育特别要注重：帮助学生学会找出情绪表现所掩藏的真实感受，比如：某学生所表现出来的是愤怒，而其实他感到的是受了伤害；要学会消除焦虑、抑制愤怒、缓解悲哀的情感技能。如转移注意力，参加具有较大运动量的体育活动，通过享受生活让自己振奋，设法取得一个小小的成功，换个角度看问题，助人等都是行之有效的情感技能；教育学生对自己的所作所为负责，对自己的选择与行为承担责任。情绪管理能力强的学生有较强的挫折承受力，较能抑制愤怒；较少与人争吵、打架；较少破坏课堂秩序，基本能用适当的方式表达愤怒；较少表现出进攻性或自暴自弃的行为；较善于化解压力；较少有孤独感和社交忧虑。

3. 自我激励

美国哈佛大学的心理学家威廉·詹姆士研究发现，一个没有受到激励的人，仅能发挥其能力的 20%～30%，而当他受到激励时，其能力可以发挥至80%～90%，要想取得成功，自我激励的能力必不可少。它意味着一个人在遇到挫折时，是否能做到坚韧不拔，依然满腔热情，继续努力。善于自我激励的人能有效地集中注意力，具有较强的成就动机、热情与毅力，能经受住诱惑，抵制冲动，延缓满足，并能保持稳定的乐观态度。

4. 识别他人情绪

识别他人的情绪是移情能力的体现。移情，即“感人之所感”，并同时能“知人之所感”；是既能分享他人情感，对他人的处境感同身受，又能客观理解、分析他人情感的能力。移情能力是在情感的自我知觉的基础上发展起来的。移情能力强的学生较能接受他人的观点；较能设身处地地为他人着想；较能敏锐地体察他人的情绪；能更认真地倾听他人诉说。要提高自己的移情能力，可以通过以下方面进行自我教育：如学会一些倾听与提问的技能、技巧；帮助自己区分对方所说、所做的及自己对此的反应与判断，避免误解对方的真实意图；学会就事论事的处理原则。

5. 处理人际关系

能够调控他人的情绪是把握人际关系技巧的核心，它要求其他两种情绪技能的成熟：自我管理与移情。善于处理人际关系的学生一般分析和了解人际关系的能力较强；能较好地解决冲突，协商解决分歧，有较好的人缘，比较开朗外向；能与同伴友好相处，有较多的同龄朋友；比较关心体贴人；比较喜欢社交和合群；能与他人同甘共苦，较好合作，乐于助人；能平等待人。培养自己人际关系的能力，一方面，要学会及时纠正自己的认知偏差，对自我的认知缺乏要进行“补课”；另一方面，要学会一些社交的技能、技巧，如表达情绪的技巧、合作的艺术、谈判的技巧，使自己学会调停冲突以及做必要的妥协。

第二节 大学生的挫折心理

挫折是指人们在有目的的活动中，遇到了无法克服或自以为是无法克服的障碍和干扰,使其需要或动机不能获得满足所产生的消极的情绪反应。从这个定义可以看出,挫折这一概念包括三个方面的含义:

其一,有使需要不能获得满足的内、外障碍或干扰等情境状态或情境条件,如考核不及格、比赛得不到名次、受到讽刺打击等等。这些就是造成挫折的情境因素,也称为挫折情境。

其二,有对挫折情境的知觉、认识和评价,称为挫折认知。

其三,有伴随着挫折认知,对于自己的需要不能满足而产生的情绪和行为反应,如愤怒、焦虑、紧张、躲避或攻击等等,称为挫折反应。

当挫折情境、挫折认知和挫折反应三者存在时,便构成心理挫折。

一、挫折理论

(一)挫折的本能学说

麦独孤(MeDougall W.)于20世纪初提出:个体受挫折而产生的种种行为,均起源于本能。他认为,人和动物的行为都是有目的性的,只是目的性有程度高低的不同。一切行为都在奋斗中达到一定的目的,而策动和维持这些行为的动力是本能。如果消除这些本能倾向及其有力的冲动,有机体将不能进行任何活动。此外,本能和情绪有着密切的关系,似乎每种本能都有其对应的特殊情绪。在麦独孤看来,人在活动中遭受挫折而产生的情绪以及由此而引发的各种挫折行为反应,都是本能冲动的结果。

(二)精神分析学派的挫折理论

弗洛伊德认为,人的一切行为都是以性力为动力的。如果心理性欲的过程不能顺利进行,比如:停留在某一阶段或遇到挫折而从高级阶段倒退到低级阶段等,都可能造成行为异常。因此,一切精神疾病的根源也就在于这种性力受到压抑或阻碍,即挫折。

弗洛伊德的学生阿德勒(Adler A.)则强调社会因素的作用,重视权力意志的实现。他认为,人的一切行为都要受“权力意志”的支配,要求高人一等，人的一切行为动机都是指向追求征服、追求优势的。如果这种驱力受到挫折，就会形成自卑感。自卑感如果得不到补偿，则会产生反社会行为或诱发精神病。

荣格(Jung C. G)则认为，每个人的人格总是不断向前发展的，一个人常常为未来的目标而奋斗不息，以求达到人格各方面的和谐完善，这就是自我实现。当一个人的自我实现不能满足时，就会产生挫折感。

(三)“挫折—攻击”理论

多拉尔德(Dollard J.)等在《挫折与攻击》一书中首先提出了“挫折一攻击”假说，他们认为，攻击行为是因为个体遭受挫折所引起的，并宣称“攻击永远是挫折的一种后果”。这一结果包含两个基本点，第一，攻击行为的发生总是以挫折的存在为先决条件；第二，挫折的产生必然会导致某种形式的攻击。

Hovland CJ. 和 Sears RR. 论证了“挫折一攻击”理论，他们于1940 年运用“历史文献法”对 1882 年至 1930 年间美国南方的棉花价格和迫害黑人的私刑件数之间的关系进行了研究，发现棉价高时，私刑件数较少；而棉价低时，私刑件数增多。以此证明，由于经济不景气引起庄园主的挫折感，进而导致了对黑人的攻击行为。

Berkowitz L. (1969)对“挫折一攻击”理论进行了修正。他提出，应该区分“挫折”和“被剥夺”两个不同的概念。一个人不会只因为缺乏某种东西(即该东西被剥夺)而遭受挫折，只有当一个人在既定的情境中无法获得他想获得的东西时，才会遭受挫折。

(四)“挫折—倒退”理论与“挫折一奋进”理论

20 世纪 40 年代，巴克(Barker R.)等人在实验研究的基础上提出了“挫折一倒退”理论。他们认为，挫折会引起行为的倒退，出现与其年龄不相称的幼稚行为；挫折反应也会干扰正在进行的行为，或导致动机的变化，而使个体的行为受到妨碍，无法进行。

20 世纪 50 年代，奥姆赛尔(Amsel A.)在动物和儿童行为实践的基础上,提出了"挫折一奋进"理论,奥姆赛尔等人认为,当人在受到挫折时,可出现努力奋进的情况。具体表现为机体一时性的反应率提高或为完成某种任务的能量增强。

值得一提的是,在现实中,对某人造成挫折的情境,对另一个体并不一定成为挫折;对某人是重大挫折的情境,对他人可能只造成轻微的挫折感。影响这种状况产生的因素是个体的抱负水平与容忍力。抱负水平是指个体对自己所要达到的目标规定的标准,抱负水平过高,目标达不到,则容易产生和加强挫折感。容忍力是指个体对挫折情境的应对和适应能力。个体的容忍力强,能耐受挫折的打击,个体产生的挫折感相对就弱。

二、挫折引发的消极情绪反应

一个人受到挫折之后,不管其原因如何,情绪上总会受到影响,并导致行为上的变化,使其行为有不同的表现。如有的人只表现为强烈的内心体验,有的人或许会表现出特定的行为。一般人在受挫后,可能会出现以下情绪变化与行为反应。

(一)愤怒

人在受到挫折时,常常在情绪反应上表现出来,有时这种情绪反应很激烈。愤怒就是这种情绪反应之一,而且是受挫后很普遍的一种反应。人在受挫或不如意时,有的人常常会暴跳如雷、怒不可遏等。包括大学生在内的青年人尤其会表现出这样的特点。

(二)焦虑

焦虑是人遭受挫折时的另一种常见的情绪反应。它和愤怒一样,也是一种紧张性的反应,含有不安和忧虑的成分。例如:当事人遭遇挫折后出现慌张,对事情的发展没有把握而不知所措,同时也希望立刻能找到新的方法来解决眼前的问题。

(三)沮丧

沮丧是人遭受严重失败与挫折时而产生的一种情绪低落状态。

它既是消极的情绪体验，又是意志软弱的表现。其心理成分有灰心、失望、抑郁、悲伤、狼狈、难堪等；其行为上常伴随有泄气、垂头丧气、软弱无力、无精打采等表现。沮丧的产生，固然和失败、挫折以及逆境有关，但更主要的是个人主观心理条件的影响。沮丧情绪对人的伤害性很大，在短时间内很难摆脱出来。为了能够摆脱沮丧情绪，就需要大学生加强自己的思想意识修养，进行良好心理品质的锻炼，要有经受失败挫折的思想准备。如果沮丧严重，整日忧心忡忡、悲观失望、自责自罪，会导致抑郁症。

（四）攻击

挫折与攻击之间没有必然的因果关系，攻击只是一部分人遇到挫折后的行为表现，是一部分人对挫折所采取的公开对抗的行为。攻击行为的表现方式分为两种：直接攻击和转向攻击。

（五）冷漠

冷漠是指人对周围发生的事缺乏兴趣，漠不关心，抱着事不关己的态度而反应冷淡。当一个人受到挫折后，由于压力过大而无法攻击或攻击无效，或因攻击而招致更大的痛苦，于是将愤怒的情绪压抑下来，从而采取冷漠的态度或行为。表面上看来，似乎受挫折的人对挫折漠不关心、无动于衷，表示冷淡退让；但实际上，他内心的痛苦可能更甚，这一情况严重的人将会变成忧郁型精神病人。一般来说，冷漠反应多在以下四种情况下出现：

(1)长期遭受挫折；

(2)情况表明已无希望，“事已不可为”；

(3)情境中包含有心理上的恐惧与生理上的痛苦；

(4)个体心理上产生攻击与压抑之间的冲突。

（六）幻想

幻想是与生活愿望相结合并指向于未来的想象。这里是指精神分析论所列的防卫方式之一，即指凭想象以满足欲望的心理活动历程,幻想的内容可以是存在的事物也可以是虚构的情景,当事人可借其暂时摆脱现实以减少精神之苦。

人受到挫折之后的一种退缩式的反应就是幻想,即为了退缩、脱离挫折的情况,而将自己置于一种想象的境界,企图以非现实的虚构方式来应付挫折或解决问题。

任何人都有幻想,大学生的幻想是丰富的。遇到挫折后,偶尔出现幻想是可以的,这并不是失常的表现。因为挫折后以偶尔幻想的形式,可以使人暂时脱离现实而使受挫情绪得到缓冲,有助于对挫折的容忍和增强对未来的信心,幻想中的成功可以使人在精神上获得愉快和满足,减轻了受挫的心理压力。但是,幻想本身并不能解决任何实际问题,一旦形成了以幻想来对付现实中的挫折,企求从幻想中得到现实中得不到的满足的习惯,将是非常危险的,并有可能形成病态的行为反应。因此,不论你的幻想如何丰富,幻想之后仍然必须面对现实,在现实中寻求问题的解决并摆脱因挫折所引起的情绪反应,以良好的适应来维护自己的心理健康。

(七)退化

退化亦称倒退、回归、幼稚化。本来,人的行为是随着其自身发展的过程有一定的行为模式的。但是,当一个人受到挫折时,其行为表现往往比其年龄应有的行为表现显得幼稚。这种在受挫折时表现出的与自己年龄及身份不相称的幼稚行为,就是退化。退化的根本目的就是发泄心中的不满和博取他人的同情与关注。

三、大学生挫折心理自我调适的方法

挫折不仅会给大学生造成精神上的不安和情绪波动,影响身体健康,而且还会压抑他们的积极性和创造性,对学习和生活起着消极的破坏作用。因此,大学生应当学会运用一些对抗挫折的方法,努力发挥主观能动性,把挫折带来的压力化为前进的动力。作为教育工作者,只有洞悉挫折产生的原因,掌握克服挫折的有效方法,才能帮助受挫大学生战胜挫折，促进其全面发展。从前面挫折成因的分析中可知，大学生挫折心理产生的最主要原因是个体因素，包括认知、能力、动机、兴趣、性格、抱负水平以及挫折容忍力等因素。大学生要战胜挫折，必须发挥主观能动性，积极进行自我调适，并尽可能掌握和运用一些行之有效的抗挫折方法。所谓“解铃还需系铃人”，就是这个道理。

（一）对挫折进行正确认知

事实表明，对挫折心理的正确认知是大学生战胜挫折的先导和前提。对此，大学生要重点领会以下内容：

1.“人生逆境十之八九，顺境十之一二”

这句话说明人生遭遇挫折是正常的、必然的、普遍的。挫折如同矛盾一样，无时不在，无处不有。大哲学家叔本华曾说过，人生就是一种痛苦。其用意是强调人生要忍耐各种困难和不幸，并不是一帆风顺的。所以，大学生要懂得人生道路是充满荆棘的、曲折的，明白社会生活的复杂性，知道挫折是个人生活的重要组成部分，在人生各个阶段随时随地都有可能遇到各种各样的挫折。

2. 挫折是人生的催熟剂

“自古雄才多磨难，从来纨绔少伟男。”这句话表明人们最出色的工作往往是在挫折逆境中做出的；没有一定数量挫折的反复磨炼，大学生的心理是不会发育成熟的。生活实践告诉我们，当个人身处顺境，或春风得意的时候，一般只能看到自己的优点和长处，只有在遭遇挫折后，才会反省、反思自身，弄清自己的弱点和不足，以及自己的理想、需要与现实的矛盾，这将有利于自己扬长避短，促进自己更快成熟和全面发展。大学生在与挫折进行抗争的过程中，不仅可以增长才能，而且也能培养坚忍不拔的意志，所以大学生要能容忍挫折，学会自我宽慰，善于化压力为动力，做到心怀坦荡、情绪乐观、满怀信心去争取成功。大学生要想成为卓越的人，请牢记贝多芬的一句话：“卓越的人一大优点就是在不利与艰难的境遇里百折不挠。”

3. 挫折是一种境遇

“疾风知劲草”,挫折造精英。对于强者来说,每次挫折不仅是一次很好的锤炼,而且是一次有价值的发现,是一种转败为胜的契机。众所周知,爱迪生一生有1 000多项发明,其中每一项发明都充满了艰辛与苦难。例如:他研制蓄电池用了10年时间,共失败了100 296次,最终取得成功。正是因为经历了这100 296种行不通的办法,最终才找到了成功的路径。关于挫折,毛泽东也予以高度的概括:“错误和挫折教训了我们,使我们比较地聪明起来,我们的事情就办得好一些。”

总之,大学生要认识到,世界上一切事物都是在曲折中不断发展前进的。挫折具有客观性,决定了它是不以人的意志为转移的客观存在,注定大学生在奋进的过程中必然会遭遇各种挫折的阻碍,从而使人生历程出现一段波折。大学生要体会“石压笋斜出,悬崖草倒生”的深刻内涵,艰辛逆境才是我们走向成熟的熔炉。为此,大学生在面对挫折时要尽量从积极意义和光明面来看待,发挥其积极影响,尽量避免或减轻其消极作用。

(二)用奋斗目标导航

有人曾把人生比做在大海里航行的船舶,经常会遭受各种海底动物和巨大风浪的侵袭,永远不可奢望一帆风顺,但无论航程是多么艰难险阻,勇敢的船长总能让船到达胜利的彼岸。这个比喻告诉我们,理想或奋斗目标能激励人们不畏艰难、百折不挠地积极进取,是一个人奋勇前进的不竭动力。正如俄国作家车尔尼雪夫斯基所说:“人的活动如果没有理想的鼓舞,就会变得空洞而渺小”;我国作家丁玲也曾说过:“人,只要有一种信念,有所追求,什么艰苦都能忍受,什么环境也都能适应。”所以大学生战胜挫折的一个非常重要的方法就是要树立明确、合理的奋斗目标。

作为社会中特殊群体的大学生,是国家较高层次的专业人才,在不久的将来要担任建设社会主义现代化的重任,尤其需要用科学合理的目标来指导人生的航向。大学生在树立奋斗目标时,要把社会、国家和人民的要求和希望与自己的发展结合起来,一方面,要树立为共产主义事业而奋斗的远大目标,这种伟大的目标会产生一种伟大的行动;另一方面,还要把远大目标分解为中期和近期目标,分阶段、分步骤逐步去完成。

(三)对挫折进行正确归因

简单地说,归因就是人们对自己的行为及其结果的原因进行推测与解释的过程。按照社会心理学的解释,归因是指个体依照主观感受或经验对自己、对他人行为及其结果发生的原因予以解释与推测的心理活动过程。由此定义可以知道:归因是对行为及其结果原因的解释与推测活动,行为主体包括自己和他人;归因是在个体体验、个体经验的指导下进行的;由于归因是凭个体体验和个体经验进行的,其结果可能是正确的,也可能出现误差,甚至完全错误。

目前,维纳(B. Weiner)的自我归因理论使用范围比较广泛,且对大学生战胜挫折有较大的指导作用。维纳认为人们一般从能力、努力、任务难度、运气、身心状况和他人反应六个方面因素进行自我行为成败归因,并且这些因素具有不同的性质。大学生如果从不同角度做归因,对行为成败原因会做出不同解释,产生不同的心理效应。主要归因方法如下:

(1)把行为成败归结为任务难度、运气、他人反应等外部因素。例如:大学生认为自己取得好的学习成绩是因为考试题目不难,又碰上好运气,有朋友平时给予热情帮助,这样的归因就不会对成功过分欣喜若狂,对动机激发不会有持久的作用。反之,则会对好的成绩异常兴奋,产生很强的成就感。又如:认为自己考试成绩不好是因为题目太难、机会不好且平时没有其他同学的帮助等外部因素造成的,则会推卸责任。如此归因则不能触动心灵,对失败无所谓,因而对日后的行为不会有好处。

(2)把行为成败归结为能力、努力、身心状况等内部因素。例如:

某位大学生认为之所以在奥林匹克数学竞赛中失利，是因为自己能力不强、努力不够或者身心素质较差，这样归因的结果会导致内疚、灰心丧气。反之，如果认为自己之所以在该项竞赛中获奖是因为自己能力强、非常努力，同时身心很健康，这样会感到非常自信、满足，甚至会产生骄傲的情绪。

(3)把行为成败归结为能力、任务难度等稳定因素。如某位大学生通过了英语六级考试，认为是因为自己有较高的英语水平，加上考试题目难度适中，因而会为成功而高兴，对增强继续取得成功的信心有一定的激发作用。反之，若未通过考试，则认为是因为英语六级考试的难度超过了自己的能力所造成的，会灰心丧气、怒气冲天，这对行为的持续起到一种打击作用。

(4)把行为成败归结为努力、运气、身心状况等不稳定因素。例如：某个大学生认为自己在完成某项任务过程中非常努力，但是运气不好，加之身心状况欠佳、没有朋友的大力支持，因而最终导致行为失败，这样的归因会使其今后不愿再加倍继续努力，而是积极寻求外界帮助。反之，如果认为自己没有多努力，但在朋友的支持下，又碰上好运气，行为同样也取得了成功，这样归因的结果也会降低自己以后工作的努力程度，进一步增加了自己对上述不稳定因素的依赖性。

上述表明，维纳关于行为成败归因的理论对大学生战胜挫折有很大启发作用。不同的归因倾向，会给人们的心理和行为带来积极或消极的影响。所以，大学生要对自己行为成败进行正确的归因，因为它能激发大学生继续前行的动力，促使其增强克服困难、战胜挫折的信心和勇气，从而不断取得新的成功。而归因不当，则会打击积极性，挫伤信心与勇气，对学习和生活十分不利。

(四)培养较强的挫折容忍力

一个人要想成就一番事业必须具有坚韧不拔的精神和很强的挫折容忍力。而这种挫折容忍力是一种后天习得的能力，不是个体生

来就有的,需要大学生进行有目的、有计划地进行培养。主要措施如下:

1. 参加社会实践,加深挫折体验

大学生要想提高自己的挫折容忍力,必须"主动出击"——积极主动地参加一些社会实践活动。例如:可以进行勤工俭学,自己挣钱养活自己;参加丰富多彩的夏令营活动;参加"三下乡"活动,到贫困山区,与当地农民一起住、一起劳动等等。通过上述活动的全程参与,从中体验工作的辛苦、人生的艰难、生活的艰辛,从而逐渐提高挫折容忍力。此外,体验挫折也是大学生提高挫折容忍力的重要方法之一。常用的有两种形式:①读书体验法。如大学生可以通过阅读《毛泽东传》、《邓小平传》等作品,来深刻领会这些世界风云人物在人生历程中所经受的种种挫折与不幸。②现场体验法。一位教育家说过,只有让孩子体验寒冷,体验孤独,才能让孩子在体验挫折的同时,激发起考虑如何解决问题、克服困难的能力,如果这个过程经常得到强化,孩子就会由被动变为主动,从而战胜困境。如某位同学因相依为命的亲人突然去世而悲痛欲绝时,大学生可以主动与其进行深入交流,或参加其亲人的葬礼来深刻体验这种生死离别带来的巨大痛苦,以增强抵抗挫折的能力。

2. 适当运用挫折心理防御机制

前面我们对近十余种大学生挫折后心理防卫形式进行了比较充分的剖析,目的是为了让大学生在受挫后学会正确分析自己的挫折行为及有选择地使用。如当大学生在学习、社交方面遇到挫折时,可以有意识地运用一些积极的防卫机制,如升华、补偿、幽默等等,这种积极的防卫机制能把挫折或苦难变为前进动力。对与那些在遇到挫折时容易自责、内疚的大学生,这时不妨运用酸葡萄、甜柠檬心理或表同作用,在内心贬低一下他人,抬高自己,挽回一点自尊和面子,以免自信心完全丧失。需要特别指出的是,在运用那些妥协或消极的心理防卫机制时,一定要尽量避免或减轻它们带来的消极影响和危害性。

3. 调适抱负水平

挫折总是与行为目标联系在一起,挫折就是行为受阻,目标没有实现。因此,当受到挫折后,要重新衡量一下,目标是否定得过高,是否符合主客观条件。如果目标一直偏高,屡次不能实现,这样的挫折过于频繁,那么大学生的自信心就会下降,挫折容忍力也会下降。所以,大学生在确定自己的抱负水平时,一定要全面、客观地评估一下自己能拥有的资源,包括内部的资源,诸如能力、智力、体力、经验、兴趣等;还有外部可以利用的资源,如老师和同学提供的物质和精神上的帮助、相关信息资源等,这样所制定的目标才是切实可行的。通过一个或多个目标的不断实现,大学生可以不断增强成就感和自信心,这样挫折容忍力会不断得到提高。

4. 加强人格锻炼

研究表明,大学阶段仍然是大学生人格塑造的重要时期。在人格塑造方面,大学生尤其是要培养自己具有谦虚、活泼、勇敢、乐观、坚强、自信的性格,这样挫折容忍力就会增强。心理学家认为,大学生健全人格训练的主要方法有:①充分认识自我,优化人格组合。通过认识自己人格的基本状况,便于进行择优、汰劣。②努力学习科学文化知识。通过学习来克服因无知而引起的自卑、粗鲁、懦弱等。③积极参加社会实践活动。④发展良好的人际关系,融入集体。⑤培养广泛的兴趣,诸如写作、科研、运动等,这些活动能使受挫者很快摆脱挫折情绪的困扰。通过上述人格训练的种种方法,大学生的挫折容忍力也会逐步获得增强。

(五)适时释放挫折情绪

大学生产生挫折情绪体验后,需要寻找、创造一种能把因挫折而压抑的情绪自由表达出来的适宜环境,把自己心中的压抑、焦虑和不安尽情释放出来,从而恢复理智感。这就是通常所说的情绪宣泄法,是一种心理治疗的有效方法。

大学生在运用情绪宣泄法时应把握好以下内容：

1.“一张一弛，文武之道”——过分压抑的情绪要及时进行释放

精神分析理论认为，个体受挫后会产生紧张、焦虑的情绪，这种情绪一定要通过某种形式发泄出来，心理才能保持平衡。如果抑郁的情绪长期得不到发泄的机会，随着挫折的增多，消极情绪就会愈积愈多，甚至会导致精神失常。所以当大学生对生活环境极端厌倦、压抑时，应适当地发泄一下内心的积郁，使心中累积的不快情绪得到彻底宣泄，尽早恢复心理平衡。

2. 要选择适宜的场合和形式进行宣泄

大学生可以采用的宣泄方法很多，也可以选择不同场合进行，但运用情绪宣泄法时应遵循这样的原则：不损害他人、集体和社会的利益，要合乎社会规范，不应把矛盾进一步激化、扩大化。在遵循这个原则的前提下，大学生要学会及时宣泄自己的不良情绪，尽快恢复心理平衡。比如：大学生可以选择自己的亲人、朋友、老师、同学等，作为宣泄的对象，向不同的人宣泄不同的内容。所以，每位大学生都应该结交一些知心朋友，养成经常和亲人谈心的好习惯。这些人不仅是自己的最佳宣泄对象，往往宣泄结束后，还会从他们那里得到劝说和安慰。此外，大学生也可以精心地创设情绪宣泄的环境。如弹奏几支情感激越的曲子，或唱几首好听的歌，或到林间、溪旁、田野中散步，或做一件自己喜欢做的工作等等。

（六）情境转移，淡化消极情绪

挫折情境是大学生产生挫折的最原始起因。如果受挫大学生继续停留在引起挫折的环境中，很容易触景生情，反复体验，这样就会更加悲伤，从而加重心理负担。因此，受挫大学生需要通过改变自己所处的环境，尽快转移不良情绪，恢复心理平衡，这就是心理学上的情境转移。这种情境改变包括两层含义：一是从原挫折环境转移到新鲜环境；二是改变心理环境，即受挫大学生改变心理氛围，积极体验到他人或组织的理解、关心、帮助和温暖。

常见的情境转移是受挫者从挫折环境转移到新鲜的环境。如某

个大学生的母亲不幸突然病故,他会悲痛欲绝。每次回家看到已故亲人的照片、衣物等,都会触景生情,再次体验痛苦和悲伤。在这种情况下,如果该大学生外出旅行一段时间或在学校住宿,尽量接触一些新鲜的事物,或参加一些有意义的活动,如阅读自己喜欢的书籍、从事自己感兴趣的运动等,他的注意力就会发生转移,从而逐渐淡化、遗忘过去那种消极、悲伤的情绪。

情境转移的另外一种情况是受挫大学生改变自己的心理环境。大学生受挫后要认真倾听老师、同学和朋友的劝慰,对于他们给予的关心、指导和帮助要心存感激,学会体验组织的温暖和同学间真挚的友谊,这样心理氛围就会向积极的方面发生转变,这对于大学生来说无异于来到一个新鲜的环境中,挫折情绪也会逐步消解。

(七)借助于心理咨询

心理咨询是心理学专家(在高校是心理咨询辅导员)通过语言、文字或图片等形式,针对受挫大学生出现的心理失衡、心理障碍和心理疾病,与受挫大学生进行沟通与交流,帮助其分析挫折原因,排解不良情绪的方法。大致过程是:心理学专家或心理医生耐心倾听受挫大学生的叙述,引导他(们)把真实的想法、观点完全表达出来。在此基础上,心理专家帮助受挫大学生分析挫折产生的原因,提高其对挫折的认识,鼓励受挫者树立信心,以积极的态度和有效的方法排解消极情绪,减轻心理压力。

大学生在遭受较轻的挫折时,可以借助于心理咨询方法来帮助自己对抗挫折。但对受挫情况严重,已经引起严重的心理疾病和行为偏差的人来说,单纯靠咨询是不够的,还要及时求助于临床医学心理学家,进行更深入的精神治疗。这种治疗运用心理学的原则和技巧,通过心理医生的言语和行为,以及人际往来,来改善个体的情绪,提高病人的认知能力,消除其顾虑。在必要时,辅之以药物治疗,增强人体机能,增强其战胜疾病的信心和能力,改善受挫者的心理状态和行为方式,以减轻其痛苦和提高疗效。

语码转换式双语教学词汇、语段

Chapter 10　Emotion and Frustration Psychology

1. 态度 attitude

In recent years, more and more people have taken the positive attitude towards the fact that many university couples get married before their graduation.

近年来,越来越多的人对大学生在校结婚这一现象持肯定态度。

2. 感情 affection

He has been having great affection toward her since he saw her at the first sight.

从第一次遇到她后,他就一直深爱着她。

3. 行为 behavior

Everyone praises the children's good behavior.

每个人都赞扬孩子们的好行为。

4. 情绪 emotion

In one's daily life, everyone may experiences the emotions of joy, sorrow, reverence, hate, and love.

在日常生活中,人人都要经历快乐、痛苦、尊敬、痛恨和爱的冲动。

5. 情绪表达性 emotional expressiveness

Emotional expressiveness was assessed from mothers completing the self-expressiveness in the family questionnaire.

情绪表达性是根据由母亲填写的家庭问卷中自我表现这一指标来进行评价的。

6. 情绪智力(情感智能)emotional intelligence

In other words, we need to place as much importance on teaching our children the essential skills of Emotional Intelligence as we do on more traditional measures like IQ.

也就是说,我们需要把教孩子的情绪智商的基本技能放到和教授其他传统方法(如智商)同样重要的位置上。

7. 心境 mood

I was in no mood to laugh and talk with strangers.

我没有心情去说笑并和陌生人搭话。

8. 压抑 repression

All protest was in brutal repression by the local police.

一切抗议活动都遭到当地警方的野蛮镇压。

第十一章　大学生心理咨询与心理危机干预

帮助大学生疏导和调适不良情绪，及时、有效地开展心理咨询工作，缓解和预防心理障碍和心理疾病的发生，提高大学生的心理健康水平是时代发展的需要，也是培养高素质创新人才的必然要求。

第一节　心理咨询的概述

心理咨询是通过人际关系，运用心理学方法，帮助来访者自立自强的过程。通过心理咨询可以使来访者的心理朝着健康的方面转化。了解心理咨询的概念、类型、原则和作用，有利于大学生形成对心理咨询工作的正确认知，从而把心理咨询作为解决心理问题、增加心理健康的有效途径。

一、心理咨询的概念

心理咨询是应用心理学的一个重要分支。它以应用心理学的原理和技术，通过咨询者与来访者的交谈、协商、探讨，帮助来访者找出引起心理问题的原因，分析问题的症结所在，进而寻求摆脱困境与解决问题的条件和对策，以便来访者恢复心理平衡，提高对环境的适应能力，学会以积极的方式对待自己和他人。

心理咨询的根本目的是促进求助者成长、自立自强，使之能自己面对和处理个人生活中的各种问题。求助者只有在分析问题的过程中学会如何去思考、解剖问题；在解决问题的过程中，学会如何应付、处理问题，才能真正从心理咨询中获益，在今后的生活中也才能真正学会面对并解决自己的问题。

心理咨询不同于心理治疗。①心理咨询的工作对象是正常人,正在恢复或已复原的病人。心理治疗则主要是针对有心理障碍的人进行工作。②心理咨询所着重处理的是正常人所遇到的各种问题,主要问题有生活中的人际关系问题,职业选择方面的问题,教育过程中的问题,婚姻家庭中的问题,等等。心理治疗的适应范围则主要为某些神经症、某些性变态、心理障碍、行为障碍、心身疾病、康复中的精神病人等。③心理咨询用时较短,一般咨询次数为一次至几次;而心理治疗费时较长,治疗由几次到几十次不等,甚至次数更多,经年累月才可完成。④心理咨询在意识层面进行,更重视其教育性、支持性、指导性工作,焦点在于找出已经存在于来访者自身的内在因素,并使之得到发展;或在对现存条件分析的基础上提供改进意见。心理治疗的某些学派,主要针对无意识领域进行工作,并且其工作具有对峙性,重点在于重建病人的人格。

二、心理咨询的类型

(一)按照咨询的途径分类

1. 门诊咨询

它是指在专门的心理咨询机构或医院的心理咨询门诊进行的咨询。心理咨询人员与来访者采取面对面的方式交谈,详细了解、分析当事人的心理问题,帮助他们摆脱有碍于身心健康的不利因素,提高他们解决问题、适应环境的能力。对已经形成心理障碍者,则分析其病因和症状,制订完整的治疗计划。门诊咨询掌握情况全面,能够更深入地为来访者提供有效的帮助,是一种首选的心理咨询方法。

2. 电话咨询

它是利用电话通话的方式对当事人给予劝告、安慰、鼓励或指导。电话咨询方便、快捷,隐蔽性、保密性强,深受当事人的喜爱。它是心理咨询的一种重要形式。这种形式在国外经常用于心理危机干预,故心理咨询热线被称为“希望线”、“生命线”。

3. 信函咨询

它是以通信的方式进行心理咨询。当事人来信提出自己要求咨询的问题，心理咨询师或者是心理医生给予回信答复。其优点是不受居住条件限制，对于那些不善于口头表达或较为拘谨的当事人来说是一种较易接受的方法。但咨询效果会受当事人的书面表达能力、理解力和个性特点的影响。

4. 专栏咨询

它是指在报纸、期刊、电台、电视台和网络开辟心理咨询专栏，对读者、听众、观众提出的典型心理问题进行公开解答。优点是受益面广，具有治疗与预防并重的功能，但是存在模糊、粗浅、泛泛而论的缺陷。

5. 现场咨询

它是指心理咨询机构的专职人员深入到基层或当事人家中，为广大当事人提供多方面服务的一种咨询形式。例如：重大考试前深入学校进行考前心理辅导等。

6. 网络咨询

网络具有极强的保密性、及时性，为心理咨询提供了无限发展的空间。通过网络当事人能真正毫无顾忌地倾诉自己的隐私，暴露自己的问题，从而使心理咨询师或者心理医生能够在尽可能短的时间内掌握当事人的基本情况，做出适时的分析判断，并可以通过实时交谈不断矫正其分析判断，做出切合实际的引导及处理。随着网络技术的不断提高和互联网的迅速普及，网络咨询将具有十分广阔的前景。网上咨询服务的类型一般有：BBS 咨询；邮件咨询；QQ、MSN 或其他聊天工具的同步咨询；网上咨询室的语音、视频咨询。

（二）按心理咨询对象的数量分类

1. 个体咨询

心理咨询最初的形式是一对一的关系。个体咨询在方式上，是咨询人员与来访者两者发生的单一交往，而与来访者所处的社会、集体及家庭毫无关系;在内容上,着重解决来访者个人的心理问题。

个体咨询的一对一关系,提供了一个可靠安全的环境,可使某些人降低他们的防御性,与咨询人员建立彼此信任的关系。它为咨询人员与来访者提供了最大限度的个人接触的可能性。个体咨询有许多优越性。首先,来访者可以进行充分详尽的倾诉,将自己心中的烦恼、焦虑、不安或困惑直接告诉咨询人员,咨询人员在耐心倾听的基础上,可以帮助来访者进行面对面的磋商、讨论、分析和询问,这种形式显得直接和自然。其次,个体咨询可以使咨询人员对来访者进行直接观察,有助于对来访者的个性、心理健康状况、心理问题的严重程度和当时的心态进行观察、了解和诊断。个体咨询是在两个人之间进行,不允许第三者在场旁听,在这种情况中,来访者易于消除顾虑,容易谈出自己内心深处的想法。

2. 团体咨询

团体咨询是在团体情境中提供心理帮助与指导的一种心理咨询形式。它通过团体内人际交互作用,促使个体在交往中通过观察、学习、体验,认识自我、探索自我、接纳自我,调整和改善与他人的关系,学习新的态度与行为方式,以发展良好的生活适应的助人过程。团体咨询有其独特的优点。团体咨询是通过团体来指导个人,通过团体活动协助参加者发展个人潜能,学习解决问题及克服情绪和行为上的困扰。心理学研究证明,人类的许多问题和冲突可以在社会活动中被确认。因此,团体不仅可以反应人性的冲突和不适应,而且可以提供矫正的影响力。目前,团体咨询与治疗已在学校、家庭、医院、企业、军队等众多的社会领域中得到广泛的应用,成为心理咨询的一种新的发展趋势。团体咨询也有其局限性。在多数人在场的情况下,求助者容易产生顾虑,不愿意暴露自己的想法。所以团体咨询只能解决一些共同存在的表层心理问题,深层次的问题则需要通过个别咨询单独加以解决。

(三)按心理咨询的主要内容分类

1. 适应咨询

这类咨询的对象基本健康,但学习、工作和生活中有各种烦恼,心理矛盾时有发生。例如:学习成绩不如意而忧虑;陷入失恋痛苦而难以自拔;人际关系不协调而苦恼;远离父母,缺乏生活自理能力而焦虑;环境改变而自我认知失调等。咨询的目的是排除心理问题,减轻心理压力,改善适应能力。

2. 发展咨询

在人生的发展历程中,人人都会因为成长而不断遭遇各种冲突和困扰。发展咨询可以帮助人们挖掘心理潜能,提高自我认识能力,提高学习、工作和生活的质量,追求更完善的发展。例如:怎样处理好社会、工作与学习的关系,怎样获得更多的朋友,选择什么职业更有利于自己发展,以及如何实现人生价值等。

3. 职业咨询

在职业高度分化的现代社会中,因为职业选择和工作适应造成的个人问题正日益增加。职业咨询因而逐渐发展成为一项专业服务。早期的职业咨询,一方面,帮助一些企业挑选适合于他们需要的专门职业人员;另一方面,帮助个人进行职业决策,向他们推荐适合于他们的工作。现代职业咨询包含更多内容,例如:在人事管理方面,通过提供适当的评价、测试方法和各种论证思想,为管理者挑选适当的工作人员。目前,国家机关的许多人事聘用都加入了这项内容。又如:帮助谋职者进行职业生涯设计和规划等,以便更好地实现人、职的匹配。

4. 障碍咨询

这类咨询的对象属于有心理障碍,患有某种心理疾病,为此苦不堪言,影响了学习、工作和生活的人。咨询的目的是通过系统的心理治疗,帮助患者克服障碍,缓解症状,恢复心理平衡。例如:焦虑性神经症、严重神经衰弱等。

二、心理咨询的原则

心理咨询的原则即心理咨询人员在工作中必须遵守的基本要求,它是咨询工作者在长期的咨询实践中不断认识并逐步积累的经验。

(一)保密原则

保密性原则是心理咨询中最重要的原则。遵循保密原则是建立良好咨询关系的基础,是咨询者的职业道德的基本要求。这一原则是指心理咨询人员有责任对来访者的谈话内容予以保密,来访者的名誉和隐私应受到道义上的维护和法律上的保护,在没有征得来访者同意的前提下,不得将在咨询场合下来访者的言行随意泄露给任何人或机关。在公开案例研究或者发表有关文章必须使用特定来访者的个人资料时,需充分保护来访者的利益和隐私,并使其不至于被他人对号入座。但是,保密原则也是有一定限度的,如果发现来访者有明显自杀意图、存在伤害性人格障碍或精神疾病,咨询人员应及时向有关部门反映,以便采取防范措施。

(二)尊重原则

尊重来访者是对咨询人员的最起码的要求。尊重来访者的现状以及他们的价值观、人格和权益,并予以接纳、关注、爱护,是建立良好咨询关系的重要条件,是有效助人的基础。尊重意味着咨询员与来访者在人格上是平等的。虽然咨询员在专业知识方面和某些经验方面比来访者要多,但这绝不能成为比来访者优越的资本。咨询人员不能居高临下,以一种救世主的姿态出现,摆出一副权威的样子,盛气凌人;不能因来访者的某些过失、片面的想法或缺乏某些方面的知识而流露出不屑一顾的神态或摆出自己比对方高明、高尚的样子。

(三)中立原则

中立原则是指心理咨询人员在心理咨询中应始终保持不偏不倚的立场,确保心理咨询的客观与公正,不得把自己私人的情感、利益掺杂进去,保持冷静的、清晰的头脑,不轻易批评来访者,不把自己的价值观强加于来访者。罗杰斯曾经说过:“当看着日落时,我们不会想去控制日落,不会命令太阳的右侧的天空呈橘黄色,也不会命令云朵的粉红色更浓些,我们只能满怀敬畏心情观望而已。”中立原则是使来访者感到轻松的重要因素，它可使来访者无所顾虑，从而把内心世界完全展示出来。

（四）自愿原则

心理咨询是建立在咨询人员与来访者双方“知情同意”基础上的一种心理援助活动。来访者寻求心理咨询应该完全出于自愿，这不仅是对当事人的尊重，也是心理咨询能够有效进行的必要条件。迫于父母、老师、上司、同学、朋友的催促和压力前来要求心理咨询的来访者也不乏其人，但心理咨询员往往要为他们付出比一般来访者多出许多的辛苦。既然是自愿前来，也可以自愿离去和中止咨询，这是来访者的权力。此所谓“来者不拒，去而不追”。

（五）发展性原则

发展性原则是指心理咨询员要以发展变化的观点来看待来访者的问题。心理咨询的核心是成长问题。因此，心理咨询员不仅应当了解来访者已有的发展历程和结果，更重要的是在于揭示来访者今后发展的可能性和发展方向，这就要求咨询人员具有较高的洞察能力和预见能力。一方面，要对来访者的内在潜能和发展条件有准确估计；另一方面，要对来访者的发展目标和发展道路有恰如其分的揭示和把握，从而使来访者提高自信心，增强适应能力，完善人格。

（六）整体性原则

这一原则是指在心理咨询过程中，心理咨询人员要有整体观念，对来访者的心理问题做到全面考察、系统分析，既要重视心理活动诸要素的内在联系，又要考虑心理、生理及社会因素的相互制约和影响，以使咨询工作准确有效，防止“头痛医头，脚痛医脚”和“只见树木，不见林”的片面做法。

四、心理咨询的作用

心理咨询能够为人们提供全新的人生经验和体验。对于那些由于心理问题而遇到麻烦的人可以在心理咨询师的帮助下逐渐改变与外界格格不入的思维、情感和反应方式,并学会与外界相适应的方式。

(一)建立新的人际关系

咨询关系是一种诚实的人际关系。心理咨询人员总是带着一种善意并且真诚的态度来回答对方的问题。咨询过程也为求助者提供了真诚的机会。咨询关系是一种相互理解的人际关系。为了达到帮助对方的目的,咨询师要想方设法理解对方。咨询关系是鼓励人们勇敢地自我表现的人际关系。在与咨询人员的关系中,人们可以直抒胸臆而不必承担破坏性的后果。他们的冒险或失败都不必为之付出任何代价。在咨询中,来访者可以做出任何过激的或冷淡的反应,他们的坦诚的付出不需要代价,咨询人员常常用积极的态度回应。咨询关系促使人们做出新的反应。

咨询人员对来访者做出的反应是崭新的、具有建设性的,并且促使来访者自我理解,增进来访者的自尊、自信和独立自主精神,并有利于其潜力的发挥,来访者能够把他与咨询人员的关系以及发展关系的经验,成功地应用于其他人际交往之中。

(二)认识内部冲突

心理咨询可以帮助人们认识到,大部分心理问题是源于自己尚未解决的内部冲突,而不是源于外界。外部环境不过是一个舞台,冲突就在这个舞台上面展开。人们遇到的与周围环境之间或人与人之间的问题,正是内部冲突的外部表现和反映。长期以来,有着这样或那样心理问题的人,一直认为他们的问题不是环境就是他们自身某些固有的、不可改变的缺陷造成的。而心理咨询能为这些人提供新的经验。通过咨询,人们往往惊奇地发现,大部分冲突是他们自己造成的。并且,在咨询过程中,来访者将逐渐认识到,只要改变了自己的内部冲突,不仅问题得到了解决,这也使他们变得更加坚强。

(三)深化自我认识

心理咨询是这样一种经验,它可以引导人们去发现真实的自我并相应地生活。来访者中关于自我的问题不外乎以下三种：有的人能明确认识自己，但却要制造假象给别人看；有的人认为已经认清了自己，但实际上并非如此；还有些人则对自己感到迷惑不解，不知自己到底是什么样的人。通过咨询，来访者可以真正地认识自己的需要、价值观、态度、动机、长处和短处。而且可以根据自己的心理状况设计自己的行为，从而可以尽可能地成长并获得最大的进步。这也意味着，心理咨询不仅可以帮助来访者认清自己，并且还促进他们根据这个真实的自我同别人交往，进行社会活动。

（四）学会面对现实问题

人们很善于逃避现实，但心理咨询可以引导人们回到现实中来。心理咨询可以引导人们把身心集中到现在，认识此时、此地，而不再是一只眼睛留恋着过去，另一只眼睛又憧憬着未来。事实上人们进步的主要方式是同“目前”打交道，因为过去的不会再来，而未来的还没来到。当人们逃避现在或用不坦率的态度对待现在时，他们就容易陷入麻烦。心理咨询为人们更加有效地面对现实问题提供了机会。在咨询过程中，人们必须对此时、此地的体验敞开胸怀，用双眼看，用双耳听，用脑子想，用心去感觉，并采取有效的方式去面对和解决现实存在的问题。

（五）增加心理自由度

心理咨询允许人们有不足，并且帮助他们明白，一个人成长的道路总是与不完善和不足相伴的。而一旦这些人按照他们自身的本性自然而然地成长起来的时候，他们就有更大的自由去享受生活了。来访者不愿让别人失望，心理咨询就可以给他让别人失望的自由，从而使他获得解脱。咨询也允许矛盾的感情同时存在。为朋友感到骄傲的同时也可以嫉妒他们；认为自己勇敢的同时也可以认为自己胆怯，这一切的情感可以共存。事实上，一个人的感情几乎永远不会统一。如果人们能够触及自己矛盾的感情并表示接受的话，他们会逐渐理解自己的行为，并且在问题的解决上也就迈出了重要的一步。

(六)纠正错误观念

许多前来咨询的人头脑里都存在着不同性质的错误观念,正是这些错误观念导致了各种心理问题的产生。由于这些观念是社会上一部分人所共有的,所以它们在寻求帮助者的头脑中不断得到强化。来访者常确信他们十分清楚自己需要什么和在干什么,而实践上并非如此。咨询可以帮助人们面对那些以前认为无法解决的问题。

人们总以为自己对事物的观察和理解是正确的。直到去寻求咨询时,来访者对自己的看法依然是确信无疑。心理咨询也许使来访者有生以来第一次有机会审视其思想观念和理解的准确性,使他们对错误的观念进行思考,并代之以更准确的现实的观念。

(七)做出新的有效行动

所谓新,是指过去未尝试过的;所谓有效,指行动给需要带来新满足,如友好关系的体验、成就感等。启发、鼓励和支持来访者采取新的有效行动,可以是公开的和直截了当的,包括明确的建议和具体的指导,也可以是含蓄的、间接的或暗示性的。

只要鼓励来访者采取导致欲望满足的有效行为,就可以减少烦恼。心理问题的危害,不在于来访者控制不住自己的思想、情欲。而在于来访者不通过有效行动去改变或满足自己的情欲。控制思想与情欲难,控制行为较易,我们可以通过对行为的有效控制,减少心理困扰。其实,这就是生活的实践观点。

第二节 大学生心理咨询

大学生心理咨询工作的基本目标是,通过咨询对大学生的认知、行为、情感加以调整,帮助他们顺利地适应新的学习环境、掌握新的学习技巧、学会新的与人相处的方法、制定适应自我发展的成才目标,促进他们的身心健康和全面发展,使他们能够顺利地完成学业,进入社会。有人称大学里的心理咨询中心是“情感的驿站,心灵的港湾,心伤的美容院”，它对于促进大学生成长与发展起着重要作用。

一、我国大学生心理咨询工作产生的背景及其发展

高校心理咨询工作在我国发展有其理论背景、时代背景和大学生现实需要的背景。

第一，是欧美、日本、中国香港、中国台湾地区高校心理咨询的影响。随着我国对外开放交往的扩大，使我们不断了解和掌握了许多国家、地区大学开展心理咨询的状况，为我国高校开展心理咨询提供了借鉴。

第二，中国心理卫生运动的发展，医务系统的心理咨询活动对高校开展心理咨询产生了重大影响。

第三，心理咨询、心理卫生知识的宣传、普及、培训，有关书籍的出版，提供了一个良好的社会氛围，也造就了一批有志于或有兴趣于这一工作的同志，并奠定了理论基础。

第四，随着改革开放的不断深入，在旧体制的转换过程中，大学生心理问题也日渐增多，据原国家教委 1989 年的一份调查报告显示，存在不同程度心理疾患的大学生就达到了 20%以上，特别是大学生的心理问题已成为休学、退学、死亡的主要原因，为了提高大学生的社会适应能力，培养开拓创新精神，开发潜能，塑造健康人格，急需加强心理健康教育，开展心理咨询。

第五，健康观念的变化，医学模式的转换，使高校医务人员开始重视心理社会因素在健康、疾病中的作用。除了传统的药物治疗以外，心理治疗的方法也开始运用于防止心理疾病中，这促使医务人员参加到心理咨询中来。

第六，通过思想政治教育者的工作实践，使他们深深体会到许多看似思想意识、道德品质的问题，其实是由心理问题、心理障碍所引起，若从心理咨询的角度做工作，往往收获良好。特别是，德育理论界的研究认为，德育应包括四个方面，即政治教育、思想教育、品德教育和个性心理健康教育。由此，20 世纪 80 年代以来，一批思想教育、学

生工作部门的同志开始投身于心理咨询这项工作中,并对我国高校心理咨询的发展产生了重大影响。

基于以上诸因素的作用,我国高校的心理咨询得以发展起来,并逐渐走向正规化的轨道,在大学生全面成长的过程中已起到越来越重要的作用。

二、我国大学生心理咨询机构的模式

从目前高校心理咨询机构的建制情况来看,应该说走的是一条具有中国特色的道路。由于心理咨询在我国还处在一个发展的初级阶段,还没有一个规范、成熟的模式,由此形成了各高校结合自身实际的多种心理咨询机构模式。

(一)以心理系为依托的心理学模式

这主要是一些具有心理系的院校,他们不管是在人员素质上还是理论水平和实践经验上都具有一定的优势,这些院校的心理咨询机构多以心理系为依托,注重运用心理学的理论与方法为学生提供有效的心理帮助。

(二)以思想政治教育队伍为骨干的教育模式

经常与学生接触并十分熟悉大学生的高校思想政治工作者,对大学生中众多的心理问题的洞悉,清楚地意识到心理素质的培养是大学德育的重要组成部分。良好的社会适应能力,较高的心理健康水平应是合格人才的重要标准。经过严格的培训和不断的学习实践,以思想政治工作者为骨干的心理咨询机构的建制,形成我国高校心理咨询特色,这些机构多隶属德育教学部(室)、社科系或学生处,坚持为学生提供多方面的咨询服务,开展各种心理健康教育,如健康课、讲座等,有力地推动了高校心理咨询工作的开展。

(三)以校医院为阵地的治疗模式

一些院校的医务工作者,在治疗病人躯体疾病的同时,逐渐认识到有些疾病与心理因素有很大的关系，特别是一些身体疾病如胃病、皮肤病等更是由心理因素所导致。为此，他们在进修了一些心理咨询知识的基础上，在校医院建立了心理咨询门诊，将心理治疗与药物治疗相结合，对一些患有躯体疾病、心理疾病的学生进行有效地治疗。

三、我国大学生心理咨询的主要内容

高校大学生心理咨询的主要内容涉及学业问题、人际关系问题、恋爱与性问题、个性情绪问题、个人发展前途问题、健康问题、就业择业问题和其他问题（包括家庭问题、经济困难、出国、危机状态等）。少部分涉及神经官能症、人格与性心理障碍等。概括起来有四大方面：

（一）以心理发展为中心的咨询内容

这方面的内容包括：大学生的心理特点；大学生的发展目标；大学生的智力开发与创造力训练；大学生的情绪指导与情感陶冶；大学生的个性塑造等。

（二）以校园适应为中心的咨询内容

这方面的内容包括：大学新生入学适应的心理问题；大学生学习的心理机制与帮助策略；大学生不良学习方法的纠正；引导大学生正确与异性交往；大学生人际冲突的妥善处理；大学生人际交往的技巧等。

（三）以心理问题处理为中心的咨询内容

这方面的内容包括：大学生常见的心理问题；大学生学校适应不良的心理调整；大学生行为问题（不良生活习惯、自杀倾向、品行障碍等）的矫治干预；大学生性心理问题（过度手淫、性认同障碍、恋物倾向等）的矫治干预；大学生神经症倾向（焦虑症、强迫症、恐惧症、抑郁症、疑病症等）的矫治干预；大学生人格障碍（反社会型人格、偏执型人格、分裂型人格、强迫型人格等）的矫治干预等。

（四）以升学就业指导为中心的咨询内容

这方面的内容包括：升学就业前的综合心理调整；考试焦虑的分

析与排解;学生能力性格与职业兴趣的评估;毕业求职的技能技巧等。

四、正确地认识和对待心理卫生咨询工作

要端正对心理咨询的认识,使更多的大学生光顾心理咨询门诊。在大学生中一般存在这样的认识,即我的问题是自己的事,而且也没有严重到非得请别人帮忙不可。这实际是对心理咨询的一种误解。可以说,所有的人都可以接受心理咨询,而不论其问题的大小和严重程度。有很多问题自己经过一段时间后,也能解决,但接受心理咨询者的帮助可能有助于他们更有效地解决这一问题。而且心理咨询也不是替来访者解决他们的问题,只是帮助来访者认清他们问题的实质,分析问题的成因,并由他们自己选择解决的办法,在这一过程中咨询者只起到一种建议、指导的作用。因此,并不是只有有病的人才需要接受心理咨询。在生活中遇到的任何问题,如果自己感到难以应付或不好解决,都可以接受心理咨询的指导。

同时,还要解除对心理咨询的偏见,使大学生乐意去咨询。目前影响大学生主动求助的另一个因素是社会上对心理咨询的偏见。很多大学生宁愿跑很远的路到校园外的咨询门诊求助,而不愿在本校的咨询中心求助,因为他们不愿让别人知道自己曾接受过心理咨询。这在一定程度上反映了社会上对心理咨询的偏见,仿佛接受了心理咨询的人都会戴上一顶“不正常、有问题”的帽子。其实心理障碍也与感冒、头痛一样是一种疾病,对它也应与其他疾病一视同仁。没有人会因为曾经感冒过或曾患过头痛就感到无脸见人。同样,遭受心理障碍的人也不应觉得自己的问题是羞于启齿的。因此,不论是什么样的心理问题,都应得到及时的治疗和帮助。对严重的心理障碍如此,一般的心理困扰更是如此。

当然,要使公众改变过去的看法并不是一朝一夕的事情。但有必要对大学生进行这方面的教育,使他们充分认识到自己问题的性质,而不要因各种各样的顾虑而使自己的问题不能得到及时解决。同时,从事思想政治教育工作和心理咨询服务的工作人员也应切忌随便向外人透露

有关咨询的情况。专业人员在讲座、著作中引用咨询个案时，也应尽量避免提及来访者的细节，以来访者周围的人不能察觉所讲的是谁为宜。这是从事这方面工作的人所必须遵循的职业道德之一。

目前，很多高校的领导已经开始注意到大学生心理卫生问题的严重性，以及开展心理卫生工作的紧迫性和必要性，并取得了一定的成效。但同时还应看到，这方面工作的开展还远远不能满足大学生在心理卫生指导方面的需要，而且已有的工作无论从规模上还是组织形式上都有很多值得改进和提高的地方。在这样的形势下，除社会各界都来支持和帮助高校开展这方面的工作以外，还应在组织上和政策上真正重视高校的心理卫生工作，使这项工作逐步走上正轨，为培养德智体全面发展的合格建设人才发挥其应有的作用。

第三节　大学生心理危机干预

随着当今社会的急剧变化，大学生也面临着前所未有的严峻挑战。有些大学生由于经不起这些挑战，产生心理扭曲、行为怪异，情感、理智和行为上的错位，甚至出现严重的心理危机和自杀倾向，给学习和生活造成极大的危害。

一、危机及其特点

（一）危机的含义

心理学中使用的"危机"一词 crisis，本义是"十字路口"，派生为做出重大抉择的时刻。在心理学中，危机是指一种复杂的心理状态，不同的学者对其有不同的理解。美国心理学家吉利兰和詹姆斯在《危机干预策略》一书中，收集了六种危机的含义解释：①危机是当人们面对重要生活目标的阻碍时产生的一种状态。这里的阻碍，是指在一定时间内，使用常规的解决方法不能解决的问题。危机是一段时间的解体和混乱，在此期间可能有过多次失败的解决问题的尝试。②危机是生活目标的阻碍所导致的,人们相信用常规的选择和行为无法克服这种阻碍。③危机之所以是危机,是由于个体感到自己无法对某种境遇做出反应。④危机是一些个人的困难和境遇,这些困难和境遇使得人们无能为力,不能有意识地主宰自己的生活。⑤危机是一种解体状态,在这种状态中,人们遭受重要生活目标的挫折,或其生活周期和应付刺激的方法受到严重破坏。它指的是个人因这种破坏所产生的害怕、震惊、悲伤的感觉,而不是破坏本身。⑥危机发展的四个不同时期:第一,出现了一个关键的境遇,并分析一个人的正常应付机制是否能够满足需要;第二,随着紧张和混乱程度的增加,逐渐超越了个人的应付能力;第三,需要解决问题的额外资源(如咨询);第四,可能根据需要转诊才能解决主要的人格解体问题。

总之,危机可以定义为:危机是一种认识,是当事人认为某一事件或境遇是个人资源或应付技能所无法解决的困难,从而导致个体情感、认知和行为方面的功能失调。

(二)危机的特点

现实生活中的危机面很广泛,既包括不同群体的各种不同危机,也包括同一群体不同时期的同一危机。不同的心理学家对危机具有什么特征持不同的观点。吉利兰和詹姆斯认为,危机的特点是:①危机与机遇并存;②有复杂的状况;③存在成长和变化的机缘;④缺乏万全的或快速的解决办法;⑤有选择的必要性;⑥普遍性与特殊性共存。

帕里也提出了危机的八大特征,它们分别是:①一种关键的压力事件或长期的压力情景;②个体的悲伤经历;③存在损失、危险和羞辱;④有一种无法控制的感觉;⑤事件的发生是预料之外的;⑥日常工作遭到破坏;⑦未来的不确定性;⑧紧张持续时间过长(从大约2～6个星期)。

二、大学生的危机与干预

(一)大学生心理危机的分类

从大学生心理危机的来源和表现来看,可以把大学生心理危机分为三种类型：

1. 病理性危机

大学生由于某些心理障碍或心理疾病可能导致心理危机的产生，如抑郁、焦虑、紧张等，这是由神经症导致的心理危机的发生。也有些是由行为异常引发的危机，如行为障碍或违法犯罪等。

2. 成长性危机

这种危机往往出现在个人成长过程中某些重大的转变时期，比如：大学新生从高中到大学，对新环境不适应，出现种种不良反应，产生消极现象，如厌学、人际冲突，或者是在考试后因成绩不理想而出现强烈的心理反应，出走、自杀等。这种危机的特点，一是危机时期比较短暂，变化急剧，但干预是可以防止的；二是危机时期如果能顺利度过，将会促进大学生自身的心理发展。

3. 境遇性危机

主要指各种外部环境造成的危机，其中主要包括两个方面：一是重大生活事件打击后的应激障碍。这是指由于受到突发的事件（如父母突然亡故、父母下岗、与他人发生激烈的人际冲突等）所引起的倾向和行为的失调。二是受伤后应激障碍。这是指个体受到突然的侵犯和恐怖事件（如遭抢劫、暴力事件、性侵犯等）而引起的情绪和行为的失调。

（二）大学生危机后的主要表现

危机发生后，个体会在躯体、认知、情绪、行为等方面发生种种变化。从过程来看，个体在危机发生后可能出现一系列的反应。

1. 事后震惊

它是指危机过后，经历危机的人可能产生的一种潜在反应。表现和特征是：周期性或持续性的颤抖；长期心烦意乱或心不在焉；极端不安和精神恍惚；精神混乱。

2. 责难

责怪自己和责怪他人。

3. 内疚和焦虑

面临危机的个体可能因为害怕、恐怖和忧虑而感到不知所措。

4. 抑郁

人们在面临危机时往往表现得很抑郁,特别是在很极端的时候,人们会极度地悲伤、痛心或绝望。在这种情况下的个体在认知上会表现得很无助。

5. 逃避和专注,并有假装适应的反应

这是所有心理危机反应中最敏感的。这些人表面上都好像很成功地驾驭了创伤和压力,但事实上并非如此。假装适应的反应是一种由抑制、自我克制等综合构成而支撑起来的相当脆弱的防御方法。假装适应的人很少主动寻求帮助。

6. 休克

人们可能被创伤事件弄得不知所措,他们感到麻木和茫然,而留给他们自己的仅仅是“这并没有真正发生在我身上”的感觉。这会在他们的外表上表现出来,经常眼神呆滞,说话时恍恍惚惚,难以集中注意力,走路僵硬,并且很容易受到暗示的影响。一些人由于突发事件而引起的压力反应是对他人或自己进行攻击,总觉得能够发泄满腔怒火和重新获得自尊的唯一途径,就是毁灭那个他们认为伤害了自己的人。另一些人则可能是自我毁灭式的,例如:疯狂地驾驶、酗酒,直到神志不清为止。

7. 寻求改变

危机中的个体虽然对事件的不确定感到很难受,处理问题的能力受到了限制,但个体也不会坐以待毙,他也想获得别人的帮助,寻求摆脱困境,只不过常常采用一些不当的方式来处理问题。

(三)大学生危机干预的基本技术

危机干预也叫危机调停,是指对处于困境和挫折中的个体予以关怀和支持,使之恢复心理平衡的过程。

1. 自我支持技术

自我支持技术的目的在于,从处于危机中的当事人自身的角度出发来解决危机，调整情绪，使自身的功能水平恢复到危机前。具体做法为：

(1)寻求滋养性的环境，收集充分的信息。改变境况的第一步就是要充分了解问题之所在。虽然个体在危机中会陷于莫名其妙的恐惧和不知所措的境地，不知道发生了什么事，也不知道将可能发生什么事，但可以肯定的是，那些过去有类似经历的人能够从其经验中得到帮助。人们还可以向有经验的人和处理危机的专家请教，或从有关书籍中寻找解决问题的办法。环境对人的心情会有很大的影响，处于危机中的个体一般对周围所处的环境把握不住。

(2)积极调整情绪。危机的出现显然会使人们极度地紧张和沮丧。这些情绪反应不仅是内在的、强烈的不适感，而且消极的挫折体验将使危机进一步恶化。因此，调整情绪的中心环节，就是要培养承受这些痛苦感受的能力。通过调整情绪，将使诸如焦虑导致恐慌、沮丧导致失望等情绪的恶性循环得到控制。当危机超出我们的控制以及我们无力改变外部事物时，把握自己的情绪尤为重要。

情绪调整法包括抑制、分散等回避痛苦的方法。这些方法能转移人的消极思想和情绪，为个体的心理重建赢得时间。譬如提醒自己"别想它了，想点别的吧"；分散方法则是指不断地做事，集中注意力于当前的工作而不去关注那些痛苦感受。分散活动的主要目的是回避痛苦的现实。

向别人诉说自己的情感、往事和痛苦的思绪能使悲伤变得可以忍受。一遍又一遍地诉说痛苦，相当于痛苦的再体验，逐渐地人们会变得不那么恐惧，以便使开展心理调适工作所需要的信息被个体充分吸收。这时最重要的不是给危机受害者提供建议或分担痛苦，而是在他们体验极度恐惧和紧张时和他们待在一起。

个体将强烈的、痛苦的情感变得可以忍受的一条普通而有效的途径就是"自我对话"。比如：通过对自己说安慰或平静心态的话来调节焦虑，甚至可以大声地独白或把所发生的事情写下来。通过有意识地提醒自己注意事物积极的一面来缓解沮丧情绪。良性的"自我对话"在帮助人们超越所有不能忍受的痛苦时非常有用。

(3)建立良好的人际关系。孤立无援的个体很希望能够得到别人的帮助。在危机期间和危机过后,个体都需要与周围的人保持良好的人际关系,不一定是要求他们提供强烈的情感支持,而是与他们保持日常的联系、共同分享经验、共同面对事物。这有助于遭受危机的个体重新适应社会,还可以分散他们的注意力,使得他们不再为消极紧张的情绪所困扰。这种良好的关系可以表现为与自己的朋友一起散步、听音乐或是静静地坐一会儿。

(4)面对现实,正视危机。在危机的前期,人们习惯于采取积极的态度来应对危机,利用一切可以利用的资源来避免危机带来的损害。但到了危机的中后期,当个体积极应对危机的策略失败,个体感到绝望的时候,他们就会消极地逃避现实,采取退缩的策略来应对危机,他们不愿意承认现实情境,常常歪曲现实情境,以此来避免危机带来的损失。面对现实,正视危机,有利于个体激发自身潜在的力量,动员一切资源来寻求危机的解决办法。

(5)暂时避免做重大的决定。处于危机中的个体处理问题的能力比平时要低,由于个体受到问题和情感的双重困扰,搜集信息和处理信息的能力受到一定的限制。也就是说,这时个体对所面对的问题不会进行深入的分析,掌握的信息量又太少,无法做出正确的决策,个体虽然在这时很想摆脱危机,努力去寻求一切解决问题的办法,但危机的无法控制往往使得个体无功而返,甚至造成更大的伤害。在危机时期,避免做重大的决定,有利于个体的自我保护,避免再次受到伤害。

2. 专业协助

(1)认知干预。1960年,临床心理学领域出现了从认知途径对人的心理问题进行干预的研究,并相继形成了若干认知改变的技术。这些技术的共同点是都认为认知是客观事件或外部刺激与个体情感和行为的中介因素,都认为认知是客观事件或外部刺激造成个体情感和行为心理问题的重要原因,因此,要解决心理问题就必须以个体的认知且主要是认知方面的偏差和失调为干预的对象和切入口。

(2)行为干预。行为干预的目的是实现特定行为的改变,降低或者消除个体在危机中的一些不良行为，培养或提高个体一些良好的行为，从而提高个体对危机的免疫能力(实现特定行为的改变)。主要包括三类技术：

第一，降低不良行为发生的频率。主要采取的手段是实施负强化。如果某一行为是由于得到了正强化的刺激而发生的话，那么采用负性刺激就将逐渐减少，甚至消除该行为。

第二，提高良好行为发生的频率。主要采用正强化的方法。正强化是将令人愉快、喜爱的事物或事件偶联于特定的目标行为，达到提高该行为发生率的一种行为干预方法。

第三，行为塑造。这是持续地逐一强化更为接近目标行为的行为，同时消退先前的较为违背目标行为的行为，使目标行为得以形成。

三、大学生自杀危机与干预

自杀是个体蓄意或自愿采取各种手段以结束自己生命的行为。

(一)大学生自杀原因分析

目前我国大学生自杀率居高不下且有上升趋势，乃是一个令人警惕的事实。大学生自杀的原因受个体的出身、经历、价值观、个性特征等多种因素的影响而呈现多元化。多数高校的调查表明，大学生自杀的原因主要是失恋、学习竞争压力过大、人际关系不良、经济和就业压力增大、身体疾患、精神和心理障碍等。大学生面临学习、交往、成才、恋爱、就业等一系列人生发展课题，面对人生的多种挑战，他们承受着其他年龄阶段的人无法比拟的心理压力，是人生发展任务最繁重、心理冲突最尖锐、心理动荡最剧烈的时期。大学生心理尚未完全成熟，情绪不稳定，挫折承受力相对较差，人生发展任务的艰巨性与个体心理成熟的相对滞后性导致的错位，是当前大学生自杀问题频发的原因之一。

认知偏差是大学生自杀的主要心理原因。在现实生活中，自杀者通常不能正确认识自己，对自己持否定的态度，使自己处于高度的自卑状态。不能正确地认识社会、认识与之有关的人和环境，导致个体对自己境遇的内部感知向越来越消极的状态发展,他们看到的是前途一片黑暗。自我认知的偏差导致对自己的完全否定,丧失了竞争中的自信,带来的必定是竞争的失败。这种失败更加剧了自卑和自我的否定,循环往复,不能自拔,必然会造成悲观厌世,某些心理脆弱者就精神崩溃,导致自杀行为。这就是个别大学生自杀的主要心理原因。

(二)识别自杀行为的信号

有关学者指出,大多数企图自杀的当事人,是希望透过自杀这种极端的方式,来获得周围亲朋好友协助他们解决自己无法解决的问题。自杀行为是可以预防的,因为自杀的大学生在自杀前,大都会给周围亲朋好友一些信号或暗示,亲朋好友若能及时加以理解、辅导,就可避免当事人的自杀行为。自杀的警告信号如下:

1. 语言上的线索

表现出想死的念头,可能直接以话语表示,也可能在作文、作诗、作词之中表现出来。如果当事人告诉别人,他想在何时、何处、如何自杀,可以说他自杀的危险程度极高。

2. 行为上的线索

(1)突然地出现明显的行为改变。

(2)出现与上课有关的学习与行为问题。

(3)突然把个人有价值、有纪念性的物品赠送他人。

(4)突然增加饮酒量或用药。

(5)曾经企图自杀过。曾经企图自杀过的人再度企图自杀的可能性很高。

3. 环境上的线索

(1)最近一段时间有重大的生活失落感,例如:亲人变故、与男(女)朋友决裂、被人殴打或强暴等。遭遇重大创伤往往会使当事人觉得自己是不值得生存的人,觉得没有脸活在世上。

(2)家庭发生重大变故,如家庭当中曾有人自杀过。自杀是一种模仿的行为,如果家庭无意识地默许自杀行为,对于这种学生就要提高警觉。还有如家庭财务困难、搬家等。

(3)对于改变痛苦的生活或处境感到无能为力的当事人。他们会觉得十分无助、绝望,这种感觉越强烈,越值得注意。

4. 并发性的线索

(1)从社交团体退缩下来。对生活失去兴趣,不再参与社团活动,对人间没有留恋。

(2)表现出抑郁的征兆。

(3)表现出不满的情绪。

(4)睡眠、饮食规则变得紊乱,失眠,显得疲惫,身体常有不适、生病。这些现象往往提示,当事人遭受重大的情绪困扰,值得进一步了解,并评估有无自杀的可能性。

(三)大学生自杀的危机干预

大学生已成为自杀的高危人群。大学生的自杀行为不仅造成了个人及其家庭的重大损失,同时也给社会带来了不良的影响。因此,大学生自杀行为的预防和干预就显得十分必要。

1. 自杀危机干预的三级预防

自杀的干预主要在于预防,预防自杀可分为三级,即一级预防、二级预防和三级预防。

(1)一级预防。一级预防主要是指预防个体自杀倾向的发展。一级预防的主要措施有管理好农药、毒药、危险药品和其他危险物品,监控有自杀可能的高危人群,积极治疗自杀高危人群的心理疾病或躯体疾病,广泛宣传心理卫生知识,提高大学生应付困难的技巧。

(2)二级预防。二级预防主要是指对处于自杀边缘的个体进行危机干预。通过心理热线咨询或面对面咨询服务帮助有轻生念头的人摆脱困境,打消自杀念头。

(3)三级预防。三级预防主要是指采取措施预防曾经有过自杀未遂的人再次发生自杀。在自杀的危机处理中,家庭、教师、同学及周围的其他人员是直接影响问题的解决、恢复当事人心理稳定的重要因素。所以,学生家长、教师和同学都要有一种危机干预意识,随时准备承担危机干预者角色,对发生的危机进行及时干预。

2. 自杀危机干预的注意事项

(1)要有生命关怀的觉悟和高度的警觉心。任何人谈及对于生命有厌恶感觉时,都应予以注意,将其视为一种求救的信号。即使有些人习惯将寻死挂在嘴边或以死亡来威胁别人,也不要忽略他真会自杀的可能性。要认真对待口头的自杀威胁,不要以为他们只是开玩笑,或不认为他们真的会如此做。

(2)对于有重大丧失的个体,要适时地给予关心、同情及安慰。对于有自杀征兆的个体,要经常向其表达并让其了解到你的关切。想自杀的个体常会有情绪低潮及行为退缩的征兆,对个体多一点关心,可以提早发现。

(3)发现个体有自杀的征兆时,要信赖自己的判断,宁可反应过度,也不要麻木不仁,以免追悔莫及。至于在辅导室或从周记、信函中注意到青少年有自杀倾向时,宜积极面谈,建立信任关系。

(4)自杀问题的处置,往往需要家庭的参与。应该积极寻求专业人士的协助,不要有"家丑不可外扬"的心态。

(5)如果个体处在危机阶段,要随时陪在身边,并切实找出个体想自杀的原因。

(6)出于安全考虑,把可能的自杀工具拿走。

(7)最后,那种"基于保密的原则,不能把青少年有自杀的想法告诉他的父母"的观念是错误的。当保密会危及一个人的生命安全时,保密性就被置于第二位。也就是说,当你所辅导的对象可能伤害自己或别人时,不论从法律的角度或是人道的立场,你都有通知相关人员的义务。

语码转换式双语教学词汇、语段

Chapter 11 Psychological Counseling and Intervention

1. 认知 cognition

The finding suggests that the music instruction can affect children's cognitive development, because different types of music instruction affect different aspects of cognition.

研究表明,乐器能够影响儿童的认知发展,因为不同类型的乐器能影响认知的不同方面。

2. 认知过程 cognitive processes

Attention is the cognitive process of selectively concentrating on one aspect of the environment while ignoring other things.

注意是有选择地把精力集中到环境的一个方面而忽略其他事务的认知的过程。

3. 团体咨询 group counseling

For college students who will leave school in near future, the group counseling is beneficial for the members to understand themselves, to build up their confidences, to realize their careers, increasing their career-making ability.

对即将毕业的大学生来说,团体咨询有利于他们认清自己,帮助他们树立自信心,认清职业选择,提高职业生涯决策能力。

4. 个体咨询 individual counseling

Individual counseling offers a chance for the clients to sit down and talk with counselors about your worries and concerns.

个体咨询给来访者提供了坐下来和咨询师谈论烦恼和担心的问题的机会。

5. 心理异常 mental disorder

Adult criteria for illness can be difficult to apply to children and adolescents, when the signs and symptoms of their "mental disorders" are often also the characteristics of normal development. For example, a temper tantrum could be an expected behavior in a young child but not in an adult.

成人用来定义疾病的标准很难应用在孩子、青少年身上,因为孩子们表现出来的所谓的心理异常的迹象或征兆通常是儿童正常发展的一些特点。例如:发脾气对于儿童是值得期待的行为,但对成年人来说正好相反。

6. 行为异常 behavior disorder

We all have stress and believe it or not children can have very stressful lives, and their reaction to stress is often what we may perceive as a child behavioral disorder.

所有人都有压力,但信不信由你,儿童也能承担充满压力的生活,而且他们面对压力的反映经常是人们所认为的行为异常。

7. 投射 projection

Projection refers to the attribution of one's own attitudes, feelings or suppositions to others。

投射是指把自己的态度、感情或猜想归因到别人身上。

8. 焦虑 anxiety

His parents showed great anxiety when he didn't come home on time.

看到儿子没有按时回家,他的父母露出非常焦虑的神情。

参考文献

[1] 陈贵延等．中医结合治疗学．北京:中国科学出版社,2000

[2] 陈选华．大学生心理学基础．合肥:中国科学技术大学出版社,2004

[3] 陈仲庚,张雨新．人格心理学．沈阳:辽宁人民出版社,1986

[4] 段鑫星. 大学生心理健康教育. 北京:中国矿业大学出版社,2003

[5] 樊富珉. 大学生心理健康与发展. 北京:清华大学出版社,1997

[6] 傅安球. 实用心理异常诊断矫治. 上海:上海教育出版社,2001

[7] 高玉祥．个性心理学．修订版．北京:北京师范大学出版社,2002

[8] 郭念锋．心理咨询师．北京:民族出版社,2002

[9] 何成银．大学生心理咨询与治疗．成都:四川教育出版社,1992

[10] 贺淑曼等．健康心理与人才发展．北京:世界图书出版社,2000

[11] 黄敬享．健康教育．上海:上海医科大学出版社,1994

[12] 黄希庭,徐凤姝．大学生心理学．上海:上海人民出版社,1988

[13] 黄希庭,郑涌．心理学十五讲．北京:北京大学出版社,2002

[14] 黄希庭．大学生心理健康教育．上海:华东师范大学出版社,2004

[15] 乐国林．大学生网络心理障碍及对策．社会,2001(6)

[16] 乐国林．网络心理障碍的团体心理咨询．社会,2001(12)

[17] 黎树斌．大学生心理健康教育教程．沈阳:东北大学出版社,2000

[18] 黎文森．大学生心理健康教育导论．长春:吉林人民出版社,2003

[19] 李鸿义．大学生心理健康教育与指导．武汉:武汉大学出版社,2003

[20] 李金林,周文文．大学生网络性心理障碍的成因及对策．山西高等学校社会科学学报,2001(10)

[21] 李进宏．当代大学生心理解读．武汉:武汉理工大学出版社,2003

[22] 李强等．心理健康保健手册．天津:南开大学出版社,1997

[23] 李心天．医学心理学．北京:北京医科大学、中国协和医科大学联合出版社,1998

[24] 刘淑娟．大学生心理健康教育．北京:中国铁道工业出版社,1997

[25] 卢文玉,孙百思．大学生心理健康教育概论．北京:经济科学出版社,2006

[26] 马剑侠等．大学生心理健康教育．开封:河南大学出版社,2003

[27] 苗慧．大学生网络不良行为的心理分析及对思政教育的启示．苏州丝绸工学院学报,2001(6)

[28] 彭聃龄．普通心理学．北京:北京师范大学出版社,1988

[29] 钱铭怡．心理咨询与心理治疗．北京:北京大学出版社,1994

[30] 钱源伟．大学生心理指导教程．北京:中国国际广播出版社,1994

[31] 邱鸿钟．大学生心理卫生．第 2 版．广州:广东高等教育出

版社,2003

[32] 桑标,贡晔. 网络依赖与心理健康的关系——一项以大学生为对象的调查研究. 当代青年研究,2001(5)

[33] 邵明立等. 大学生健康修养. 北京:中国科技出版社,1996

[34] 时蓉华. 现代社会心理学. 上海:华东师范大学出版社,1997

[35] 孙中鲁. 大学生心理健康指南. 北京:北京大学出版社,1993

[36] 汤明. 大学生网络使用者的抑郁感和孤独感及其社会支持、网络依赖的关系. 北京师范大学硕士学位论文,2000

[37] 陶国富,王洋兴. 大学生积极心理. 上海:华东理工大学出版社,2005

[38] 陶国富,王洋兴. 大学生审美心理. 上海:立信会计出版社,2004

[39] 拓维文. 心理健康自助. 北京:中国纺织出版社,2000

[40] 汪向东. 心理卫生评定量表手册. 中国心理卫生杂志,1993增刊

[41] 王建中. 高校心理健康教育专业化研究. 北京:北京航空航天大学出版社,2004

[42] 王林,孙鸿,邢建华,郭本升. 大学生网络性心理障碍的形成与防治. 石油大学学报(社会科学版),2001(12)

[43] 王群. 大学心理健康教育. 上海:复旦大学出版社,2005

[44] 王卫红,杨渝川. 大学生学习方法的特点及教育对策研究. 西南师范大学学报(哲学社会科学版),1997(4)

[45] 王新塘,骆新华等. 大学生心理健康教育. 西安:陕西人民出版社,2009

[46] 韦彦凌,贾晓明,江远. 大学生心理健康与咨询. 北京:中国经济出版社,1995

[47] 杨国枢. 中国人的人格特征及其改变. 见:中国人的心理. 昆明:云南人民出版社,1990

[48] 叶奕乾,孔克勤. 个性心理学. 上海:华东师范大学出版社,1993

[49] 叶奕乾．现代人格心理学．上海:上海人民出版社,2005

[50] 易法建,杨丹燕等．心理医生．重庆:重庆大学出版社,1998

[51] 殷陆群编译．人的现代化．成都:四川人民出版社,1985

[52] 岳文浩等．现代临床心理学手册．济南:山东科学技术出版社,1997

[53] 张成山,江远．新编大学生心理健康教育．北京:清华大学出版社,2009

[54] 张成山．和谐社会进程中大学生心理健康教育．长春师范学院学报,2006(3)

[55] 张宏如,曹雨平．当代大学生心理学．北京:首都经济贸易出版社,2004

[56] 张江燕．网络环境下高校学生用户的心理因素及其调控．中南民族学院学报(人文社会科学版),2000(1)

[57] 张庆林．当代认知心理学在教学中的应用．重庆:西南师范大学出版社,1995

[58] 张小乔．心理咨询的理论与操作．北京:中国人民大学出版社,1998

[59] 张运生．大学生学习心理特点．思想教育研究,1996(6)

[60] 张泽玲．当代大学生心理素质教育与训练．北京:机械工业出版社,2004

[61] 张志刚．跨越青春的烦恼．上海:上海人民出版社,1999

[62] 章明明,冯清梅,韩劢．大学生心理发展与教育．广州:暨南大学出版社,2004

[63] 章志光．社会心理学．北京:人民教育出版社,1996

[64] 赵洪云．大学生健康人格的培养和塑造．现代教育科学,2005(6)

[65] 赵文杰．大学生心理卫生．上海:复旦大学出版社,2004

[66] 郑日昌,陈永胜．学校心理咨询．北京:中国人民大学出版社,1991

[67] 郑雪．人格心理学．广州:广东高等教育出版社,2004

[68] 郑雪．人格心理学．广州:暨南大学出版社,2001

[69] 周家华,王金凤．大学生心理健康教育．北京:清华大学出版社,2004

[70] 周晓虹．现代社会心理学．上海:上海人民出版社,1999

[71] 朱永新．学校心理咨询．南京:江苏教育出版社,1990

后　记

象征充满希望、生机盎然的夏天过去了，我们又悄悄地迎来了代表收获的秋天。在此之际，我们的教材也在四年的理论充实和教学实践基础上又重新修订并第二次出版。参与本书编写的教师们都以严谨、认真和积极的心态追赶时代的步伐。伴随着我国大学生心理健康教育事业的蓬勃发展和对高等教育的使命感，我们深感肩上的担子对于大学生成长的重要性。

十年来，我们编写组成员也在大学生心理健康教育教学研究中不断成长，看到了一批批青年学子获得了相应的心理健康知识，并积极地对自己成长与发展过程中出现的不适应进行自我分析与调整，顺利完成大学学业。广大学生将渴望与真诚交付于我们，他们垂询每学期的开课日程，渴望了解他们想了解的问题。通过课程的开设，我们与同学们结为挚友，他们愿意将心中从未启齿的秘密向我们倾诉，寻求理解与帮助。所有这一切都是心理健康教育带给我们的收获。

本书编写工作采用集体讨论、分头执笔、交叉修改的方式完成。结合当代大学生的外语水平及教学实际的需要，为方便教学和学习，本次编写组决定将数码转换式双语教学的有关词汇、语段做进一步修订。修订本书的总体框架由张成山、江远以及编写组成员反复讨论后确定。各章的具体分工如下：第一、第八、第九章由张成山编写；第四、第十章由江远编写；第二、第十一章由姜雪凤编写；第五、第六章由刘煜编写；第三章由张利国编写；第七章由张志刚编写。全书语码转换式双语词汇、语段部分均由张志刚、李贞、姜雪凤、张成山编写。张志刚老师对语码转换的外语词汇、语段和全书文字进行了全面修改和编辑。全书由张成山统稿。张成山、张志刚做了最后的文字修改工作。

在《新编大学生心理健康教育》（第二版）完成之际，要感谢关心大学生心理健康教育的同仁和所有学生，正是他们的信任、鼓励与支持，更加坚定了我们将大学生心理健康教育工作作为终身职业的信念。

我们还要感谢在多年咨询工作中所有的来访者，他们以自己独特的困惑与体验，以他们洞察世界、理解人生的方式，提醒我们不断思考：如何为他们提供真正的帮助？如何使学生真正达到自我成长与终身发展？我们还能为学生的成长做些什么？这既考验着我们的专业知识与能力，也在督促着我们不断学习心理学最新知识和探索解决问题的方式。

感谢大连民族学院党政领导对大学生心理健康教育工作的高度重视！

感谢张树安教授长期以来对本教材给予的宝贵意见和大力支持！

感谢清华大学出版社的老师们为本书的出版付出的艰辛劳动！

再次感谢所有关心与支持大学生心理健康教育的人们！

《新编大学生心理健康教育》（第二版）编写组

2010 年 5 月于大连